高等职业教育"岗课赛证"融通教材

嵌入式技术及应用
（STM32CubeMX 版）

李文华　主　编
姚　健　黄敏恒　副主编

U0178266

电子工业出版社
Publishing House of Electronics Industry
北京·BEIJING

内 容 简 介

本书采用 STM32CubeMX 的开发方式，选用 20 个基于 STM32 嵌入式技术开发的实例，按照"理论够用，突出应用"的原则，采取项目化教学的方式，以作品制作为载体，在作品制作过程中讲解 STM32 嵌入式技术的基础知识、基本技能和方法，培养学生的爱岗敬业、耐心仔细、抗压抗挫等优良品质和精神，由浅入深地讲解 STM32 嵌入式技术应用，包括安装开发工具、点亮 LED 灯、控制 LED 灯闪烁、制作跑马灯、显示按键的状态、统计按键按下的次数、制作简易秒表、制作呼吸灯、用串口与计算机交换数据、用空闲中断处理串口接收数据、制作用数码管显示的秒表、用键盘控制秒表的运行、用 OLED 屏显示字符、用 OLED 屏显示图片、制作电压监测器、制作电压信号发生器、用硬件 SPI 口控制 OLED 屏、用硬件 I^2C 接口访问 AT24C02、读写 Flash 存储器、用 RTC 制作数字钟以及 C 程序设计技巧。

本书立足于应用实践，融入了近年来全国职业技能大赛中有关 STM32 嵌入式应用技术的内容和 1+X 职业技能等级考试内容，适于用作高等职业院校物联网、电子信息、智能产品设计、应用电子、机电一体化、机械电子、汽车电子等专业嵌入式技术应用课程的教材，也可作为应用型本科和 1+X "传感网应用开发"职业技能等级考试培训教材或者供参加物联网大赛和从事 STM32 嵌入式技术应用的工程技术人员学习和参考。

图书在版编目（CIP）数据

嵌入式技术及应用：STM32CubeMX 版 / 李文华主编. —北京：电子工业出版社，2023.9
ISBN 978-7-121-46208-5

Ⅰ. ①嵌⋯ Ⅱ. ①李⋯ Ⅲ. ①微处理器－系统设计 Ⅳ. ①TP332

中国国家版本馆 CIP 数据核字（2023）第 158320 号

责任编辑：康　静
印　　刷：保定市中画美凯印刷有限公司
装　　订：保定市中画美凯印刷有限公司
出版发行：电子工业出版社
　　　　　北京市海淀区万寿路 173 信箱　邮编　100036
开　　本：787×1 092　1/16　印张：20.75　字数：531.2 千字
版　　次：2023 年 9 月第 1 版
印　　次：2025 年 2 月第 5 次印刷
定　　价：59.00 元

前言

STM32 嵌入式应用系统的软件开发方式有基于寄存器的开发方式、基于标准外设库的开发方式和基于 STM32CubeMX 的开发方式 3 种。基于寄存器的开发方式早已被淘汰，基于标准外设库的开发方式不适用于新推出的 STM32 微控制器，正逐渐被淘汰，基于 STM32CubeMX 的开发方式是 ST 公司最近推出的一种图形化的开发方式，这种开发方式所生成的程序具有很好的可移植性，是现在和今后的主流开发方式，越来越多的企业在 STM32 嵌入式应用开发中都选用这种开发方式，在全国职业院校技能大赛的许多赛项和"1+X"的许多证书的考试中，例如，物联网应用技术赛项、"1+X"传感网应用开发考证等，在有关 STM32 嵌入式开发时都采用基于 STM32CubeMX 的开发方式。鉴于这种现状，我们在人工智能双高专业群建设过程中，结合近年来职业院校技能大赛备赛指导和"1+X"传感网应用开发考证指导工作，编写了这本《嵌入式技术应用（STM32CubeMX 版）》，本书具有以下特点。

1. 融入思政元素，强化了教材的德育性

教材主要从 2 方面实施课程思政。一是在每个项目的学习目标中明确地提出了思政目标。二是根据项目任务的内容分别在知识储备、实现方法与步骤、实践总结与拓展或者课后习题中无缝地融入若干思政元素，做到润物无声。例如，在程序调试实践中要学生保持良好的心态，通过仔细观察、耐心实践、努力尝试，从而锻炼学生的意志力，增强学生的抗挫能力；再如在任务 9 的习题中，我们要求学生利用串口输出社会主义核心价值观的内容，既训练了学生的串口编程技术，又强化了学生的正确价值观。

2. 用二维码嵌入讲解视频，方便读者自主学习

本教材提供了大量讲解视频，每个视频时长 5 分钟左右，从而将教材中的知识点碎片化。这些视频的主要内容是各个任务中重点知识的讲解或者各个任务的实践操作过程的演示。读者只需用手机扫描教材中的对应二维码，就可以观看对应的视频讲解，从而方便读者课前预习和课后复习。

3. 按项目构建课程内容，用实例组织单元教学

本书分为 7 个项目，共 20 个任务，包括搭建开发环境、GPIO 口的应用设计、外部中断和定时器的应用设计、串口通信的应用设计、显示与键盘的应用设计、A/D 与 D/A 的应用设计、外设接口的应用设计。每个项目包含若干个任务。全书采用 STM32CubeMX 开发方式讲解了 STM32 嵌入式系统的开发过程、设计方法和基本技能。全书按项目编排，STM32 嵌入式应用系统开发所需的基本知识和基本技能穿插在各个任务的完成过程中进行讲解，每一

个任务只讲解完成本任务所需要的基本知识、基本方法和基本技能，从而将知识化整为零，降低了学习的难度。

4. 融"教、学、做"于一体，突出了教材的实践性

书中的每一个任务都是按照以下方式组织编排的：①任务要求，②知识储备，③实现方法与步骤，④程序分析，⑤实践总结与拓展。其中，任务要求部分主要介绍做什么和做到什么程度，是读者实践时的目标要求，后续部分都是围绕着任务的实现而展开的。知识储备部分主要介绍 STM32 嵌入式应用中的一些基本概念、HAL 库中所提供的有关函数及其用法，这一部分供读者在完成任务前阅读之用，也是本任务完成后所要掌握的基本知识。实现方法与步骤部分主要介绍怎么做，这一部分详细地讲解了本项目的实施过程，包括电路的搭建、用 STM32CubeMX 生成初始化代码的方法和步骤、应用程序的编写、程序的编译下载等，读者按照书中所介绍的方法和步骤逐步实施，就可以实现任务要求，这一部分是读者实践时必须亲手做的事情。程序分析部分（目录中未体现，书中有）主要介绍了为什么要这样做，这一部分详细地讲解了程序设计的思路、原则和方法。实践总结与拓展部分主要对知识和技能进行梳理与总结，并适当进行拓展。

5. 融入职业技能标准，内容反映了"1+X"考证要求和职业院校技能大赛的要求

《传感网开发职业技能等级标准》是由北京新大陆时代科技有限公司组织编写的，该公司的黄敏恒高级工程师参与了本书的规划和编写；另外，本书的作者多年来一直从事 STM32 嵌入式技术及应用课程的教学工作、"1+X"传感网应用开发考证指导和全国物联网技术应用技能大赛辅导工作，书中许多制作任务或习题来源于考证试题或者竞赛试题，每个任务中都设置了至少一道与技能大赛、"1+X"考证试题难度相当、题型相似的综合练习题。本书融入了《传感网开发职业技能等级标准》，反映了"1+X"考证要求和物联网技术应用技能大赛的要求。

6. 提供了配套的实训平台，避免了教材与实训系统相互脱节

STM32 嵌入式技术应用是一门实践性非常强的课程，除了要进行课堂学习之外，还需要强有力的实践性环节与之配合。因此，我们研制并推出了 MFIoT 实训平台及相关的实训模块，包括 ZigBee 开发板、CCDebug 仿真器、相关传感器模块以及 STM32 开发板、STLink 仿真器、NBIoT 开发板、LORA 开发板、智能网关等。其中，STM32 开发板、STLink 仿真器和传感器模块与本书配套，避免了以往出现的教材与实训系统相互脱节的情况，真正做到课堂内外相互统一。如果使用本书的院校在准备器件时有困难，可以与编者联系（E-mail：lizhuqing_123@163.com），也可以进入淘宝网，搜索"青竹电子"店铺购买。

7. 提供了丰富的教学资源，方便教师备课和读者学习

本书提供了 9 种教学资源：7 个项目中各任务的源程序文件；STM32 开发板的电路图；书中所有芯片和传感器的 PDF 文档；教学课件；STM32 嵌入式应用常用的工具软件；近年来全国物联网应用技术技能大赛试题；传感网应用开发"1+X"考证试题；部分习题解答；课程思政活页。其中，各任务的源程序文件供读者学习前观察任务的实现效果之用，各芯片和传感器的 PDF 文档供读者学习查阅之用，提供常用的工具软件可以节省读者收集开发工具的时间。所有资源可直接从电子工业出版社教材服务网站上下载，也可以与编者联系，部分资源只要扫描书中的二维码就可以直接下载。

在使用本书时，建议采用"教、学、做"一体化的方式组织教学，最好在具有实物投影的实训室内组织教学。教学时，建议先将书中提供的程序下载至开发板中，让学生观看实际

效果并体会任务要求的真实含义，激发学生的学习兴趣。然后引导学生边做边学，直至任务的完成，让学生在做中体会和总结 STM32 嵌入式应用系统的开发技术。

本书由浙江工贸职业技术学院李文华任主编，浙江工贸职业技术学院姚健和北京新大陆时代科技有限公司的黄敏恒高级工程师任副主编。具体编写分工如下：李文华编写了任务 9～任务 14、任务 17～任务 20，并负责全书的策划、统稿和任务 9～任务 12、任务 17～任务 20 的讲解视频的拍摄；姚健编写了任务 1～任务 8，并负责任务 1～任务 8、任务 13～任务 16 的讲解视频的拍摄；黄敏恒编写了任务 15 和任务 16，并负责提供工程案例和项目的筛选，参与本教材的规划和内容的制定。

本书是浙江工贸职业技术学院人工智能双高专业群建设成果之一。在本书成稿的过程中，曾得到许多同仁和朋友的帮助和支持。浙江工贸职业技术学院的汪焰教授对本书的编写进行了深入指导，湖北第二师范学院的焦启民教授、广东科技职业技术学院的余爱民教授、武汉铁道职业技术学院的郑毛祥教授、温州职业技术学院的张佐理副教授、长江职业技术学院的邓柳副教授、浙江安防职业技术学院的金恩曼副教授、浙江交通职业技术学院的洪顺利副教授等多位老师对本书的编写提出了许多积极宝贵的意见，并给予极大的关心和支持。感谢电子工业出版社的编辑为本书出版所做的辛勤工作，没有他们就没有这本书的出版，谨此表示感谢！

尽管编者在本书的编写方面做了许多努力，但由于编者的水平有限，加之时间紧迫，错误不当之处在所难免，恳请各位读者批评指正，并将意见和建议及时反馈给我们，以便修订时改进。

编　者
2023 年 3 月

扫一扫进行课程测试

测试题 1

测试题 2

测试题 3

测试题 4

测试题 5

目 录

项目 1

搭建开发环境

【德育目标】

● 激发爱国热情，增强民族自豪感

● 培养耐心仔细的做事风格，增强学习的自信心

● 培养良好的心态和敬业精神

【知识技能目标】

● 了解 STM32 微控制器及其开发方式

● 会安装 STM32 常用的开发工具

● 了解 STM32 时钟源及其作用、调试模式、程序的启动模式、GPIO 口用作基本的输入/输出口的特点

● 掌握发光二极管的控制电路

● 能新建和管理 STM32CubeMX 工程文件，会用 STM32CubeMX 生成 Keil 工程代码

● 会在 STM32CubeMX 中配置时钟源、程序调试模式、GPIO 引脚、系统时钟

● 能在 Keil 中配置调试器和输出文件，会下载 STM32 的程序

思政活页

2019 年我国开发出
全球首款类脑芯片

任务 1　安装开发工具

课件

扫一扫下载课件

任务要求

　　查阅相关资料，弄清楚 STM32 的开发方式、应用开发所需要的软件工具，了解各软件工具的主要功能，并填写好开发工具准备清单，然后在网上搜索并下载或购买这些工具软件，再在计算机中安装 MDK、STM32CubeMX 等 STM32 开发工具软件、程序烧录软件、仿真器

和 USB 转串口的驱动程序，检查软件的安装是否正确，为后续 STM32 的应用开发做好准备。

资源下载

1．STM32 微控制器

扫一扫查看 STM32 中文参考手册

STM32 是意法半导体公司（ST 公司）生产的基于 ARM Cortex-M 内核的 32 位微控制器。其中，"ST" 代表 ST 公司（意法半导体公司），"M" 代表微控制器（Micro Controller Unit，MCU），"32" 表示这种微处理器的字长为 32 位。

STM32 有许多产品，主要分为高性能微控制器（High Performance MCU）、主流微控制器（Mainstream MCU）、超低功耗微控制器（Ultra-low-power MCU）、无线微控制器（Wireless MCU）等 4 类，如图 1-1 所示。STM32 的产品可查阅 ST 公司的官网。

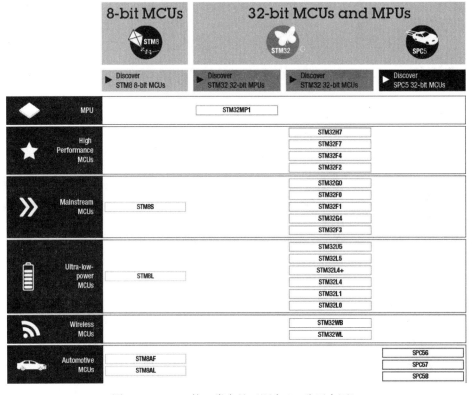

图 1-1　STM32 的 4 类产品（源自 ST 公司官网）

在 STM32 的 4 类产品中，每一类产品包含若干系列的产品。例如主流微控制器就包括 STM32G0 系列、STM32F0 系列、STM32F1 系列、STM32G4 系列、STM32F3 系列等 5 个系列产品（参考图 1-1），每一个系列按其应用特性又分为若干子系列。例如，STM32F1 系列分为 STM32F100、STM32F101、STM32F102、STM32F103、STM32F105、STM32F107 等 6 个子系列，如图 1-2 所示。每个子系列按照其封装形式、存储器的大小、引脚数等又分为若干型号的产品。例如，STM32F103 子系列就分为 STM32F103T6、STM32F103C8、STM32F103RB 等 29 个型号的产品，如图 1-3 所示。

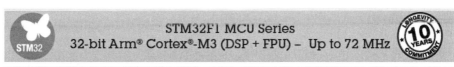

图 1-2　STM32F1 系列产品

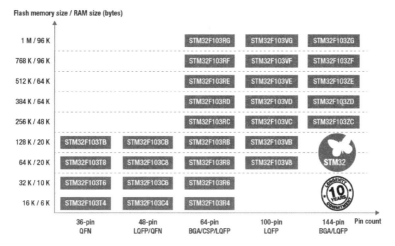

图 1-3　STM32F103 子系列产品

STM32 产品的名字由 9 个部分组成，最主要的是前 7 个部分，不同部分用不同的字母或数字表示，代表不同的含义。STM32 产品的命名规则如图 1-4 所示。

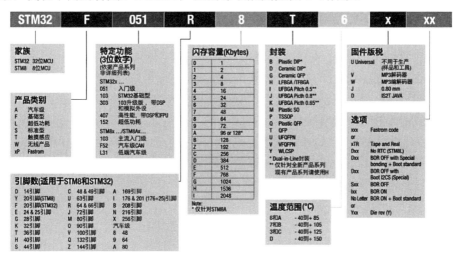

图 1-4　STM32 产品的命名规则

例如，STM32F103RBT6 的含义如表 1-1 所示。

表 1-1　STM32F103RBT6 的含义

序　号	字　符	含　义
1	STM32	ST 公司的 32 位微控制器（MCU）
2	F	基础型
3	103	STM32 基础型
4	R	64 引脚
5	B	Flash 存储器容量为 128KB
6	T	封装形式为 QFP
7	6	温度范围为-40～+85℃

2．STM32 的软件开发方式

STM32 的软件开发方式有基于寄存器的开发方式、基于标准外设库的开发方式和基于 STM32CubeMX 的开发方式等 3 种开发方式，这 3 种开发方式具有不同的特点。

（1）基于寄存器的开发方式

这种开发方式与基于 C 语言的 51 单片机的开发方式相似。其编程方法是直接访问 STM32 的寄存器。采用这种方式编程时，开发者需要深入掌握 STM32 的工作原理，熟悉 STM32 的各寄存器的使用方法，因而编程难度比较大。用这种方式编写的程序与底层硬件密切相关，程序的可移植性较差，早期的 STM32 程序开发主要采用这种开发方式。

（2）基于标准外设库的开发方式

为了降低 STM32 软件开发的难度，ST 公司为开发者提供的一组访问 STM32 底层硬件的 API 函数库，这些 API 函数库叫作标准外设库（Standard Peripherals Library）。采用标准外设库开发时，开发者可以不了解 STM32 底层硬件的原理，只需了解 API 函数的功能、使用方法就可以实现外设的驱动。基于标准外设库的开发方式是目前采用比较多的开发方式，但是，ST 公司只提供了早期生产的微控制器的标准外设库，对近期推出的 MCU（如 STM32L4 系列、STM32F7 系列的 MCU 等）并没有提供标准外设库，因此新推出的 MCU 就无法使用这种开发方式。

（3）基于 STM32CubeMX 的开发方式

STM32CubeMX 是 ST 公司最近推出的一个集图形化配置与代码生成于一体的 STM32 软件开发工具。采用 STM32CubeMX 的开发方式时，开发者只需在 STM32CubeMX 的示意图中做一些简单的选择和配置，无须详细了解 STM32 的工作原理和 API 函数，就可以生成 STM32 的硬件驱动程序。这种开发方式非常简单，而且所生成的程序具有很好的可移植性，是现在和今后的主流开发方式。本书将采用这种方式介绍 STM32 的应用开发技术。

实现方法与步骤

1．准备开发工具

STM32 应用开发常用的工具软件主要有 MDK 集成开发工具、Keil 软件包、STM32CubeMX、

JRE、程序下载软件、串口调试助手、仿真器驱动程序、USB 转串口驱动程序等 8 个，如图 1-5 所示。

图 1-5　STM32 应用开发常用的工具

　　在这些工具软件中，MDK 集成开发工具主要用于程序的编辑和调试，是 STM32 应用开发中使用最频繁的工具软件。由于 MDK 源自于德国 Keil 公司，习惯上也把 MDK 集成开发工具叫作 Keil 集成开发工具。MDK 集成开发工具的下载页面如图 1-6 所示。

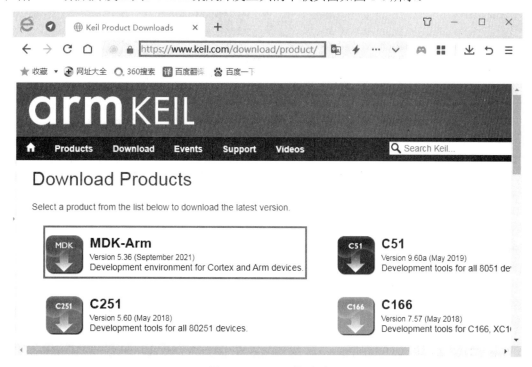

图 1-6　MDK 下载页面

　　Keil 软件包也叫 MDK 软件包，它是 MDK 所支持芯片的数据文件。用 MDK 开发 STM32 应用程序时需要在 MDK 中先安装 MDK 所要支持的 MCU 数据包，即对应的 Keil 软件包。Keil 软件包由 Keil 公司提供，下载页面如图 1-7 所示。该页面比较长，向下拖动页面，在下载列表中找到 Keil 栏，再找到所需型号，例如 STM32F1 系列，然后下载即可，如图 1-8 所示。

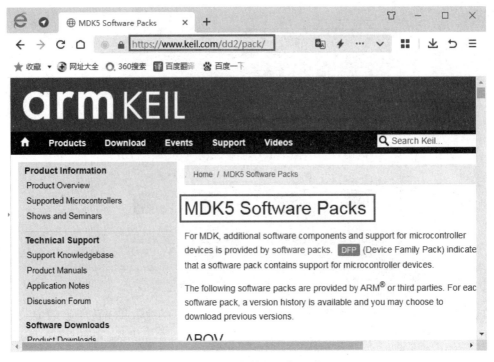

图 1-7　Keil 软件包下载页面

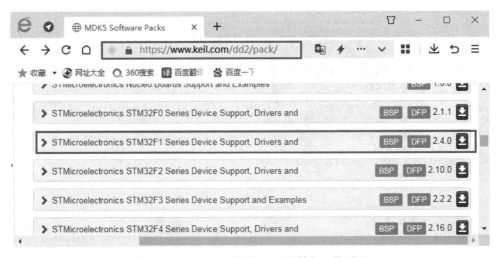

图 1-8　STM32F1 系列的 Keil 软件包下载页面

　　STM32CubeMX 用于系统配置和初始化代码的生成，它是 ST 公司开发的一款图形化编程工具，其下载页面如图 1-9 所示。

　　JRE（Java Runtime Environment）软件的作用是为 STM32CubeMX 提供运行环境。STM32CubeMX 软件必须在 Java 环境下运行，在安装 STM32CubeMX 软件之前需要先安装 JRE 软件，STM32CubeMX 要求 JRE 的最低版是 1.7.0_45。JRE 可从 Oracle 官网上下载，其下载页面如图 1-10 所示。

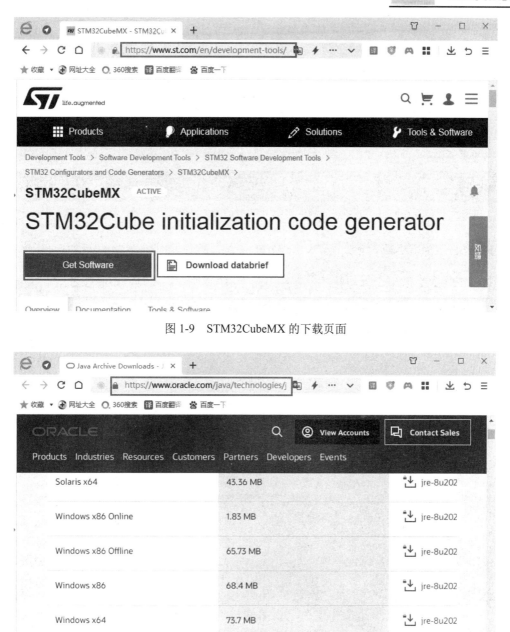

图 1-9 STM32CubeMX 的下载页面

图 1-10 JRE 的下载页面

　　程序下载软件的功能是将 MDK 产生的 HEX 文件烧写至 STM32 中。STM32 的程序下载软件比较多，在进行 STM32 应用开发时对该软件并无特殊要求，只要能下载程序就可以了。但目前比较常用的程序下载软件主要是 FLASHER-STM32 和 mcuisp 等两款软件。FLASHER-STM32 软件是 ST 公司开发的。这款软件要求比较苛刻，其兼容性差一些，实际并不太好用，但目前全国物联网大赛和 1+X "传感网应用开发"中使用的是这款软件。mcuisp软件是深圳鹏远电通科技有限公司开发的，其兼容性要好一些，在实际应用中 STM32 开发工程师们常用这款软件。由此可见，我国的软件行业虽然起步晚一些，但发展非常快，有些软件的性能比国外软件更优一些，我们应该尽可能地使用国产的软硬件，避免像中兴、华为公司遭受美国芯片公司"卡脖子"的事件发生，同时又以实际行动支持民族企业的发展。FLASHER-STM32 软件的下载页面如图 1-11 所示。mcuisp 软件的下载页面如图 1-12 所示。

图 1-11　FLASHER-STM32 的下载页面

图 1-12　mcuisp 软件的下载页面

串口调试助手是一种监控调试计算机串口的软件，用于计算机与单片机之间的串行通信。串口调试助手是一个通用的工具软件，种类和版本很多，如 SSCOM、QCOM 等。STM32 应用开发中对该软件没有特殊要求，只要能实现计算机串口收发数据即可。在本书中，我们选用的串口调试助手是 SSCOM，读者可从网上下载。

仿真器驱动程序用来驱动所使用的仿真器，目前仿真 STM32 的仿真器主要有 STLink、JLink 等几种，本书中选用的是 STLink 仿真器，其驱动程序可从 ST 公司的网站上下载。

目前市面上比较常用的 USB 转串口的芯片主要有 CH34x、PL2303、CP21xx 等几种，本书中我们选用的 USB 转串口芯片为 CH340，该芯片是南京沁恒公司生产的，读者可到南京沁恒公司网站上下载其驱动程序。

按照上述要求，请读者先填写好如表 1-2 所示的工具软件准备清单，然后按照准备清单到网上下载 MDK 等 8 个工具软件，并保存至某个文件夹中，例如，保存至"D:\ STM32 开发工具"文件夹中。

表 1-2　工具软件准备清单

序号	设备/资源名	型号/版本/功能	数量	收集的网址	是否准备到位
1	MDK		1		
2	Keil 软件包		1		
3	JRE		1		
4	STM32CubeMX		1		
5	程序下载软件		1		
6	串口调试助手		1		
7	USB 转串口驱动		1		
8	仿真器驱动		1		

【说明】

本书的资源包中包含上述 8 个工具软件，如果读者不方便从网上下载，可以找出版社或者作者索取。

资源下载

扫一扫下载 MDK

2. 解压工具软件

收集到 STM32 应用开发工具软件后，需要将这些工具软件解压，再在计算机中安装这些工具软件。解压这些工具软件的一种简单方法如下。

（1）将所有工具软件存放在同一个文件夹中，例如，存放在"D:\ STM32 开发工具"文件夹中，参见图 1-5。

（2）选中文件夹中的所有压缩文件，然后用鼠标右键单击选中的某个文件，在弹出的快捷菜单中选择"解压每个压缩文件到单独的文件夹(S)"菜单项，如图 1-13 所示，Windows 就会用

图 1-13　解压文件

WinRAR 等工具软件将所选择的压缩文件解压至当前文件夹中。解压后的文件如图 1-14 所示。

3. 安装 MDK

安装 MDK524 的方法如下。

第 1 步：打开 "D:\STM32 开发工具\ MDK524" 文件夹，然后用鼠标右键单击 MDK524 文件图标，在弹出的快捷菜单中选择 "以管理员身份运行" 菜单项，如图 1-15 所示，打开如图 1-16 所示的欢迎安装对话框。

学习视频

扫一扫观看安装
MDK 和 Keil 包视频

图 1-14　解压后的文件

图 1-15　以管理员身份运行 MDK 安装文件

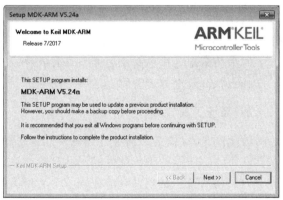

图 1-16　欢迎安装对话框

第2步：在图1-16所示欢迎安装对话框中单击"Next"按钮，打开如图1-17所示的许可协议对话框。

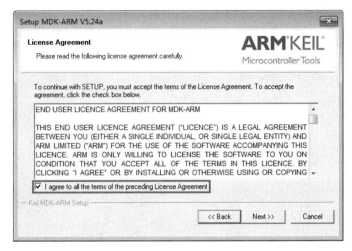

图1-17 许可协议对话框

第3步：在许可协议对话框中勾选"I agree to all the terms of the preceding License Agreement"复选框，然后单击"Next"按钮，打开如图1-18所示的选择安装文件夹对话框。

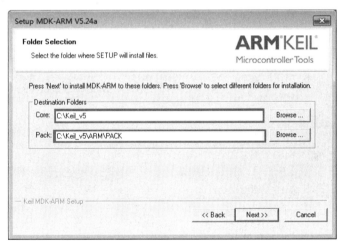

图1-18 选择安装文件夹对话框

第4步：首先在选择安装文件夹对话框中分别选择Keil和Keil包安装位置的文件夹，然后单击"Next"按钮，打开如图1-19所示的填写用户信息对话框。

【说明】

（1）在图1-18中，"Core"文本框用来显示和输入Keil（内核文件）的安装位置，"Pack"文本框用来显示和输入Keil包的安装位置。

（2）图1-18所显示的安装位置是系统默认的安装位置；若用户要修改安装位置，可单击文本框后面的"Browse"按钮，然后在弹出的对话框中选择所需安装位置的文件夹，或者直接在文本框中输入所需安装的位置。

第5步：在填写用户信息对话框中填写我们的一些信息，这些信息并没有特别要求，只要每一栏不为空就可以了，然后单击"Next"按钮，计算机中就开始安装 Keil。在安装的过程中会显示安装进度；如果计算机中安装了 360 安全卫士，则在安装过程中会弹出如图 1-20 所示的文件防护对话框。

图 1-19　填写用户信息对话框

图 1-20　文件防护对话框

第 6 步：在文件防护对话框中单击"∨"按钮，在展开的选项中选择"允许本次操作"选项，计算机继续安装 Keil，在安装的过程中会弹出安装 ULINK 驱动程序窗口和安装 ULINK 驱动程序对话框，分别如图 1-21 和图 1-22 所示。

图 1-21　安装 ULINK 驱动程序窗口　　　　图 1-22　安装 ULINK 驱动程序对话框

第 7 步：在安装 ULINK 驱动程序对话框中单击"不安装"按钮，计算机会关闭图 1-21 所示的安装 ULINK 驱动程序窗口，并弹出如图 1-23 所示的完成安装对话框。

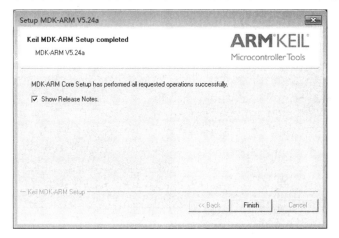

图 1-23　完成安装对话框

第 8 步：在完成安装对话框中单击"Finish"按钮，结束 Keil 的安装。这时计算机中会自动弹出包安装窗口和欢迎安装对话框，如图 1-24 所示，同时桌面上会出现 Keil5 的快捷图标"
"。至此，MDK 安装结束。

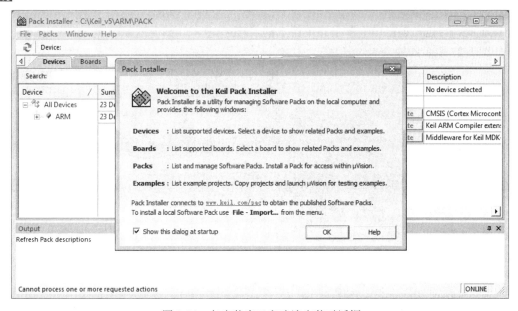

图 1-24　包安装窗口和欢迎安装对话框

4. 安装 Keil 包

资源下载

扫一扫下载 Keil 包

本书所使用的 STM32 是 STM32F103VET6，属于 STM32F1 系列的 MCU，在使用 MDK 开发 STM32F1 系列 MCU 应用程序时需安装 STM32F1 系列的 Keil 包，其安装方法如下。

第 1 步：在图 1-24 所示的包安装窗口和欢迎安装对话框中，关闭欢迎安装对话框，保留包安装窗口。

【说明】

若用户关闭了图 1-24 所示的包安装窗口，可用以下方法打开包安装窗口。

（1）用鼠标左键在桌面上双击 Keil5 的快捷图标"⬛"，打开如图 1-25 所示的 Keil5 工作窗口。

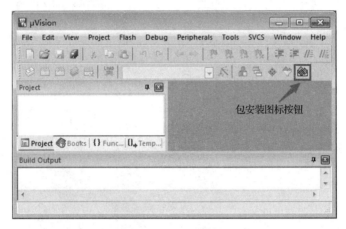

图 1-25　Keil 工作窗口

（2）在 Keil 工作窗口中单击包安装图标按钮"⬛"（参考图 1-25），系统就会打开图 1-24 中的包安装窗口。

第 2 步：在包安装窗口中单击菜单栏上的"File"→"Import"菜单项，如图 1-26 所示，打开如图 1-27 所示的输入包对话框。

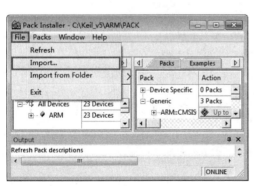

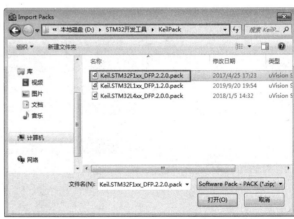

图 1-26　"Import"菜单项　　　　　　　　　　图 1-27　输入包对话框

第 3 步：在输入包对话框的左边窗格中找到并打开"D:\STM32 开发工具\KeilPack"文件夹，对话框的右边窗口中就会显示 KeilPack 文件夹中 3 个安装包文件，然后单击 Keil.STM32F1xx_DFP.2.2.0.pack 文件，再单击对话框中的"打开"按钮，系统就会开始安装我们所选择的 STM32F1 系列的 Keil 包。Keil 包安装结束后，包安装窗口的 Device 栏中会增加一个"STMicroelectronics"条目，单击该条目前面的"+"号，就可以看到"STM32F1 Series"子条目，如图 1-28 所示。

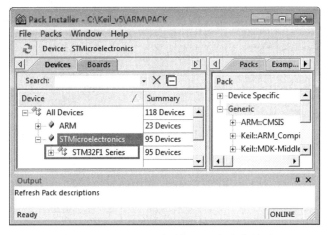

图 1-28　STM32F1 系列的 Keil 包安装结果

【说明】

（1）在 KeilPack 文件夹中，提供了 3 个 Keil 安装包文件，这 3 个文件的功能如表 1-3 所示。

表 1-3　KeilPack 文件夹中 3 个文件的功能

序　号	文　件	功　能
1	Keil.STM32F1xx_DFP.2.2.0.pack	STM32F1 系列 MCU 的 Keil 包
2	Keil.STM32L1xx_DFP.1.2.0.pack	STM32L1 系列 MCU 的 Keil 包
3	Keil.STM32L4xx_DFP.2.0.0.pack	STM32L4 系列 MCU 的 Keil 包

（2）若开发板中的 STM32 是其他系列的 MCU，则需要根据所使用的 STM32 的型号来选择对应的 Keil 包。例如，物联网大赛设备中的 NBIOT 模块和 LoRa 模块所使用的 MCU 为 STM32L151C8T6，在第 3 步中就应该选择 Keil.STM32L1xx_DFP.1.2.0.pack 文件。

第 4 步：关闭包安装窗口，结束 Keil 包安装。

5．激活 MDK

从 Keil 公司网站上下载的 MDK 开发工具存在 2KB 代码量限制问题，若用户代码量超过了 2KB，则 MDK 开发工具就不能正常使用。激活 MDK 的实质是消除 MDK 的 2KB 代码量限制。激活 MDK 的方法如下。

第 1 步：双击桌面上的快捷图标"![]"，启动 Keil5。

第 2 步：在 Keil5 的工作窗口中选择菜单栏上的"File"→"License Management"菜单项，如图 1-29 所示，打开如图 1-30 所示的许可证管理对话框。

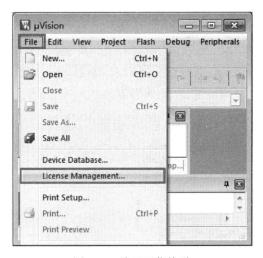

图 1-29　许可证菜单项

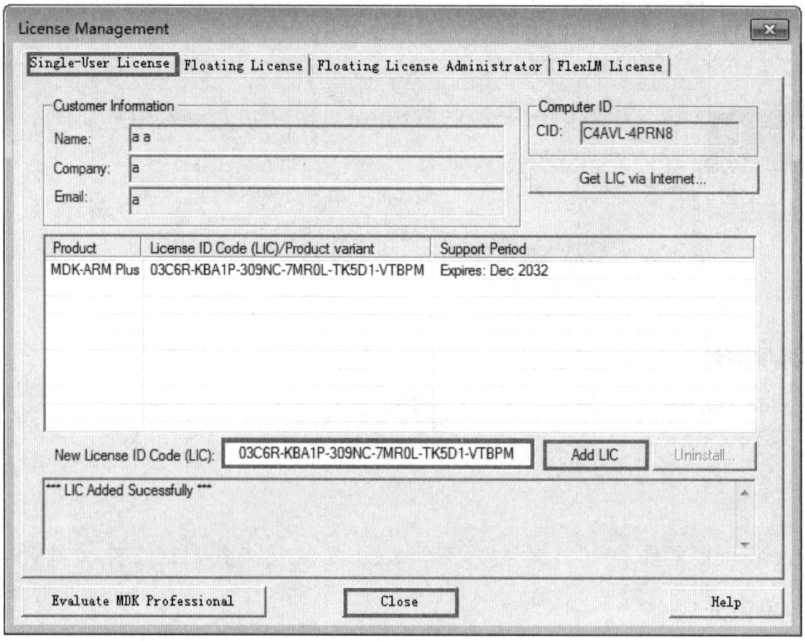

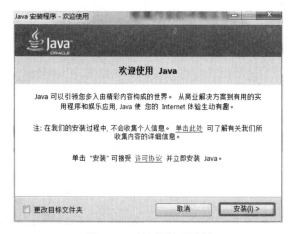

图 1-30　许可证管理对话框

第 3 步：在许可证管理对话框中单击 "Single-User License" 标签，然后在 "New License ID Code" 文本框中输入新的许可证号，然后单击 "Add LIC" 按钮，将许可证号添加到系统中，然后单击 "Close" 按钮，完成 MDK 的激活。

【说明】

（1）不同计算机的许可证号并不相同，图 1-30 中所示的许可证号是作者所使用计算机上的许可证号。

（2）许可证号应向 Keil 公司购买，虽然网上有些注册机软件可以产生许可证号，但为了尊重知识产权，在本书中我们不打算介绍用注册机产生许可证号的方法，请读者向 Keil 公司购买 MDK 开发工具的许可证号。

资源下载

扫一扫下载 JRE

6. 安装 JRE

STM32CubeMX 软件必须在 Java 环境下运行，在安装 STM32CubeMX 软件之前需要先安装 JRE 软件。下面以安装 1.8.0_112 版的 JRE 为例介绍 JRE 的安装步骤。

第 1 步：打开 "D:\STM32 开发工具\JRE" 文件夹，然后用鼠标右键单击 jre-8u112-windows-i586.exe 文件图标，在弹出的快捷菜单中选择 "以管理员身份运行" 菜单项，打开如图 1-31 所示的欢迎使用对话框。

图 1-31　欢迎使用对话框

第 2 步：在图 1-31 所示对话框中单击"安装"按钮，计算机就开始安装 JRE，并出现图 1-32 所示的安装进度，JRE 安装结束后会出现如图 1-33 所示的完成对话框。

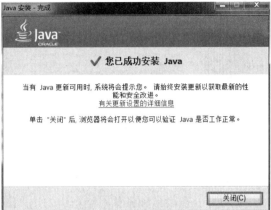

图 1-32　安装进度　　　　　　　　　　　　　图 1-33　完成对话框

第 3 步：单击完成对话框中的"关闭"按钮，完成 JRE 的安装。

7. 安装 STM32CubeMX

安装 STM32CubeMX 的方法如下。

资源下载　　　　　　学习视频

扫一扫下载　　　　扫一扫观看安装
STM32CubeMX　　STM32CubeMX 视频

第 1 步：打开"D:\STM32 开发工具\STM32CubeMX_5.3.0"文件夹，用鼠标右键单击如图 1-34 所示的安装文件 SetupSTM32CubeMX-5.3.0.exe，在弹出的快捷菜单中选择"以管理员身份运行"菜单项，计算机中就会运行 STM32CubeMX 的安装程序，过一会就会出现图 1-35 所示的安装向导对话框。

图 1-34　STM32CubeMX 的安装文件　　　　　图 1-35　安装向导对话框

第 2 步：在安装向导对话框中单击"Next"按钮，打开如图 1-36 所示的许可协议对话框。

第 3 步：在许可协议对话框中，勾选"I accept the terms of this license agreement"复选框，再单击"Next"按钮，打开如图 1-37 所示的隐私和条款对话框。

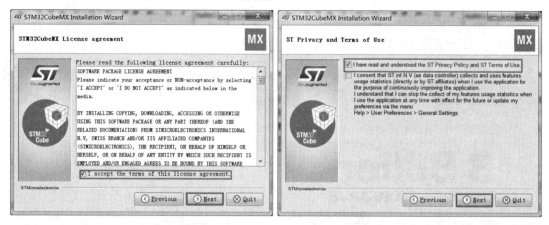

| 图 1-36 许可协议对话框 | 图 1-37 隐私和条款对话框 |

第 4 步：在隐私和条款对话框中勾选"I have read and understood the ST Privacy Policy and ST Terms of Use"复选框，然后单击"Next"按钮，打开如图 1-38 所示的设置安装路径对话框。

图 1-38 设置安装路径对话框

第 5 步：在设置安装路径对话框中我们选择默认安装路径，直接单击图 1-38 中的"Next"按钮，出现图 1-39 所示的创建目录消息框。如果用户想要修改安装路径，可在图 1-38 中单击"Browse"按钮，在打开的对话框中选择安装路径，再单击"Next"按钮。

图 1-39 创建目录消息框

第 6 步：在创建目录消息框中单击"确定"按钮，打开图 1-40 所示的创建快捷方式对话框。

第 7 步：在创建快捷方式对话框中选择默认（Default）的设置，然后单击"Next"按钮，计算机就开始安装 STM32CubeMX，并显示安装进度。安装结束后，安装进度对话框中的

"Next"按钮变为可用状态，如图 1-41 所示。

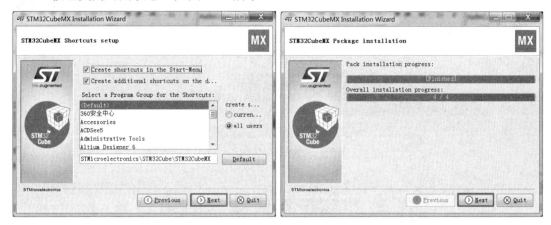

图 1-40　创建快捷方式对话框　　　　　图 1-41　安装进度对话框

第 8 步：在安装进度对话框中单击"Next"按钮，打开图 1-42 所示的安装完成对话框。

图 1-42　安装完成对话框

第 9 步：在安装完成对话框中单击"Done"按钮，结束 STM32CubeMX 的安装，桌面会出现快捷图标" "。

8. 安装 STM32CubeMX 库

安装 STM32CubeMX 库的实质是选择 STM32CubeMX 所要支持的 STM32 产品并安装它们的固件支持包。STM32CubeMX 库的安装有在线安装、导入离线包和解压离线包 3 种方式，这 3 种方式基本相同，只是固件支持包的来源不同而已，下面以在线安装方式为例介绍STM32CubeMX 库的安装过程。安装 STM32CubeMX 库的步骤如下。

第 1 步：在 D 盘新建"D:\STM32_PACK"文件夹，用来存放从网上下载的 STM32CubeMX数据包，并用作 STM32CubeMX 库安装文件夹。

第 2 步：在桌面上双击 STM32CubeMX 的快捷图标" "，启动 STM32CubeMX，并打开 STM32CubeMX 工作窗口，如果是第 1 次启动 STM32CubeMX，则工作窗口中会弹出一个使用统计对话框，如图 1-43 所示。

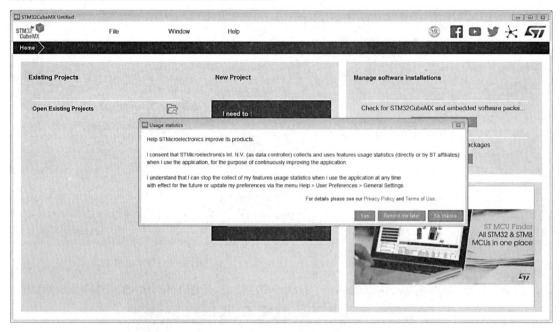

图 1-43　STM32CubeMX 工作窗口和使用统计对话框

第 3 步：在使用统计对话框中单击"No　thanks"按钮，关闭使用统计对话框。

第 4 步：在 STM32CubeMX 工作窗口中单击菜单栏上的"Help"→"Updater Settings"菜单项，如图 1-44 所示，打开如图 1-45 所示的"Updater Settings"对话框。

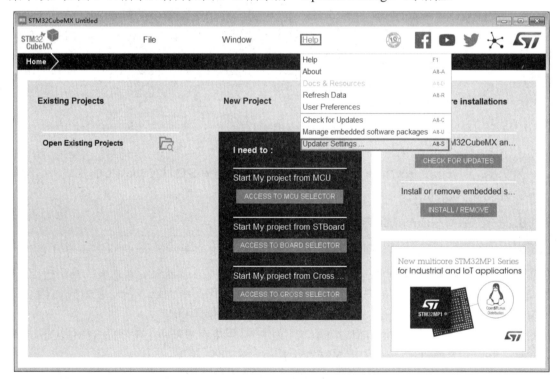

图 1-44　"Updater Settings"菜单项

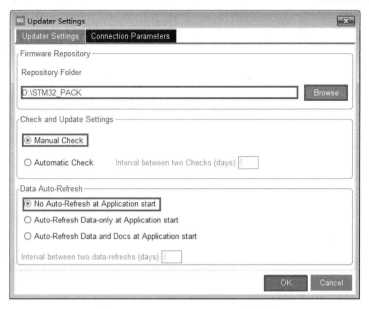

图 1-45 "Updater Settings"对话框

第 5 步：在"Updater Settings"对话框中单击"Updater Settings"标签，然后在"Updater Settings"标签中单击"Browse"按钮，在弹出的选择固件安装文件夹对话框中将安装目录设置为"D:\STM32_PACK"，如图 1-46 所示。

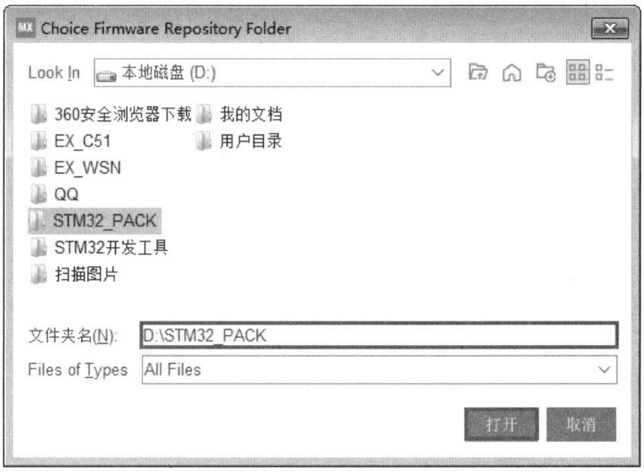

图 1-46 选择固件安装文件夹对话框

第 6 步：在图 1-45 所示的"Updater Settings"对话框中单击"Check and Update Settings"框架中的"Manual Check"单选钮，将检查更新方式设置成人工检查；单击"Data Auto-Refresh"框架中的"No Auto-Refresh at Application start"单选钮，将数据更新方式设置为应用开始时不自动更新，参考图 1-45 进行设置，然后单击"OK"按钮，完成更新设置。

第 7 步：在图 1-44 所示的窗口中选择菜单栏上的"Help"→"Manage embedded software packages"菜单项，打开如图 1-47 所示的"Embedded Software Packages Manager"对话框。

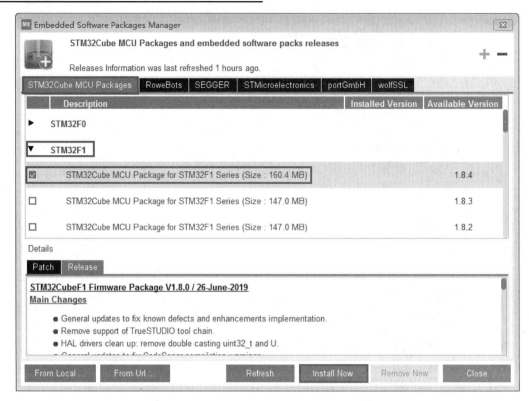

图 1-47 "Embedded Software Packages Manager" 对话框

第 8 步：在图 1-47 所示的对话框中，单击 "STM32Cube MCU Packages" 标签，然后在标签下面的列表框中找到 "STM32F1"，再单击 "STM32F1" 左边的 "▶" 符号，从展开的列表项中勾选最新版的 MCU 数据包，再单击 "Install Now" 按钮，系统就自动地下载并安装所选择的数据包，并弹出如图 1-48 所示的 "Downloading selected software packages" 对话框。

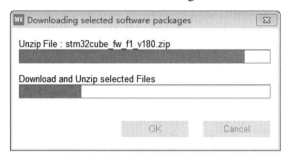

图 1-48 "Downloading selected software packages" 对话框

第 9 步：软件包下载完毕后单击图 1-48 中的 "OK" 按钮，结束 STM32CubeMX 库的安装。

9．安装 CH340 驱动程序

安装 CH340 驱动程序的方法如下。

第 1 步：打开如图 1-49 所示 "D:\STM32 开发工具\串口驱动-CH340_Windows" 文件夹，双击 CH340 的驱动程序图标 ""，打开如图 1-50 所示的 "驱动安装" 对话框。

资源下载

扫一扫下载 CH340
驱动程序

学习视频

扫一扫观看安装
CH340 驱动程序视频

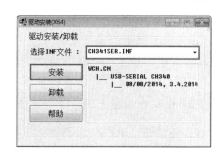

图 1-49　CH340 的驱动程序　　　　　　　图 1-50　"驱动安装"对话框

第 2 步：在"驱动安装"对话框的"选择 INF 文件"下拉列表框中选择"CH341SER.INF"列表项，然后单击"安装"按钮，系统就开始执行安装驱动程序，驱动程序安装结束后会自动弹出如图 1-51 所示的驱动安装成功提示框，单击其中的"确定"按钮，结束 CH340 驱动程序的安装。

10．查看 USB 口映射的串口号

查看 USB 口映射串口号的操作方法如下：

第 1 步：用 USB 线将计算机的 USB 口与开发板上的 USB 口相接。

第 2 步：在桌面上右击"计算机"图标，在弹出的快捷菜单中选择"属性"菜单项，打开如图 1-52 所示的系统窗口。

图 1-51　驱动安装成功提示框　　　　　　图 1-52　系统窗口

第 3 步：在系统窗口中单击"设备管理器"超链接，打开如图 1-53 所示的"设备管理器"窗口。

第 4 步：在"设备管理器"窗口中单击"端口"左边的"▷"符号，展开"端口"项，"端口"项下面会出现"USB-SERIAL CH340"项（参考图 1-53）。该项右边的 COMx 就是当前 USB 口所映射的串口号，例如图 1-53 中所表示的是当前的 USB 口所映射的串口号为 COM3，后续计算机通过该 USB 口与 STM32 进行串行通信时，串口编号就应该选择 COM3。

图 1-53　"设备管理器"窗口（一）

【说明】

① 上述观察映射串口号的方法是在 Windows 7 环境中进行的，如果用户计算机使用的是其他操作系统，请参照上述方法进行操作。

② 不同的 USB 口所映射的串口号不同，在实验中更换了 USB 口则需按上述方法查看其所映射的串行口。

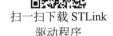
资源下载

学习视频

扫一扫下载 STLink 驱动程序

扫一扫观看安装 STLink 驱动程序视频

11．安装 STLink 驱动程序

安装 STLink 驱动程序的方法如下。

第 1 步：在图 1-52 所示的系统窗口中查看"系统类型"，查看操作系统的位数。本机中的操作系统为 64 位的操作系统。

第 2 步：打开"D:\STM32 开发工具\STLINK V2（CN）驱动\STLINK 驱动"文件夹，然后双击如图 1-54 所示的 STLink 驱动程序 dpinst_amd64.exe，打开如图 1-55 所示的欢迎安装对话框。

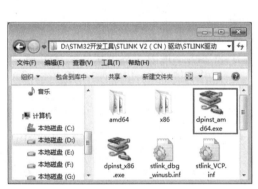

图 1-54　STLink 驱动程序

图 1-55　欢迎安装对话框

【说明】

STLINK 驱动文件夹中有 2 个驱动程序，它们对应不同的操作系统，如表 1-4 所示。

表 1-4　STLINK 的驱动程序

驱 动 程 序	适用的操作系统
dpinst_amd64.exe	64 位 Windows
dpinst_x86.exe	32 位 Windows

图 1-56　"Windows 安全"对话框

本机所用操作系统为 64 位的 Windows，所以要选择 dpinst_amd64.exe 文件；如果用户使用的是 32 位的 Windows，则需要选择 dpinst_x86.exe 文件。

第 3 步：在欢迎安装对话框中单击"下一步"按钮，计算机就准备安装 STLink 驱动程序，并弹出如图 1-56 所示的"Windows 安全"对话框。

第 4 步：在"Windows 安全"对话框中单击"安装"按钮，系统就开始安装 STLink 驱动程序，安装结束后就会弹出如图 1-57 所示的完成驱动安装对话框。

第 5 步：在完成驱动安装对话框中单击"完成"按钮，结束 STLink 驱动程序的安装。

第 6 步：将 STLink 插入计算机的 USB 口中，然后单击图 1-52 中的"设备管理器"超链接，打开"设备管理器"窗口。

第 7 步：在"设备管理器"窗口中单击"Universal Serial Bus devices"左边的"▷"符号，就可以看到"STMicroelectronics STLink dongle"符号（如图 1-58 所示），表明 STLink 驱动安装成功。

图 1-57　完成驱动安装对话框　　　　图 1-58　"设备管理器"窗口（二）

【说明】

不同的操作系统中设备管理器的栏目并不完全一样，在 Windows 10 中插入 STLink 后显示的是 STM32 STLink。

如果设备名称旁边显示的是黄色感叹号，则表明设备的驱动程序安装有问题，请直接单击设备名，在弹出的界面中单击更新设备驱动程序。

资源下载　　　　　学习视频

扫一扫下载 FLASHER-　　扫一扫观看安装程
STM32 软件　　　　序下载软件视频

12. 安装程序下载软件

在 STM32 开发工具文件夹中我们提供了 2 个常用的 STM32 程序下载软件：一个是 mcuisp，这个软件是一个绿色软件，不需要安装就可以使用；另一个是 FLASHER-STM32 软件，这个软件需要安装后才能使用。安装 FLASHER-STM32 软件的方法如下。

第 1 步：打开"D:\STM32 开发工具\程序下载\flasher-stm32"文件夹，然后双击如图 1-59 所示的程序下载软件 flash_loader_demo_v2.8.0.exe，计算机就准备安装 FLASHER-STM32 软件，过一会就会打开如图 1-60 所示的欢迎安装对话框。

第 2 步：在欢迎安装对话框中单击"Next"按钮，打开如图 1-61 所示的输入用户信息对话框。

图 1-59　FLASHER-STM32 安装程序

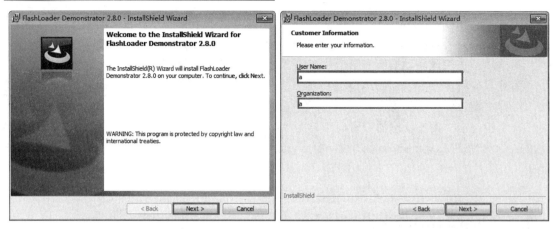

图 1-60 欢迎安装对话框　　　　　　　　图 1-61 输入用户信息对话框

第 3 步：在输入用户信息对话框中填写我们的一些信息，这些信息并没有特别要求，只要每一栏不为空就可以了，然后单击"Next"按钮，打开如图 1-62 所示的选择安装文件夹对话框。

第 4 步：在选择安装文件夹对话框中我们选择默认的安装文件夹，直接单击"Next"按钮，打开如图 1-63 所示的准备安装程序对话框。如果用户打算在其他文件夹中安装 FLASHER-STM32 软件，则在图 1-62 中可单击"Change"按钮，在打开的选择文件夹对话框中选择安装文件夹。

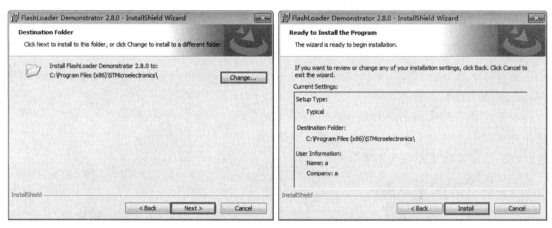

图 1-62 选择安装文件夹对话框　　　　　　图 1-63 准备安装程序对话框

第 5 步：在准备安装程序对话框中单击"Install"按钮，计算机就开始安装 FLASHER-STM32 软件，并显示安装的进度，程序安装结束后会打开如图 1-64 所示的完成安装对话框。

第 6 步：在完成安装对话框中单击"Finish"按钮，完成 FLASHER-STM32 软件的安装。此时打开"开始"菜单，就可以看到在"STMicroelectronics"项中增加了一个"FlashLoader"子项，"FlashLoader"子项中有一个"Demonstrator GUI"子项，这个子项就是 FLASHER-STM32 程序下载软件的快捷菜单项，如图 1-65 所示，单击"Demonstrator GUI"子项就可以启动 FLASHER-STM32 程序下载软件。

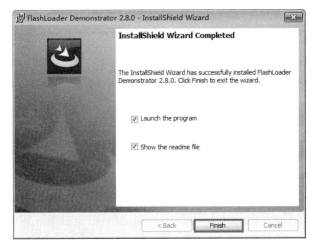

图 1-64 完成安装对话框

图 1-65 FLASHER-STM32 快捷菜单

 实践总结与拓展

  STM32 是 ST 公司生产的 32 位微控制器（MCU），是目前最为流行的 MCU，STM32 的应用开发主要有 3 种方式，目前和今后的软件开发方式主要是基于 STM32CubeMX 的开发方式。

  STM32 应用开发常用的工具软件主要有 MDK 集成开发工具、Keil 软件包、STM32CubeMX、JRE、程序下载软件、串口调试助手、仿真器驱动程序、USB 转串口驱动程序等 8 个，其中程序下载软件主要是 FLASHER-STM32 和 mcuisp 等两款软件，这些软件都可以从各自的官网上下载，在选择驱动程序时要注意驱动程序与所用的硬件以及计算机操作系统相匹配。

  在 STM32 应用开发的 8 个工具软件中，MDK 集成开发工具、Keil 软件包、STM32CubeMX、JRE 和 FLASHER-STM32 程序下载软件安装方法相似，在安装过程中需要允许修改 Windows 注册表或者在安装工具软件之前关闭注册表防护软件。这几个工具软件的安装比较简单，只需要按照安装提示一步一步地操作就可以完成。

  串口调试助手和 mcuisp 程序下载软件是绿色软件，不需要安装。

  仿真器驱动程序和 USB 转串口驱动程序的安装方法相同，需要接入所要驱动的硬件后才能完成驱动程序的安装，程序安装结束后还需要检查驱动程序安装是否正确。

习题 1

  1．STM32 是_____位的微控制器。

  2．STM32 有许多产品，主要分为高性能微控制器、主流微控制器、超低功耗微控制器、无线微控制器等 4 类，STM32F1 系列产品属于_____类产品。

  3．请根据 STM32 的命名规则指出 STM32F103VET6 的含义。

  4．STM32 的软件开发方式主要有哪几种方式？它们各自的特点是什么？

  5．STM32 应用开发有 8 个工具软件，请指出下列工具软件的功能。

  （1）MDK 集成开发工具。

（2）STM32CubeMX。

（3）Keil 软件包。

（4）JRE 软件。

（5）程序下载软件。

（6）串口调试助手。

6. 简述安装 Keil 包的方法。

7. 简述安装 STM32CubeMX 库的方法，并上机实践。

8. 简述安装 STLink 驱动程序的方法。

任务 2　点亮 LED 灯

课件

扫一扫下载课件

任务要求

STM32 的主时钟源为外部晶体振荡电路，程序的调试模式为 SWD 模式，GPIO 口的 PE 口外接 8 只发光二极管的控制电路，发光二极管采用低电平有效控制，8 只发光二极管的编号依次为 LED1～LED8。要求先用 STM32CubeMX 对 STM32 进行适当配置；然后生成 Keil 工程代码，再在 Keil 中对程序进行编译连接，生成 HEX 文件；最后用 STM32 的程序下载软件将 HEX 文件下载至 STM32 中，使 LED1 点亮，其他发光二极管熄灭。

学习视频

扫一扫观看初识
GPIO 口视频

知识储备

1. 初识 GPIO 口

GPIO 是 General Purpose Input Output 的缩写，其含义是通用的输入/输出。STM32 有许多型号的产品，不同型号的 STM32，其 GPIO 口的数量不同。STM32 最多有 7 个 GPIO 口，依次定义为 GPIOA、GPIOB、GPIOC、GPIOD、GPIOE、GPIOF、GPIOG。每个 GPIO 口均有16 个引脚，依次为 PX0～PX15（X=A～G）。例如，GPIOA 口的 16 个引脚为 PA0～PA15。其中 STM32F103RBT6 有 4 个 GPIO 口，分别为 GPIOA～GPIOD，STM32F103VET6 有 5 个 GPIO口，分别为 GPIOA～GPIOE。

STM32 的 GPIO 口的功能与 51 单片机的并行口的功能相似，GPIO 口的引脚一般具有多种功能。基本的功能是输入/输出高低电平，另外还具备其他功能，例如模拟输入功能、外部中断输入功能、串口数据输入/输出功能等。有关 GPIO 口的功能我们将在后续项目中再作详细介绍。

GPIO 口做基本的输出口使用时，STM32 可控制 GPIO 口的引脚输出高电平或者低电平，从而实现开关控制功能。例如，在 GPIO 口的引脚上接入发光二极管控制电路，STM32 就可以通过 GPIO 口的引脚输出高电平或低电平来实现发光二极管的点亮或熄灭控制。

GPIO 口做基本的输入口使用时，STM32 可以通过检测 GPIO 口引脚的电平状态来获知外部输入状态。例如 GPIO 口的引脚上接入开关转换电路，STM32 就可以通过检测 GPIO 口引脚是否为高电平来识别开关是否闭合。

　　GPIO 口做基本的输入/输出口使用时，可以以 16 位的方式并行输入/输出高低电平，每个引脚也可以以一位的方式输入/输出高低电平。有关 GPIO 口的数据输入/输出方法我们将在项目 2 中再做详细介绍。

　　GPIO 口做基本的输入/输出口使用时，输入有上拉输入、下拉输入、浮空输入（既无上拉电阻也无下拉电阻输入）3 种输入方式，输出有开漏输出、推挽输出 2 种输出方式。在 STM32CubeMX 中，这些输入/输出方式的表示如表 1-5 所示。另外，GPIO 口的引脚还支持 2MHz 的低速（Low）、10MHz 的中速（Medium）和 50MHz 的高速（High）共 3 种最大翻转速度。在实际使用中，用户需要根据 GPIO 口所接外设的速度合理选择 GPIO 口的最大输出速度。

表 1-5　GPIO 口输入/输出方式

输入/输出方式	STM32CubeMX 中的表示	说　　明
上拉输入	Pull-up	
下拉输入	Pull-down	
浮空输入	No pull-up and no pull down	
开漏输出	Output Open Drain	需外部接上拉电阻才能输出高电平
推挽输出	Output Push Pull	

2．STM32 的时钟源

　　时钟信号的作用是同步 STM32 内部各功能部件，使其按照统一的节拍协调工作；缺少了时钟信号，STM32 就不能正常工作。时钟源是指时钟信号的来源。STM32 有 4 个时钟源，分高频时钟源和低频时钟源 2 组，如图 1-67 所示。

学习视频

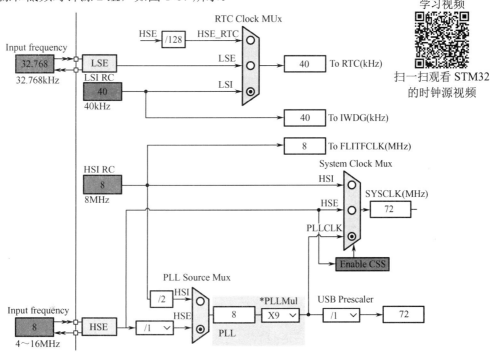

扫一扫观看 STM32
的时钟源视频

图 1-67　STM32 的时钟源

高频时钟源为 STM32 的主时钟源，它所产生的时钟信号经倍频和分频后形成系统时钟（SYSCLK），再经分频后为内部总线、定时器、串口、ADC 等功能部件提供时钟信号。高频时钟源分内部高频时钟源（HSI）和外部高频时钟源（HSE）2 种。

内部高频时钟源（HSI）为内部的高频 RC 振荡器，用来产生 8MHz 的时钟信号。RC 振荡器起振快，但振荡频率的误差比较大，在频率误差要求不高的情况下可以选择内部高频时钟源（HSI）作为 STM32 的主时钟源。

外部高频时钟源（HSE）为外部晶体振荡电路或陶瓷振荡电路，由 OSC_IN 引脚和 OSC_OUT 引脚之间所接的晶体振荡器或者陶瓷振荡器以及稳频电容构成。外部高频时钟源（HSE）用来产生频率精准的时钟信号，通常情况下其振荡频率选择 8MHz。外部高频时钟源的频率精度高，STM32 的主时钟源一般选择外部高频时钟源。

低频时钟源分内部低频时钟源（LSI）和外部低频时钟源（LSE）两种，主要为内部实时时钟控制器（RTC）、独立看门狗（IWDG）提供时钟信号。

内部低频时钟源（LSI）为内部的低频 RC 振荡器，用来产生大约 40kHz 的时钟信号，其频率误差较大，主要是为独立看门狗（IWDG）提供时钟信号，也可以为内部实时时钟控制器（RTC）提供时钟信号。

外部低频时钟源（LSE）为外部的晶体振荡电路，由 OSC32IN 引脚和 OSC32OUT 引脚内部的放大电路以及这两个引脚上所接的晶振及稳频电容所构成，晶振的固有频率一般选 32.768kHz。外部低频时钟源主要为实时时钟控制器提供时钟信号。

STM32 选用何种时钟源，取决于用户的配置，其配置方法我们将在任务实施中结合具体的实例再作详细介绍。

学习视频

扫一扫观看 STM32
的程序启动模式视频

3. STM32 的程序启动模式

STM32 的程序启动模式是指复位后 STM32 从何处开始执行程序。STM32 有 3 种程序启动模式，既可以从用户闪存（Flash 存储器）中开始执行程序，也可以从系统存储器中开始执行程序，还可以从 SRAM 中开始执行程序。STM32 的程序启动模式取决于 BOOT0、BOOT1 引脚的电平状态，它们之间的关系如表 1-6 所示。

表 1-6　STM32 的程序启动模式

BOOT0	BOOT1	启 动 模 式	说　　　　明
0	X	用户 Flash 存储器	复位后从 Flash 存储器中启动，用于正常运行程序
1	0	系统存储器	复位后从系统存储器中启动，用于串口下载
1	1	SRAM	复位后从 SRAM 中启动，用于在 SRAM 中调试程序

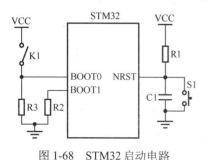

图 1-68　STM32 启动电路

从表 1-6 可以看出，如果 STM32 用串口下载程序，则须将 BOOT0 引脚设为 1，将 BOOT1 引脚设为 0；如果要让 STM32 复位后就开始执行用户程序，则应将 BOOT0 设为 0，将 BOOT1 引脚设为任意电平。用串口下载程序时，STM32 的启动电路如图 1-68 所示。

图中，BOOT1 通过电阻 R2 接地，BOOT1=0。BOOT0 通过开关 K1 接 VCC，同时通过电阻 R3 接地。K1 闭合时，

BOOT0=1，STM32 复位后从系统存储器中开始执行程序，STM32 用串口下载程序；K1 断开时，BOOT0=0，STM32 复位后从用户闪存中开始执行程序，STM32 执行用户程序。

由上可以看出，用串口下载程序的方法是，先闭合 K1，然后复位 STM32，待 STM32 下载完程序后再断开 K1，最后复位 STM32。这样 STM32 就开始运行串口所下载的程序。

4．STM32 的程序调试模式

STM32 的程序调试模式有 JTAG 模式和 SWD 模式两种。

"JTAG" 是 Joint Test Action Group 的缩写，其含义是联合测试行动组。JTAG 是一种 PCB 和 IC 测试标准。标准的 JTAG 接口由 JTMS、JTCK、JTDI、JTDO 共 4 根线组成，它们的含义如表 1-7 所示。

扫一扫观看 STM32 的程序调试模式视频

表 1-7　标准的 JTAG 接口线

接 口 线	含 义	STM32 中的引脚
JTMS	模式选择	PA13
JTCK	时钟	PA14
JTDI	数据输入	PA15
JTDO	数据输出	PB3

SWD 是 Serial Wire Debug 的缩写，其含义是串行线调试。SWD 接口由 SWDIO 和 SWDCLK 共两根线组成，它们的含义如表 1-8 所示。

表 1-8　SWD 接口线

接 口 线	含 义	STM32 中的引脚
SWDIO	串行数据输入/输出线	PA13
SWDCLK	串行时钟线	PA14

JTAG 接口至少要占用 STM32 的 4 根 GPIO 引脚，而 SWD 接口只需占用 STM32 的 2 根 GPIO 引脚，而且在高速模式下 SWD 模式比 JTAG 更加可靠。所以，只要所选用的仿真器支持 SWD 调试模式，通常情况下用户就会选择 SWD 调试模式。本书我们所选用的仿真器是一种支持 SWD 调试模式的 ST-Link 仿真器，在后续的实践中，我们在 STM32CubeMX 配置中都会将调试模式设置为 SWD 模式。

5．发光二极管的控制电路

用 PA0 控制发光二极管的电路如图 1-69 所示。

学习视频

扫一扫观看发光二极管的控制电路视频

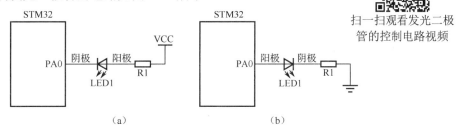

图 1-69　发光二极管的控制电路

图 1-69（a）中，发光二极管 LED1 的阳极通过电阻 R1 接至正电源 VCC，阴极接 STM32 的控制端 PA0。PA0=0 时 LED1 亮，PA0=1 时 LED1 灭，即控制端口为低电平时，发光二极管亮。习惯上我们把这种发光二极管的控制叫低电平有效控制，简称为低有效控制。

图 1-69（b）中，发光二极管 LED1 的阴极通过电阻 R1 接地，阳极接 STM32 的控制端口 PA0。PA0=0 时 LED1 灭，PA0=1 时 LED1 亮，即控制端口为高电平时发光二极管点亮。这种控制叫高有效控制。

图 1-69 中，R1 为限流电阻，用来保护发光二极管。R1 的大小取决于发光二极管点亮时的电压降以及允许通过的电流，通常情况下取 1kΩ。

实现方法与步骤

任务程序

扫一扫下载任务
2 的工程文件

1．搭建硬件电路

任务 2 的硬件电路如图 1-70 所示。

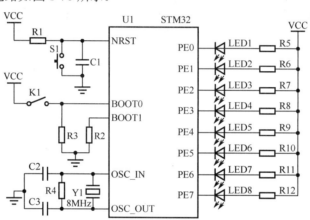

图 1-70　任务 2 硬件电路图

图 1-70 中，R1、C1 和 S1 构成了 STM32 的复位电路，它们接在 STM32 的 NRST 引脚上。NRST 引脚为 STM32 的复位脚，NRST=0 时，STM32 复位；NRST=1 时，STM32 正常工作。上电时，电源通过电阻 R1 对电容 C1 充电，由于电容两端电压不能突变，NRST 端为低电平，STM32 复位。过一段时间后，电容两端电荷充满，电容等效为开路，NRST 端为高电平，STM32 结束复位，开始运行程序。S1 为复位按钮，按下 S1 时，NRST 端为低电平，STM32 复位，同时释放 C1 两端电荷。断开 S1 后，电源通过电阻 R1 对电容 C1 充电，重复前面的上电复位过程。

R2、R3 和 K1 构成了 STM32 的启动模式选择电路。K1 闭合时，BOOT0=1，BOOT1=0，按复位按键 S1，STM32 运行系统存储器中的程序，STM32 开始用串口下载程序，并将程序存放在 Flash 存储器中。程序下载结束后断开 K1，此时 BOOT0=0，BOOT1=0，再按复位按键 S1，STM32 运行 Flash 存储器中的程序，即运行用串口所下载的程序。

C2、C3、Y1、R4 为晶体振荡电路，Y1 为晶体振荡器，在电路中起反馈选频作用，它的固有频率即为振荡电路的频率。在主频振荡电路中 Y1 一般选用 8MHz 的晶体振荡器。

R5～R12、LED1～LED8 构成 8 只发光二极管的控制电路，这 8 只发光二极管采用低有效控制。

任务 2 的元器件清单如表 1-9 所示。

表 1-9　任务 2 的元器件清单

元 器 件	规 格	元 器 件	规 格
U1	STM32F103VET6	R4	1MΩ电阻
C1	104 电容	Y1	8MHz 晶振
C2	22pF 电容	R5～R12	1kΩ电阻
C3	22pF 电容	LED1～LED8	8 只红色 LED 灯珠
R1	10kΩ电阻	S1	4 脚立式微动开关
R2	100kΩ电阻	K1	2 挡拨动开关
R3	100kΩ电阻		

【说明】

本书后续各任务的硬件电路中都包含图 1-70 中的 STM32 及其左边的复位电路、启动模式选择电路、晶体振荡电路。为了节省篇幅、简化电路表示，我们在后续各任务的硬件电路中不再给出这部分电路，请读者实践时自动加上。

学习视频

扫一扫观看新建
STM32CubeMX
工程视频

2. 新建 STM32CubeMX 工程

新建 STM32CubeMX 工程的方法如下：

（1）在计算机的 D 盘新建 "D:\ex" 文件夹，用来保存各任务中的程序文件。

（2）启动 STM32CubeMX。双击桌面上的 图标，打开如图 1-71 所示的 STM32CubeMX 窗口。

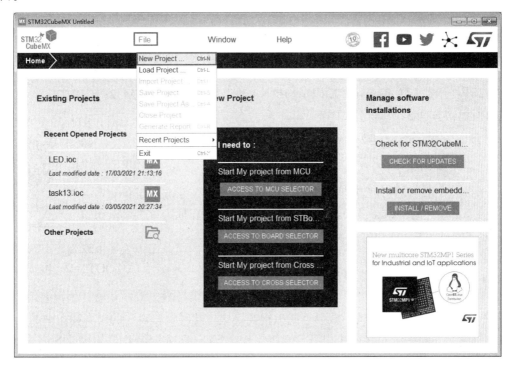

图 1-71　STM32CubeMX 窗口

（3）新建工程。在 STM32CubeMX 窗口中选择菜单栏上的"File"→"New Project"菜单项，打开如图 1-72 所示的新建工程对话框。

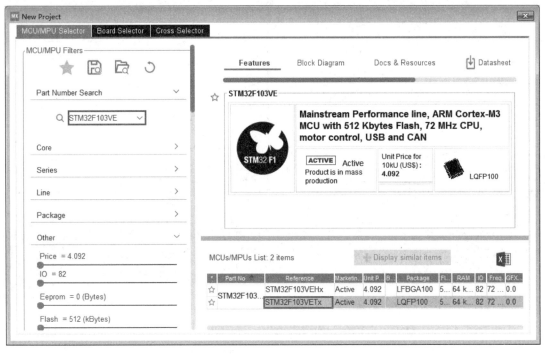

图 1-72　新建工程对话框

（4）选择单片机。

第 1 步：在新建工程对话框中单击"MCU/MPU Selector"标签，在对话框左边的查找下拉列表框中输入开发板上所使用 STM32 的型号。本书配套开发板上所用的 STM32 为 STM32F103VET6，所以应在查找下拉列表框中输入"STM32F103VE"，此时对话框右下方的"MCUs/MPUs List"列表中就会显示 STM32F103VETx 单片机（参考图 1-72）。

第 2 步：用鼠标左键双击"MCUs/MPUs List"列表中的"STM32F103VETx"，打开如图 1-73 所示的 STM32CubeMX 工程窗口。

3．配置 STM32 的硬件资源

（1）配置调试模式。

第 1 步：在图 1-73 所示的工程窗口中单击"Pinout & Configuration"标签，然后单击左边的"Categories"标签，再在左边的列表框中单击"System Core"项，将"System Core"项展开。

第 2 步：单击"System Core"项中的"SYS"子项，窗口的中间会展示出"SYS Mode and Configuration"（系统模式与配置）窗口（参考图 1-73）。

第 3 步：在系统模式与配置窗口中单击"Debug"下拉列表框，从展开的列表项中选择"Serial Wire"列表项，将调试模式设置成串行线模式，此时窗口右边的引脚视图中的 PA13、PA14 引脚呈绿色状，并且这两个引脚分别被配置成 SYS_JTMS-SWDIO 引脚和 SYS_JTCLK-SWCLK 引脚（参考图 1-73）。

学习视频

扫一扫观看配置
调试模式和选择
时钟源视频

图 1-73　STM32CubeMX 工程窗口

（2）选择高频时钟源。

第 1 步：在图 1-73 所示的工程窗口中，单击左边列表框中的"RCC"列表项，窗口的中间会出现"RCC Mode and Configuration"（RCC 模式与配置）窗口，如图 1-74 所示。

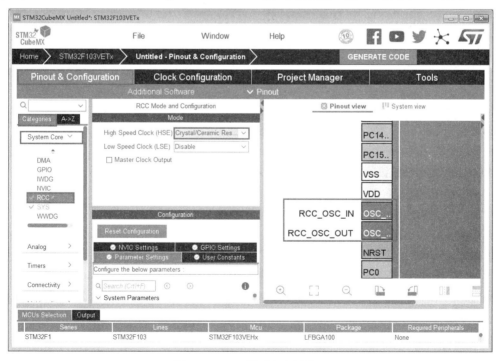

图 1-74　RCC 模式与配置窗口

第 2 步：在 RCC 模式与配置窗口中单击"High Speed Clock（HSE）"下拉列表框，从中选择"Crystal/Ceramic Resonator"列表项，即外部高速时钟为晶体/陶瓷谐振器，参考图 1-74。

（3）配置 GPIO 引脚。

学习视频

扫一扫观看配置
GPIO 口输出脚和
时钟视频

从本任务（任务 2）的硬件电路可知，LED1～LED8 采用低有效控制，本任务中需要将 PE0～PE7 配置成输出口。根据任务要求，上电后 LED1 点亮，其他 7 只发光二极管熄灭。因此，应将 PE 口的 8 个引脚配置成以下状态：PE0 口输出低电平，其他 7 个引脚输出高电平，输出速度任意。配置 PE0～PE7 的方法如下。

第 1 步：在图 1-73 所示工程窗口的引脚视图中，在右下角的查找引脚下拉列表框中输入引脚"PE0"（字符的大小写任意），然后按回车键（Enter），此时引脚视图中的 PE0 引脚呈闪烁状态。单击引脚视图中的 PE0 引脚，在弹出的菜单中选择"GPIO_Output"菜单项，将 PE0 引脚设置为 GPIO 口的输出脚，如图 1-75 所示。

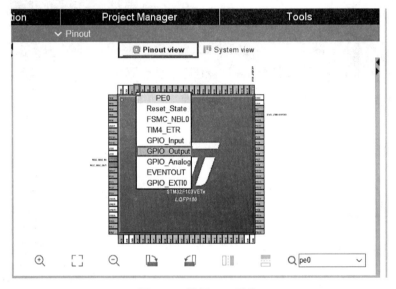

图 1-75　设置 PE0 引脚

第 2 步：重复第 1 步，将 PE1～PE7 设置成输出脚。

第 3 步：在图 1-73 所示的工程窗口中，单击左边的"GPIO"列表项，窗口的中间就会出现 GPIO 口的模式与配置窗口，如图 1-76 所示。

第 4 步：在图 1-76 中单击 GPIO 口配置列表框中的 PE0 列表项，GPIO 口配置列表框的下面就会出现"PE0 Configuration"框架（参考图 1-76）。

第 5 步：在"PE0 Configuration"框架中单击"GPIO output level"下拉列表框，从中选择"Low"，将 PE0 引脚的复位后的电平设置为低电平。

第 6 步：按同样的方式将"GPIO mode"（GPIO 口的模式）设置成"Output Push Pull"（推挽输出），将"GPIO Pull-up/Pull-down"（GPIO 口的上拉电阻和下拉电阻）设置成"No pull-up and no pull-down"（既无上拉电阻也无下拉电阻），将"Maximum output speed"（最大输出速度）设置成"High"（高速）。

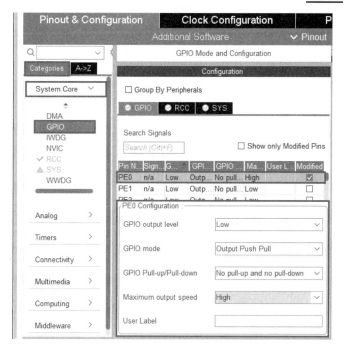

图 1-76　GPIO 口的模式与配置窗口

【说明】

GPIO 口做输出引脚使用时各配置项的含义如表 1-10 所示。

表 1-10　GPIO 口做输出引脚使用时各配置项的含义

配　置　项	含　　义	取　　值	值　的　含　义
GPIO output level	输出电平	Low	低电平
		High	高电平
GPIO mode	输出模式	Output Push Pull	推挽输出
		Output Open Drain	开漏输出
GPIO Pull-up/Pull-down	上拉/下拉电阻	No pull-up and no pull-down	既无上拉电阻也无下拉电阻
		Pull-up	上拉电阻
		Pull-down	下拉电阻
Maximum output speed	最大输出速度	Low	低速
		Medium	中速
		High	高速
User Label	用户标签	给引脚所取的别名，例如 LED1	

第 7 步：重复第 4 步～第 6 步，将 PE1～PE7 引脚配置成输出高电平、推挽输出、既无上拉电阻也无下拉电阻，各引脚配置后的状态如图 1-77 所示。

【说明】

在 GPIO 的模式与配置窗口中允许将多引脚同时配置为相同的参数，以配置 PE1～PE4 为例，同时配置这 4 个引脚的方法如下：

首先在 GPIO 口配置列表框单击 PE1，再按住 Ctrl 键后单击 PE2、PE3、PE4，则 PE1～PE4 同时被选中，然后在 GPIO 口配置列表框下面的 "Configuration" 框架中设置所选择 GPIO 的参数。

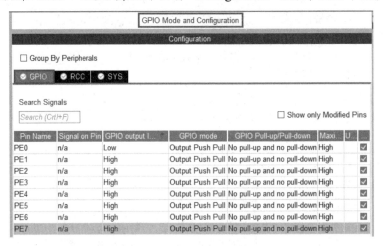

图 1-77　各引脚配置后的状态

（4）配置时钟。

第 1 步：在 STM32CubeMX 的工程窗口中单击 "Clock Configuration" 标签，进入时钟配置窗口，如图 1-78 所示。

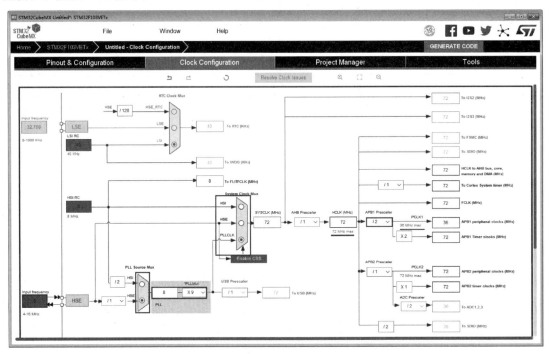

图 1-78　时钟配置窗口

第 2 步：设置外部高速时钟的时钟频率。在图 1-78 所示窗口的 Input frequency 文本框中输入开发板上所接的晶振的频率，本例中晶振的频率为 8MHz，所以此文本框中需输入 8。

第 3 步：单击 "PLL Source Mux"（锁相环时钟源的多路开关）中的 HSE 单选钮，将锁相环的时钟源设置为外部高速时钟，此时 PLL 标签中将显示 "8"。

第4步：单击"PLLMul"下拉列表框，将锁相环倍频系数设置成9。

第5步：单击"System Clock Mux"（系统时钟多路选择开关）中的PLLCLK单选钮，将系统时钟的来源设置为锁相环时钟，此时 SYSCLK 标签中将显示"72"，表示此时系统时钟的频率为72MHz。

第6步：单击"AHB Prescaler"下拉列表框，将AHB的预分频系统设置成1，此时 HCLK（高性能总线时钟）的频率刚好为其最大值72MHz（参考图1-78）。

第7步：单击"APB1 Prescaler"下拉列表框，将APB1的预分频系统设置成2，此时 PCLK1的频率刚好为其最大值 36MHz。

【说明】

在时钟配置窗口中，如果某处的时钟频率超过了其最大值，则对应的文本框将呈红色显示，此时修改其对应的分频系数或倍频系数。

学习视频

扫一扫观看管理
STM32CubeMX 工程视频

4. 管理 STM32CubeMX 工程

第1步：在 STM32CubeMX 的工程窗口中单击"Project Manager"标签，进入工程管理窗口，如图 1-79 所示。

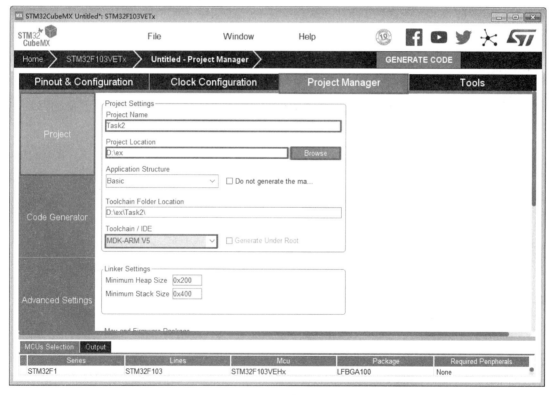

图 1-79　工程管理窗口

第2步：在图 1-79 所示窗口的"Project Name"文本框中输入工程名"Task2"，然后单击"Project Location"下面的"Browse"按钮，打开"Choose Project Folder"对话框，在对话框中选择保存工程的文件夹"D:\ex"，此时"Project Location"下面的文本框中将显示保存工程文件的文件夹"D:\ex"。

第3步：单击"Toolchain/IDE"下拉列表框，从中选择我们后面进行 STM32 开发时所用的开发工具"MDK-ARM V5"，即 Keil5。其他的项选择默认值（参考图 1-79）。

第 4 步：在图 1-79 所示的工程管理窗口中，单击窗口左边的"Code Generator"标签，页面的右边就会显示代码生成器的配置选项，如图 1-80 所示。

图 1-80　代码生成器配置

第 5 步：在图 1-80 所示的窗口中，单击"Copy only the necessary library files"（只复制必要的库文件）单选钮。

第 6 步：在"Generated files"框架中勾选"Generate peripheral initialization as a pair of '.c/.h' files per peripheral"复选框，使 STM32CubeMX 在生成代码时为每个外设生成一对".c/.h"的外设初始化文件。

第 7 步：在窗口中选择菜单栏上的"File"→"Save Project"菜单项，如图 1-81 所示，或者按快捷键 Ctrl+S，保存工程文件。

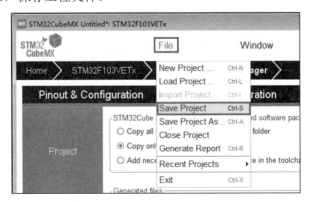

图 1-81　保存工程文件

5. 生成 Keil 工程代码

生成 Keil 工程代码的方法如下：

第 1 步：在 STM32CubeMX 工程窗口中单击"GENERATE CODE"按钮，STM32CubeMX 将会按照用户的配置要求生成 C 语言程序代码，并显示代码生成的进度，如图 1-82 所示。代码生成结束后会出现如图 1-83 所示的代码生成提示框。

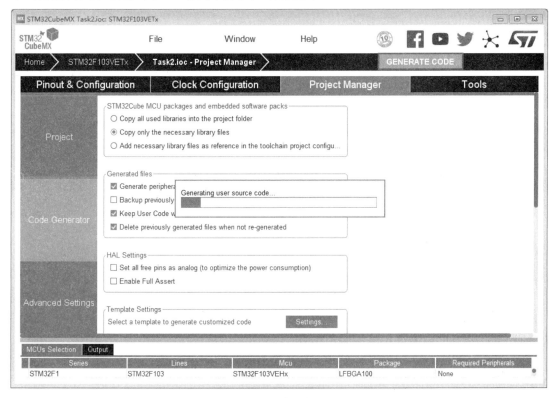

图 1-82　生成代码

图 1-83　代码生成提示框

第 2 步：在代码生成提示框中单击"Open Project"按钮，系统就会调用 Keil5，并打开当前所生成的工程文件。

第 3 步：关闭 STM32CubeMX 工程窗口。

第 4 步：在 Keil5 集成开发环境中，单击"Project"窗口中"Application/User"组前面的"+"号，打开该组，找到 main.c 文件名，然后双击 main.c 文件名，集成开发环境的右边窗口中就会显示 main.c 文件的内容，如图 1-84 所示。

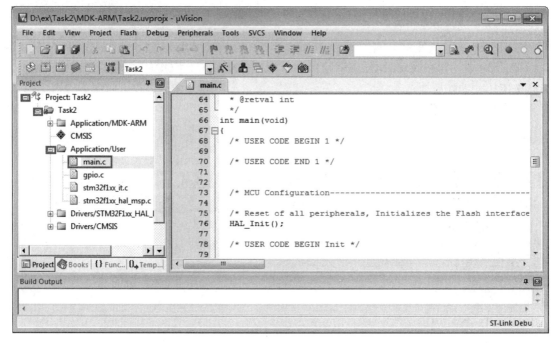

图 1-84 打开 main.c 文件

6. 配置 Keil 工程

在本任务中，Keil 工程的配置主要是配置 Keil 的输出文件。其目的是，让 Keil 工程编译时能产生 STM32 的执行文件（HEX 文件，即十六进制文件），以便后续用串口将此 HEX 文件下载至 STM32 中。配置 Keil 输出文件的方法如下。

第 1 步：在图 1-84 所示的 Keil 窗口中单击目标选项图标按钮"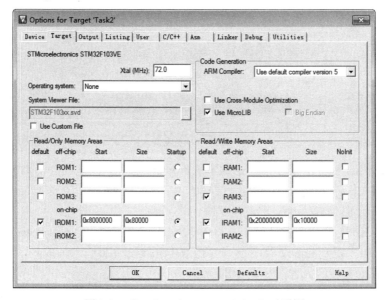"，打开如图 1-85 所示的"Options for Target 'Task2'"对话框。

图 1-85 "Options for Target 'Task2'"对话框

第 2 步：在"Options for Target 'Task2'"对话框中单击"Output"标签，进入如图 1-86 所示的 Output 页面。

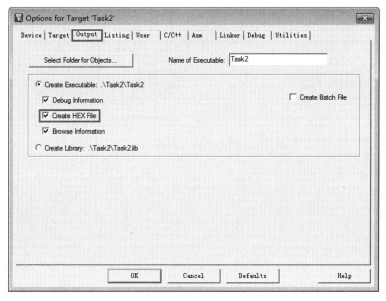

图 1-86   Output 页面

第 3 步：在 Output 页面中勾选"Create HEX File"复选框（参考图 1-86）。如果要修改 HEX 文件存放的位置，则可单击 Output 页面中"Select Folder for Objects"按钮，然后在弹出的对话框中选择 HEX 文件存放的位置。

第 4 步：在"Options for Target 'Task2'"对话框中单击"OK"按钮，完成输出文件的配置。

【说明】

在用 STM32CubeMX 生成的 Keil 工程中，默认状态下 Keil 会产生 HEX 文件，其位置为"\工程名\MDK-ARM\工程名"，这里的"工程名"为图 1-79 所示的工程管理窗口中我们所输入的工程名，第 1 个"\"代表在工程管理窗口中我们所输入的工程位置。例如，在图 1-79 所示的工程管理窗口中，我们输入的工程名为"Task2"，其位置为 D:\ex，因此程序编译后 Keil 所产生的 HEX 文件位于"D:\ex\ Task2\MDK-ARM\ Task2"文件夹中。

7．编译连接程序

配置好工程后就可以进行编译、连接了，以便生成 STM32 可以直接执行的 HEX 文件。编译、连接的方法是，在 Keil 工程窗口中，单击图标工具栏中的重新连接图标按钮"![icon]"，如图 1-87 所示。这时，Keil 窗口下面的"Build Output"窗口（又称输出窗口）中会显示编译信息。如果源程序中存在语法上的错误，则"Build Output"窗口中将会有错误报告出现；双击错误报告行，可以定位到出错的位置。对源程序反复修改后最终会得到如图 1-87 所示的结果。

【说明】

① 在 Keil 工程窗口的图标工具栏中有 3 个与编译、连接有关的图标按钮，它们分别与 Project 菜单中的"Build target"等 3 个子菜单相对应，这些图标按钮含义如表 1-11 所示。

② 当"Build Output"窗口中显示错误数为 0 时，只表明源程序无语法上的错误，并不能代表源程序无逻辑上的错误。

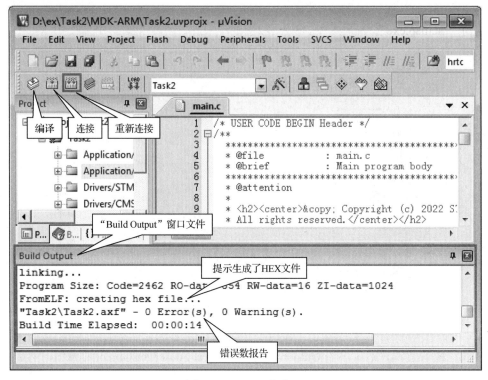

图 1-87　Keil 工程窗口

表 1-11　与编译、连接有关的图标按钮

图 标 按 钮	Project 菜单中的子菜单	含　义
	Translate	只对源程序进行编译，不进行连接，不产生目标代码
	Build target	对当前工程进行连接，如果文件已修改，则先进行编译再进行连接并产生目标代码
	Rebuild all target files	对当前工程中所有文件重新编译后再连接，并产生目标代码

8．下载程序

程序下载方式有用仿真器下载、用串口下载等多种，用仿真器下载程序适用于手中有源程序的情况，用串口下载程序常用于手中无仿真器或者没有源程序而只有 HEX 文件的情况。其中用串口下载程序又分用 FLASHER-STM32 软件

学习视频

扫一扫观看用 mcuisp
软件下载程序视频

资源下载

扫一扫下载
mcuisp 软件

下载和用 mcuisp 软件下载等几种。任务 2 中我们用串口下载程序，下载软件为 mcuisp，在后续的几个任务中我们再分别采用其他方式下载程序。用 mcuisp 软件下载程序的方法如下。

第 1 步：按照前面介绍的方法编译连接程序。

第 2 步：用 USB 线连接计算机与开发板，并给开发板上电。

第 3 步：在开发板上将程序运行模式开关拨至"接 VCC"位置，即图 1-70 中的 K1 处于闭合状态，也就是 STM32 复位后从系统存储器中启动程序。

第 4 步：按开发板上的复位键，让 STM32 复位，STM32 就从系统存储器中启动程序。

第 5 步：按照任务 1 中所介绍的方法查看 USB 口映射的串口号，并记录其串口号。

第 6 步：打开文件夹 "D:\STM32 开发工具\程序下载\STM ISP 下载器 MCUISP"，在文件夹中找到 "mcuisp.exe" 文件，双击 "mcuisp.exe" 文件，打开如图 1-88 所示的 mcuisp 工作窗口。

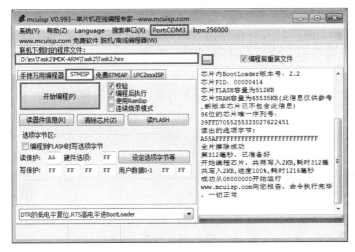

图 1-88　mcuisp 工作窗口

第 7 步：在 mcuisp 工作窗口中单击菜单栏上的 "Port:COM3" 菜单，"Port:COM3" 菜单中就会以子菜单的形式显示计算机中当前可用的串口号，单击 "COM3：空闲 USB-SERIAL CH340" 菜单项（第 5 步所查看到的串口号），如图 1-89 所示。

图 1-89　选择下载的串口

第 8 步：在 mcuisp 工作窗口中单击打开文件按钮 "⬚"，打开如图 1-90 所示的 "选择要下载的文件" 对话框。

图 1-90　"选择要下载的文件" 对话框

第 9 步：在"选择要下载的文件"对话框的文件路径下拉列表框中选择下载文件所在位置"D:\ex\Task2\MDK-ARM\Task2"，在文件格式下拉列表框中选择文件类型"文件格式 hex、a79、sim、msi"，对话框中间的列表框中会显示文件夹中所有 hex、a79、sim、msi 文件，如图 1-90 所示。单击我们所要下载的文件"Task2.hex"，再单击"打开"按钮，mcuisp 工作窗口的"联机下载时的程序文件"文本框中会显示所要下载的文件"D:\ex\Task2\MDK-ARM\Task2\Task2.hex"（参考图 1-88）。

第 10 步：在 mcuisp 工作窗口中单击"STMISP"标签，然后在"STMISP"标签中单击"开始编程"按钮（参考图 1-88），再按开发板上的复位键，mcuisp 软件就会用所选的串口将 Task2.hex 文件下载至 STM32 中。程序下载结束后，窗口右边会显示下载的结果提示。

第 11 步：将开发板上的程序运行模式开关拨至"接地"位置，让 STM32 复位后从 FLASH 存储器中启动程序。按开发板上的复位键，我们可以看到开发板上 LED1 点亮，其他发光二极管熄灭。

实践总结与拓展

基于 STM32CubeMX 的软件开发方式是现在和今后 STM32 应用程序的主要开发方式，这种方式只需在 STM32CubeMX 的示意图中做一些简单的选择和配置，无须详细了解 STM32 的工作原理和 API 函数，就可以生成 STM32 的硬件驱动程序。这种方式的一般步骤是：①在 STM32CubeMX 中配置调试方式、系统时钟、GPIO 口等片上外设；②用 STM32CubeMX 生成 Keil 工程文件和 HAL 库代码；③在 C 程序的指定位置处添加用户代码；④编译调试；⑤下载运行。

STM32 的程序下载有多种方式，目前比较流行的方式主要有两种，一是用串口下载，二是用仿真器下载。任务 2 中我们主要介绍了用串口下载程序的方法，其下载软件是 mcuisp，它是实际应用中常用的一种方法。STM32 的程序下载是 STM32 应用中的最基本技能，必须熟练掌握。

习题 2

1．GPIO 口的基本功能是＿＿＿＿＿＿＿＿＿＿＿＿＿＿＿＿＿＿＿＿＿＿。

2．GPIO 口做基本的输入/输出口使用时，输入有＿＿＿＿＿、＿＿＿＿＿和＿＿＿＿＿3 种方式，输出有＿＿＿＿＿＿和＿＿＿＿＿＿两种方式。

3．STM32 有＿＿＿个时钟源，HSI 的含义是＿＿＿＿＿＿＿，HSE 的含义是＿＿＿＿＿＿，LSI 的含义是＿＿＿＿＿＿＿，LSE 的含义是＿＿＿＿＿＿。

4．STM32 的高频时钟源的频率一般选择＿＿＿＿＿＿。

5．LSI 的频率一般为＿＿＿＿＿，主要为＿＿＿＿＿提供时钟信号。

6．LSE 的频率一般为＿＿＿＿＿，主要为＿＿＿＿＿提供时钟信号。

7．STM32 的程序启动模式取决于 BOOT0、BOOT1 引脚的电平，当 BOOT1=＿＿＿＿＿，BOOT0=＿＿＿＿＿时，STM32 复位后从 Flash 存储器中运行程序。

8．SWD 调试模式需占用 STM32 的＿＿＿＿＿和＿＿＿＿＿引脚。

9.　试画出 LED 采用低有效控制的电路。

10.　若 STM32 要采用串口下载程序，请设计其启动模式电路。

11.　PA0 外接发光二极管控制电路，发光二极管采用高有效控制，STM32 上电后发光二极点亮，请简述在 STM32CubeMX 中 PA0 的配置方法，并上机实践。

12.　简述基于 STM32CubeMX 的软件开发方法。

13.　STM32 的 PE0～PE7 引脚上接有 8 只发光二极管的控制电路，发光二极管采用低电平有效控制，8 只发光二极管的编号依次为 LED1～LED8。要求实现 STM32 复位后 LED1、LED3、LED5、LED7 点亮，其他发光二极管熄灭。请完成下列任务：

（1）在 STM32CubeMX 中完成 STM32 的时钟源、调试方式、GPIO 口的配置，将时钟源的选择、调试方式的配置、GPIO 口的配置截图，并保存到"学号_姓名_Task2_ex13.doc"文件中，题注分别为"时钟源的选择"、"调试方式的配置"、"GPIO 口的配置"，再将此文件保存至文件夹"D:\练习"中。

（2）在 STM32CubeMX 中完成时钟配置和工程管理的配置，将工程命名为 Task2_ex13，并保存至"D:\练习"文件夹中，将时钟的配置、工程的配置、代码生成器的配置截图，并保存到"学号_姓名_Task2_ex13.doc"文件中，题注分别为"时钟的配置"、"工程的配置"、"代码生成器的配置"。

（3）在 Keil 中完成生成 HEX 文件的配置，将配置截图，并保存到"学号_姓名_Task2_ex13.doc"文件中，题注为"生成 HEX 文件的配置"。

（4）在 Keil 中对程序进行编译连接，将输出窗口截图，并保存到"学号_姓名_Task2_ex13.doc"文件中，题注为"编译输出"。

（5）打开 HEX 文件所在的文件夹，将该文件夹的完整窗口截图后保存到"学号_姓名_Task2_ex13.doc"文件中，题注为"HEX 文件"。

（6）打开 Task2_ex13 的 Keil 工程所在的文件夹，将该文件夹的完整窗口截图后保存到"学号_姓名_Task2_ex13.doc"文件中，题注为"Keil 工程文件"。

（7）用 mcuisp 软件将 HEX 文件下载至 STM32 中，并将 mcuisp 下载的结果图截图，并保存至"学号_姓名_Task2_ex13.doc"文件中，题注为"程序下载"。

习题解答　　　　　　　习题解答

扫一扫下载习题工程　　　扫一扫查看习题答案

项目 2

GPIO 口的应用设计

思政活页

邓中翰：我的
"中国芯"

学习目标

【德育目标】
- 培养遵守职业规范意识
- 培养良好的心态和敬业精神
- 培养认真仔细的习惯和坚强的意志

【知识技能目标】
- 了解 Keil 工程的结构，熟悉程序编写的规范
- 熟悉程序的调试步骤和方法
- 掌握 GPIO 口的应用特性和操作函数
- 掌握位操作运算的应用方法
- 会在 STM32CubeMX 中配置 GPIO 口的参数
- 会编写 GPIO 口的输入/输出应用程序
- 会在 Keil 工程中配置调试器
- 会用 FLASHER-STM32 软件下载程序

任务 3 控制 LED 闪烁

课件

扫一扫下载课件

任务要求

STM32 的 PE0 引脚上接有发光二极管的控制电路，发光二极管采用低电平有效控制，编号为 LED1。要求先用 STM32CubeMX 对 STM32 进行适当配置，然后生成 Keil 工程代码，再在 Keil 中添加相关的程序代码，使 LED1 按每秒 1 次的频率进行闪烁显示。

知识储备

1. Keil 工程的结构

用 STM32CubeMX 和 Keil 开发 STM32 应用程序时需要先了解用 STM32CubeMX 生成的 Keil 工程的框架结构，以便在工程中编写和调试用户程序。下面以任务 2 中用 STM32CubeMX 生成的 Keil 工程为例，介绍 Keil 工程的结构。

在任务 2 中，Keil 工程文件为 Task2.uvprojx，它位于 D:\ex\Task2\MDK-ARM 文件夹中。双击工程文件 Task2.uvprojx，就可以打开如图 2-1 所示的 Keil 工程窗口。

图 2-1　用 STM32CubeMX 生成的 Keil 工程窗口

由图 2-1 可以看出，Keil 工程窗口主要由菜单栏、图标工具栏和 3 个小窗口组成。左边的小窗口为工程窗口，用来显示 Keil 工程的工程名、工程中的组以及各组所包含的文件。

【说明】

左边的小窗口中有 Project、Books、Functions 和 Templates 等 4 个标签，单击不同的标签，左边的小窗口中会显示不同的内容。例如，单击 "Functions" 标签，左边小窗口中显示的是工程中各文件所包含的函数。默认状态下左边窗口中显示的是 "Project" 标签的内容，习惯上就把左边这个小窗口叫作工程窗口。

右边的小窗口为文件编辑窗口，用来显示、编辑所打开的文件。在图 2-1 中，文件编辑窗口中显示的是 main.c 文件。如果文件编辑窗口中无文件显示，那是 Keil 中没有打开文件所致。

下边的窗口是编译输出窗口，用来显示编译连接的过程和编译连接的结果。

在工程窗口中，第 1 行 Project 后面的字符为工程名 Task2。单击 Project 左边的 "+" 号，将 Task2 工程展开，我们可以看到，Task2 工程主要由 Application/MDK-ARM、Application/User、

Drivers/STM32F1xx_HAL_Driver 和 Drivers/CMSIS 等 4 个组组成，再单击各个组名前面的"+"将组展开，我们可以看到各个组包含了若干个文件。这 4 个组的作用如表 2-1 所示。

表 2-1　Task2 工程中的组

组	组内文件	功能
Application/MDK-ARM	startup_stm32f103xe.s	启动文件
Application/User	main.c gpio.c stm32f1xx_it.c stm32f1xx_hal_msp.c	用户编程文件
Drivers/STM32F1xx_HAL_Driver	stm32f1xx_hal_gpio_ex.c stm32f1xx_hal_tim.c stm32f1xx_hal_tim_ex.c stm32f1xx_hal.c stm32f1xx_hal_rcc.c stm32f1xx_hal_rcc_ex.c stm32f1xx_hal_gpio.c stm32f1xx_hal_dma.c stm32f1xx_hal_cortex.c stm32f1xx_hal_pwr.c stm32f1xx_hal_flash.c stm32f1xx_hal_flash_ex.c stm32f1xx_hal_exti.c	HAL（硬件抽象层） 库函数文件
Drivers/CMSIS	system_stm32f1xx.c	系统初始化文件

【说明】

（1）在工程组中，Application/User 组内的文件为用户编程文件，其中最常用的是 main.c 文件，它是 main()函数所在文件，用户一般在 main.c 文件中编写应用程序。

（2）除 Application/User 组外，其他 3 个组内文件在编程时一般不需要修改。

（3）用户可以在工程中添加组，并将用户编制的其他程序文件包含至所增加的组中。其方法我们将在后面的任务中介绍。

（4）HAL 是 Hardware Abstraction Layer 的缩写，含义是硬件抽象层。HAL 库是 STM32CubeMX 生成的 STM32 外设驱动程序集。

2．程序编写规范

用 STM32CubeMX 生成 Keil 工程时，Keil 工程中的 C 程序是按照标准的模块化程序结构设计的。用户在 main.c 文件中编写程序时，要求遵守职业规范，按照模块化程序设计的要求，将程序代码填写在 main.c 文件中各个指定的地方。否则，以后再用 STM32CubeMX 重新生成 Keil 工程时，系统就会删除用户所编写的程序代码。总体而言，用户代码需要填写在各自的"USER CODE BEGIN"和"USER CODE END"之间。

以任务 2 中的 main.c 文件为例，用户的头文件包含、自定义类型、变量定义、函数说明等部分的填写位置如表 2-2 所示，用户函数的定义和函数调用语句的填放位置如表 2-3 所示。表中的行号是代码所在行在 main.c 文件中的行号，代码中的中文注释是有关用户代码填放位置的说明。

表 2-2　头文件包含、自定义类型、函数说明等部分的填写位置

行号	代　码
21	/* Includes ---*/
22	#include "main.h"　//22 行、23 行为系统生成的头文件包含
23	#include "gpio.h"
24	
25	/* Private includes --*/
26	/* USER CODE BEGIN Includes */
27	//用户头文件包含区，此处填写用户的头文件包含代码
28	/* USER CODE END Includes */
29	
30	/* Private typedef ---*/
31	/* USER CODE BEGIN PTD */
32	//用户数据类型定义区，此处填写用户的类型定义(typedef)代码
33	/* USER CODE END PTD */
34	
35	/* Private define --*/
36	/* USER CODE BEGIN PD */
37	//用户符号定义区，此处填写用户定义(define)符号
38	/* USER CODE END PD */
39	
40	/* Private macro --*/
41	/* USER CODE BEGIN PM */
42	//用户宏定义区，此处填写用户宏定义代码
43	/* USER CODE END PM */
44	
45	/* Private variables --*/
46	
47	/* USER CODE BEGIN PV */
48	//用户全局变量定义区，此处填写定义全局变量的代码
49	/* USER CODE END PV */
50	
51	/* Private function prototypes ---------------------------------*/
52	void SystemClock_Config(void);　//系统生成的函数说明
53	/* USER CODE BEGIN PFP */
54	//用户函数原型说明区，此处填写用户函数说明的代码
55	/* USER CODE END PFP */

表 2-3　函数定义和函数调用语句的填放位置

行号	代　码
57	/* Private user code ---*/
58	/* USER CODE BEGIN 0 */
59	//用户代码 0 区，此处填写用户自定义的函数
60	/* USER CODE END 0 */
…	……
66	int main(void)　　　//main()函数

行号	代 码
67	{
68	/* USER CODE BEGIN 1 */
69	//用户代码 **1** 区，此处定义 **main()** 函数中的局部变量
70	/* USER CODE END 1 */
71	
72	
73	/* MCU Configuration---*/
74	
75	/* Reset of all peripherals, Initializes the Flash interface and the Systick. */
76	HAL_Init();
77	
78	/* USER CODE BEGIN Init */
79	
80	/* USER CODE END Init */
81	
82	/* Configure the system clock */
83	SystemClock_Config();
84	
85	/* USER CODE BEGIN SysInit */
86	
87	/* USER CODE END SysInit */
88	
89	/* Initialize all configured peripherals */
90	MX_GPIO_Init();
91	/* USER CODE BEGIN 2 */
92	//用户代码 **2** 区，此处填写其他硬件软件初始化代码
93	/* USER CODE END 2 */
94	
95	/* Infinite loop */
96	/* USER CODE BEGIN WHILE */
97	while (1)
98	{//while(1)代码区，此处填写 CPU 要反复处理的事务（while(1)中的代码）
99	/* USER CODE END WHILE */
100	
101	/* USER CODE BEGIN 3 */
102	}
103	/* USER CODE END 3 */
104	}
…	……
143	/* USER CODE BEGIN 4 */
144	//用户代码 **4** 区，此处填写用户函数定义
145	/* USER CODE END 4 */

3．GPIO 口输出特性

GPIO 口一位引脚的结构如图 2-2 所示。

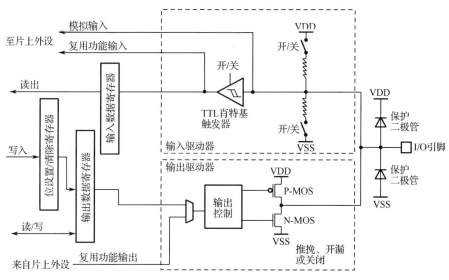

图 2-2   GPIO 口一位引脚的结构图

图中右边为端口保护结构图，下面是数据输出结构图，上面是数据输入结构图。

由图可以看出，端口保护由 2 只二极管组成。当 I/O 引脚输入电压高于 VDD 时，上面的二极管导通，端口上的电压钳位在 VDD 上（不考虑二极管导通压降，下同），当 I/O 引脚输入电压低于 VSS 时，下面的二极管导通，端口上的电压钳位在 VSS 上。这样可防止过高或过低的输入电压损坏芯片。

数据输出主要有 3 种，一是写入"位设置/清除寄存器"的位输出，二是直接写入"输出数据寄存器"的 16 位并行输出，三是来自片上外设的复用功能输出。所谓复用功能是指除基本输入/输出（GPIO）功能之外的其他外设功能，如异步串行通信功能、SPI 接口功能等。由上可以看出，STM32 的 GPIO 口既可以位输出，又可以并行输出。

输出驱动器由输出控制、P-MOS 管和 N-MOS 管构成。其中，P-MOS 管和 N-MOS 管为输出驱动级，它们可以实现推挽输出和开漏输出 2 种输出模式。推挽输出是指输入至输出驱动器的电平分别为 0 和 1 时，输出级的 P-MOS 管和 N-MOS 管轮流导通和关闭。输入为 1 时，P-MOS 管导通，N-MOS 管关闭，输出级输出高电平 1；输入为 0 时，P-MOS 管关闭，N-MOS 管导通，输出级输出低电平 0。推挽输出具有较大的驱动能力和很高的开关速度，GPIO 口作输出口使用时，通常将其设置为推挽输出模式。

开漏输出是指输出驱动器的输入无论是 1 还是 0，输出驱动级的 P-MOS 管都处于关闭状态，输出驱动级只有 N-MOS 管工作，在这种状态下，N-MOS 管的漏极与电源是断开的。当输出驱动器的输入为 0 时，N-MOS 管导通，P-MOS 管关闭，输出级输出低电平 0；当输出驱动器的输入为 1 时，N-MOS 管关闭，P-MOS 管也关闭，输出级不能正常输出高电平 1。开漏输出必须在 I/O 引脚上外接上拉电阻，才能向负载输出高电平 1。开漏输出常用于 I^2C 等需要实现"线与"功能的场合。另外，需要输出高于 3.3V 高电平的场合中也常将 GPIO 口的输出设置为开漏输出。例如，若需要 GPIO 口输出 5V 的高电平，就可以将 GPIO 口的输出设置为开漏输出，而在 I/O 引脚上对 5V 电源接一个上拉电阻。

综上所述，GPIO 口引脚可以作复用功能输出，也可以作 GPIO 输出。作 GPIO 输出时可以位输出，也可以并行输出。GPIO 口的输出模式有推挽输出和开漏输出 2 种模式，开漏输出主要用于需要"线与"和需要电平转换场合。除此以外，一般将输出模式设置成推挽输出。

4．GPIO 口的输出函数

HAL 库中共定义了 8 个 GPIO 函数，这些函数的定义位于 stm32f1xx_hal_gpio.c 文件中，它们的说明位于 stm32f1xx_hal_gpio.h 文件中。这 8 个 GPIO 函数如图 2-3 所示。

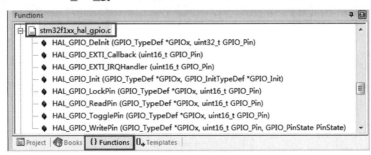

图 2-3 GPIO 函数

在这 8 个函数中，HAL_GPIO_WritePin()、HAL_GPIO_TogglePin()是 GPIO 口输出操作函数，HAL_GPIO_Init()和 HAL_GPIO_DeInit()是 GPIO 口初始化函数，它们的用法介绍如下。

（1）HAL_GPIO_WritePin()函数

HAL_GPIO_WritePin()函数的用法说明如表 2-4 所示。

表 2-4 HAL_GPIO_WritePin()函数用法说明

原型	void　　　　HAL_GPIO_WritePin(GPIO_TypeDef* GPIOx, uint16_t GPIO_Pin, GPIO_PinState PinState);
功能	设置引脚的状态，即将输出引脚设置成 1 或 0
参数 1	GPIOx：引脚所在的端口，取值为 GPIOA～GPIOG
参数 2	GPIO_Pin：引脚编号。取值为 GPIO_PIN_0～ GPIO_PIN_15、GPIO_PIN_All 或者 GPIO_PIN_0～ GPIO_PIN_15 中多个引脚按位或 GPIO_PIN_i 代表的是第 i 位为 1 其他位为 0 的二进制数，可以用 1<<i 表示 GPIO_PIN_All 代表的是 0xffff
参数 3	PinState：所要设置的状态，取值为 GPIO_PIN_RESET（0）、GPIO_PIN_SET（1）。 GPIO_PIN_RESET 和 GPIO_PIN_SET 是 2 个枚举值，不能用数值 0、1 表示，否则程序编译会出现警告错误
返回值	无

例如：

```
HAL_GPIO_WritePin(GPIOB,GPIO_PIN_11,GPIO_PIN_SET);              //将 PB11 置 1
HAL_GPIO_WritePin(GPIOB,GPIO_PIN_5|GPIO_PIN_7,GPIO_PIN_SET);    //将 PB5、PB7 置 1
HAL_GPIO_WritePin(GPIOE,(1<<3)|(1<<4), GPIO_PIN_RESET);         //将 PE3、PE4 清 0
```

（2）HAL_GPIO_TogglePin()函数

HAL_GPIO_TogglePin()函数的用法说明如表 2-5 所示。

表 2-5 HAL_GPIO_TogglePin()函数用法说明

原型	void　　　HAL_GPIO_TogglePin(GPIO_TypeDef* GPIOx, uint16_t GPIO_Pin);
功能	将指定的 GPIO 引脚的状态取反
参数 1	GPIOx：引脚所在的端口，取值为 GPIOA～GPIOG

参数 2	GPIO_Pin：引脚编号，取值为 GPIO_PIN_0～ GPIO_PIN_15、GPIO_PIN_All 或者 GPIO_PIN_0～ GPIO_PIN_15 中多个引脚按位或。 GPIO_PIN_i 代表的是第 i 位为 1 其他位为 0 的二进制数，可以用 1<<i 表示 GPIO_PIN_All 代表的是 0xffff
返回值	无

例如：

HAL_GPIO_TogglePin(GPIOB, GPIO_PIN_11);　　//将 PB11 的状态取反

（3）HAL_GPIO_Init()函数

HAL_GPIO_Init()函数的用法说明如表 2-6 所示。

表 2-6　HAL_GPIO_Init()函数用法说明

原型	void HAL_GPIO_Init(GPIO_TypeDef　*GPIOx, GPIO_InitTypeDef *GPIO_Init);
功能	用指定的参数初始化 GPIO 口
参数 1	GPIOx：引脚所在的端口，取值为 GPIOA～GPIOG
参数 2	GPIO_Init：存放初始化参数的结构体变量的指针
返回值	无
说明	该函数主要在系统初始化时被调用，如果在系统运行的过程中不更改引脚的配置，则用户一般不使用该函数

该函数的使用方法是，先定义一个 GPIO_InitTypeDef 型的结构体变量，然后对该变量的各成员赋初值，再调用该函数配置 GPIO 口。其中，GPIO_InitTypeDef 类型的定义如下：

```
typedef struct
{
    uint32_t Pin;           /*所要配置的引脚*/
    uint32_t Mode;          /*引脚工作的模式*/
    uint32_t Pull;          /*引脚上拉还是下拉*/
    uint32_t Speed;         /*引脚的工作速度*/
} GPIO_InitTypeDef;
```

例如，将 PD13 配置成上拉中速输入引脚的程序如下：

```
void MX_GPIO_Init(void)
{   GPIO_InitTypeDef GPIO_InitStruct;                   //定义结构体变量 GPIO_InitStruct
    ……
    GPIO_InitStruct.Pin = GPIO_PIN_13;                  //配置引脚号：13
    GPIO_InitStruct.Mode = GPIO_MODE_INPUT;             //引脚工作模式：输入
    GPIO_InitStruct.Pull = GPIO_PULLUP;                 //上拉
    GPIO_InitStruct.Speed = GPIO_SPEED_FREQ_MEDIUM;     //中速
    HAL_GPIO_Init(GPIOD, &GPIO_InitStruct);             //用指定参数初始化 PD13
}
```

（4）HAL_GPIO_DeInit()函数

HAL_GPIO_DeInit()函数的用法说明如表 2-7 所示。

表 2-7　HAL_GPIO_DeInit()函数用法说明

原型	void　　HAL_GPIO_DeInit(GPIO_TypeDef　*GPIOx, uint32_t GPIO_Pin);
功能	将端口引脚恢复成默认状态
参数 1	GPIOx：引脚所在的端口，取值为 GPIOA～GPIOG
参数 2	GPIO_Pin：引脚编号，取值为 GPIO_PIN_0～GPIO_PIN_15、GPIO_PIN_All' 或者 GPIO_PIN_0～GPIO_PIN_15 中多个引脚按位或
返回值	无
说明	该函数主要供系统使用，用户一般不使用该函数

例如，将 PC4 复位至默认状态的程序如下：

HAL_GPIO_DeInit(GPIOC, GPIO_PIN_4);

5．延时函数

HAL 库中提供了一个延时函数 HAL_Delay()，用来实现毫秒级延时，该函数的定义位于 stm32f1xx_hal.c 文件中，该函数的用法说明如表 2-8 所示。

表 2-8　HAL_Delay()函数用法说明

原型	__weak void HAL_Delay(uint32_t Delay);
功能	毫秒级延时
参数	Delay：延时的毫秒数
返回值	无
说明	HAL_Delay()函数是利用系统定时器 SysTick 来实现的。默认状态下，SysTick 为 0 级中断，因此不能在 0 级中断服务函数中调用 HAL_Delay()函数，否则会出现死机现象。 如果某个中断服务函数中需调用 HAL_Delay()延时函数，则应将该中断的优先级设为非 0 级中断。 函数前面的 weak 是一种属性说明，表示该函数是一个弱函数，用户可以重新定义该函数。如果工程中用户重新定义了一个 HAL_Delay()函数，则程序中调用 HAL_Delay()函数时会调用用户所定义的 HAL_Delay()函数

例如：
HAL_Delay(500);　　　　　　//延时 500ms

实现方法与步骤

任务程序

扫一扫下载任务
3 的工程文件

1．搭建电路

任务 3 的电路如图 2-4 所示。

2．生成 GPIO 口的初始化代码

任务 3 中生成 GPIO 口初始化代码的操作方法与任务 2 中的操作方法相同，为了节省篇幅在此我们只列出其实施步骤和要求，其操作方法请读者查阅任务 2 中对应部分。产生 GPIO 初始化代码的步骤如下：

（1）启动 STM32CubeMX，新建 STM32CubeMX 工程，配置 SYS、RCC，其中，Debug 模式选择"Serial Wire"，HSE 选择外部晶振。

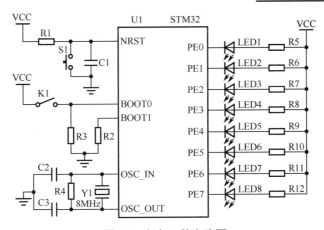

图 2-4   任务 3 的电路图

（2）将 PE0～PE7 引脚配置成 GPIO 输出口，输出电平为高电平、推挽输出、既无上拉电阻也无下拉电阻、高速输出、无用户标签。

（3）配置时钟，其配置结果与任务 2 中时钟配置完全相同。

（4）配置 STM32CubeMX 工程。其中，工程名为 Task3，其他配置项与任务 2 中的配置相同。

（5）保存工程，生成 Keil 工程代码。

3．编写 LED 闪烁程序

STM32CubeMX 所生成的代码只是 STM32 的硬件初始化代码，用户的应用程序还需要在 Keil 中编写。任务 3 中，LED 闪烁程序位于 main.c 文件中，其程序结构如下：

```
1   ...
2   int main(void)
3   {
4       ...
5       while (1)
6       {
7           HAL_GPIO_WritePin(GPIOE,GPIO_PIN_0,GPIO_PIN_RESET);    //点亮发光二极管
8           HAL_Delay(500);                                        //延时 0.5s
9           HAL_GPIO_WritePin(GPIOE,GPIO_PIN_0,GPIO_PIN_SET );     //熄灭发光二极管
10          HAL_Delay(500);                                        //延时 0.5s
11      }
12  }
13  ...
```

【说明】

上述程序中，第 7～10 行代码是用户代码，其他行显示的是程序结构。

第 7～10 行代码也可以用以下 2 行代码代替：

HAL_GPIO_TogglePin(GPIOE,1<<0);   //PE0 的状态取反，即 LED1 的状态翻转
HAL_Delay(500);   //延时 0.5s

按照程序编写规范将上述程序代码填写至 main.c 文件的对应位置处，即得到任务 3 的程序，其实现步骤如下：

第 1 步：先打开 Keil 工程，然后打开 main.c 文件。

第 2 步：在 main.c 文件的"USER CODE BEGIN WHILE"与"USER CODE END WHILE"间（while 代码区中）添加第 7～10 行的代码，如图 2-5 所示。

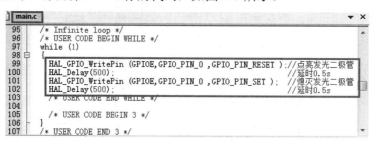

```
 95      /* Infinite loop */
 96      /* USER CODE BEGIN WHILE */
 97      while (1)
 98      {
 99          HAL_GPIO_WritePin (GPIOE,GPIO_PIN_0 ,GPIO_PIN_RESET );//点亮发光二极管
100          HAL_Delay(500);                                      //延时0.5s
101          HAL_GPIO_WritePin (GPIOE,GPIO_PIN_0 ,GPIO_PIN_SET );  //熄灭发光二极管
102          HAL_Delay(500);                                      //延时0.5s
103          /* USER CODE END WHILE */
104
105          /* USER CODE BEGIN 3 */
106      }
107      /* USER CODE END 3 */
```

图 2-5　添加 LED 闪烁代码

第 3 步：单击图标工具栏上的保存文件图标按钮"🖫"，保存 main.c 文件。

【说明】

为了让读者了解应用程序的结构，同时熟悉在 main.c 文件中添加程序代码的过程，我们在任务 3 以及后面的几个任务中会给出应用程序的代码结构，同时又详细地介绍在 main.c 文件中添加应用程序的过程。为了节省篇幅，从项目 3 开始，我们只给出应用程序的代码结构，不再介绍在 main.c 文件中添加应用程序的详细过程，请读者按照本任务中所介绍的方法在 main.c 文件的对应位置处添加用户程序代码。

4．编译与下载程序

由于 1+X"传感网应用开发"考证中所使用的串口下载软件是 FLASHER-STM32 软件，任务 3 中我们选用 FLASHER-STM32 软件下载程序。任务 3 中编译下载程序的实现步骤如下。

学习视频

扫一扫观看用 FLASHER_STM32 软件下载程序视频

第 1 步：按照任务 2 中所介绍的方法编译连接程序，并生成 HEX 文件。

第 2 步：用 USB 线连接计算机与开发板，并给开发板上电。

第 3 步：在开发板上将程序运行模式开关拨至"接 VCC"位置，使图 2-4 中的 K1 处于闭合状态，让 STM32 复位后从系统存储器中启动程序。

图 2-6　启动 FLASHER-
STM32 软件

第 4 步：按开发板上的复位键，让 STM32 复位，STM32 就从系统存储器中启动程序。

第 5 步：按照任务 1 中所介绍的方法查看 USB 口映射的串口号，并记录其串口号。

第 6 步：在计算机桌面上单击"开始"→"所有程序"→"STMicroelectronics"→"FlashLoader"→"Demonstrator GUI"菜单项，如图 2-6 所示。计算机就开始运行 FLASHER-STM32 软件，并打开如图 2-7 所示的"Flash Loader Demonstrator"对话框。

第 7 步：在图 2-7 所示的对话框中单击"Port Name"下拉列表框，从展开的列表项中选择第 5 步所查看到的串口号，单击"Next"按钮，打开如图 2-8 所示的读 Flash 存储器页面。

第 8 步：在读 Flash 存储器对话框中单击"Next"按钮，打开如图 2-9 所示的选择编程芯片对话框。

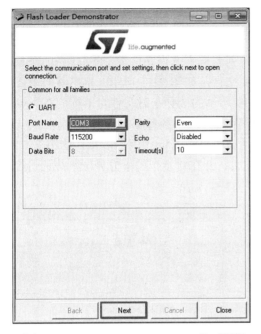

图 2-7 "Flash Loader Demonstrator"对话框

图 2-8 读 Flash 存储器对话框

第 9 步：在选择编程芯片对话框中，单击"Target"下拉列表框，从中选择开发板上所用 STM32 芯片类型。单击"Next"按钮，打开如图 2-10 所示的选择下载文件对话框。注：我们的开发板上所用的 STM32 为 STM32F103VET6，其 Flash 容量为 512KB，属于 STM32F1 High-density-512K 型芯片，所以"Target"下拉列表框需选择"STM32F1 High-density-512K"，参考图 2-9。

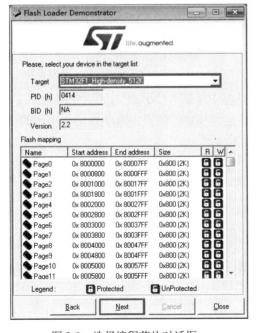

图 2-9 选择编程芯片对话框

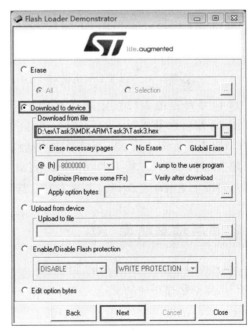

图 2-10 选择下载文件对话框

第 10 步：在选择下载文件对话框中单击"Download to device"（下载至设备）单选钮，

单击选择文件按钮""，打开如图 2-11 所示的"打开"对话框。

第 11 步：在"打开"对话框的文件路径下拉列表框中选择下载文件所在位置"D:\ex\Task3\MDK-ARM\Task3"，在文件类型下拉列表框中选择文件类型"hex Files(*.hex)"，对话框中间的列表框中会显示文件夹中所有 HEX 文件，如图 2-11 所示。单击我们所要下载的文件"Task3.hex"，再单击"打开"按钮，图 2-10 所示的选择下载文件对话框的"Download from file"标签中就会显示我们所选择的下载文件及其路径，参考图 2-10。

第 12 步：在图 2-10 所示的选择下载文件对话框中单击"Next"按钮，FLASHER-STM32 软件就开始用串口下载我们所选择的 Task3.hex 文件，并在对话框的下方显示下载的进度。程序下载结束后就会出现如图 2-12 所示的完成程序下载对话框。

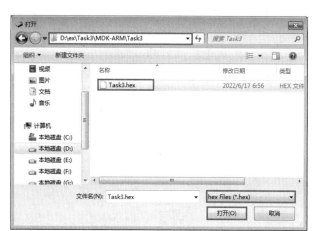

图 2-11 "打开"对话框

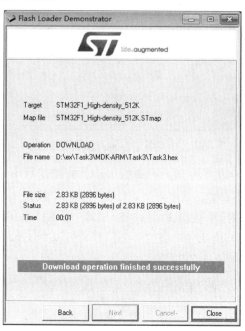

图 2-12 完成程序下载对话框

第 13 步：在图 2-12 所示的完成程序下载对话框中单击"Close"按钮，完成程序下载。

第 14 步：将开发板上的程序运行模式开关拨至"接地"位置，即断开图 2-4 中的 K1，让 STM32 复位后从 FLASH 存储器中启动程序。

第 15 步：按开发板上的复位键，STM32 就开始运行我们所下载的程序。此时我们可以看到开发板上 LED1 在闪烁，其他发光二极管熄灭。

实践总结与拓展

STM32CubeMX 可以根据用户的选择和配置生成 STM32 的硬件初始化程序，STM32CubeMX 所生成的 Keil 工程主要由 4 个组组成，其中 Application/User 组中的 main.c 文件是我们常用的编程文件，HAL_Driver 组中的文件为硬件抽象库中的驱动程序文件，在这些文件中提供了 STM32 的各硬件的驱动函数。在 main.c 文件中编写程序时，需要按照模块化程序设计的要求，将用户代码填写在各自的"USER CODE BEGIN"和"USER CODE END"之间。

GPIO 口引脚可以作复用功能输出，也可以作 GPIO 输出。作 GPIO 输出时可以位输出，也可以并行输出。GPIO 口的输出模式有推挽输出和开漏输出两种模式，开漏输出主要用于需要"线与"和需要电平转换场合。除此以外，一般将输出模式设置成推挽输出。

HAL 库中提供了 HAL_GPIO_WritePin()和 HAL_GPIO_TogglePin()2 个 GPIO 口输出函数，前者用来将 GPIO 口指定的引脚设置成高电平或者低电平，后者用来将 GPIO 口指定引脚的状态取反。

FLASHER-STM32 是 ST 公司推出的 STM32 串口下载软件，也是 1+X"传感网应用开发"考证中所使用的程序下载软件，适用于无仿真器或者手中只有 HEX 文件的场合，需要熟练掌握。

习题 3

1．在 STM32CubeMX 生成的 Keil 工程中，用户的编程文件位于_____组中。

2．HAL 的含义是_____，其内容是_____。

3．在 STM32CubeMX 生成的 Keil 工程中，编写用户程序需要按照一定的规范将用户代码填写在指定的地方。总体而言，用户代码需填写在各自的_____和_____之间。

4．某应用程序中需要包含头文件"string.h"，包含头文件"string.h"的代码为_____，该代码应填放在_____和_____之间。

5．在 main.c 文件中，若用户自定义的数据显示函数如下：

void display(uint8_t m)
{…}

程序中，display()函数的原型说明语句为_____。该语句应填放在_____和_____之间。

6．在 STM32CubeMX 生成的 Keil 工程中，用户一般在 main.c 文件的_____和_____之间或者_____和_____之间填写自定义函数。

7．GPIO 口有推挽输出和开漏输出 2 种模式，开漏输出主要用于_____和_____场合。

8．指出下列函数的功能

（1）HAL_GPIO_WritePin()

（2）HAL_GPIO_TogglePin()

（3）HAL_Delay()

（4）HAL_GPIO_Init()

（5）HAL_GPIO_DeInit()

9．请按要求写出程序段

（1）将 PB3、PB4 置 1

（2）将 PA2、PA3 清 0

（3）将 PC4 的状态取反

10．有源蜂鸣器是一种将电信号转换成声音信号的器件，当蜂鸣器两端加上电压时，蜂鸣器就会发音。蜂鸣器在开发板中的控制电路如图 2-13 所示，要求系统上电后蜂鸣器发出

"嘀～，嘀嘀"，即一长两短的声音，其中长音持续的时间为 0.5s，短音持续时间为 0.2s。请完成下列任务。

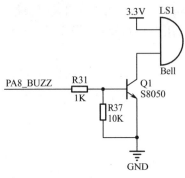

图 2-13 蜂鸣器控制电路

（1）在 STM32CubeMX 中配置 STM32 的时钟源、调试方式、GPIO 口，将时钟源的选择、调试方式的配置、GPIO 口的配置截图，并保存到"学号_姓名_Task3_ex10.doc"文件中，题注分别为"时钟源的选择"、"调试方式的配置"、"GPIO 口的配置"，再将此文件保存至文件夹"D:\练习"中。

（2）在 STM32CubeMX 中完成时钟配置和工程管理的配置，将工程命名为 Task3_ex10，并保存至"D:\练习"文件夹中，将时钟的配置、工程的配置、代码生成器的配置截图，并保存到"学号_姓名_Task3_ex10.doc"文件中，题注分别为"时钟的配置"、"工程的配置"、"代码生成器的配置"。

（3）编写实现任务要求的程序，将程序代码截图，并存放到"学号_姓名_Task3_ex10.doc"文件中，题注为"蜂鸣器发音程序"。

（4）在 Keil 中完成生成 HEX 文件的配置，将配置截图，并保存到"学号_姓名_Task3_ex10.doc"文件中，题注为"生成 HEX 文件的配置"。

（5）在 Keil 中对程序进行编译连接，将输出窗口截图，并保存到"学号_姓名_Task3_ex10.doc"文件中，题注为"编译输出"。

（6）打开 HEX 文件所在的文件夹，将该文件夹的完整窗口截图后保存到"学号_姓名_Task3_ex10.doc"文件中，题注为"HEX 文件"。

（7）用 FLASHER-STM32 软件将 HEX 文件下载至 STM32 中，并将 FLASHER-STM32 下载的结果截图，保存至"学号_姓名_Task3_ex10.doc"文件中，题注为"程序下载"。

 习题解答 习题解答

扫一扫下载习题工程　扫一扫查看习题答案

任务 4　制作跑马灯

 课件

扫一扫下载课件

 任务要求

GPIO 口的 PE 口外接 8 只发光二极管的控制电路，发光二极管采用低电平有效控制，8 只发光二极管的编号依次为 LED1～LED8。要求用 STM32CubeMX 对 STM32 进行适当配置，并生成 Keil 工程代码，再在 Keil 中编写程序代码，使 8 只发光二极管呈跑马灯方式显示。所谓跑马灯方式显示，是指任何时刻都有且只有一只发光二极管被点亮显示，其中 t_0 时间 LED1 亮，t_1 时间 LED2 亮，t_2 时间 LED3 亮，…，t_7 时间 LED8 亮，t_8 时间 LED1 亮，…，如此反复，如表 2-9 所示。

表 2-9　跑马灯中发光二极管的显示情况

时　间	点亮的发光二极管
t_0	LED8　LED7　LED6　LED5　LED4　LED3　LED2　■
t_1	LED8　LED7　LED6　LED5　LED4　LED3　■　LED1

续表

时　　间	点亮的发光二极管
t_2	LED8　LED7　LED6　LED5　LED4　■　　LED2　LED1
t_3	LED8　LED7　LED6　LED5　■　　LED3　LED2　LED1
t_4	LED8　LED7　LED6　■　　LED4　LED3　LED2　LED1
t_5	LED8　LED7　■　　LED5　LED4　LED3　LED2　LED1
t_6	LED8　■　　LED6　LED5　LED4　LED3　LED2　LED1
t_7	■　　LED7　LED6　LED5　LED4　LED3　LED2　LED1

表中"■"表示当前被点亮的发光二极管。

知识储备

1. 位操作运算的应用

C 语言中有 6 种位操作运算，如表 2-10 所示。

表 2-10　位操作运算符

运　算　符	含　　义	优　先　级
~	对操作数按位取反	第 2 级
>>	将操作数右移若干位	第 5 级
<<	将操作数左移若干位	
&	两操作数按位相与	第 8 级
^	两操作数按位异或	第 9 级
|	两操作数按位相或	第 10 级

在位操作运算中，取反运算符"~"是单目运算符，其他 5 个运算符均为双目运算符。位操作运算要求参与运算的对象为整型或者字符型，不能是浮点型的。

用 X 表示一位取值任意的二进制数，位运算的法则如表 2-11 所示。

表 2-11　位运算法则

位　运　算	说　　明
0&X=0	X 和 0 相与，结果为 0
1&X=X	X 和 1 相与，结果不变
0|X=X	X 和 0 相或，结果不变
1|X=1	X 和 1 相或，结果为 1
0^X=X	X 和 0 相异或，结果不变
1^X=~X	X 和 1 相异或，结果为 X 的反
~0=1	0 的反是 1
~1=0	1 的反是 0

左移运算符"<<"和右移运算符">>"的作用是，将运算符左边的操作数的各位二进制

位全部左移或右移若干位。移位后，空白位补 0，舍弃溢出位，所移的位数由运算符右边的表达式给出。

例如，"a=a>>3;"的含义就是，将 a 中的数右移 3 位，若 a=0x5a(01011010B)，则语句执行后，a 的值为 0x0b(00001011B)。"a=a<<2;"的含义则是，将 a 中的数左移 2 位，若 a=0x5a(01011010B)，则语句执行后，a 的值为 0x68(01101000B)。

对一个变量进行位操作运算后，并不改变变量的值，只有将位操作运算的结果再赋给该变量后才会改变变量的值。例如：

```
unsigned  char a,b=0x5a;
a=b<<2;                          //语句执行后，b=0x5a, a=0x68
```

位操作运算在单片机应用程序设计中应用非常广泛。按位与常用来将一个变量的某些位清 0，而保持其他位不变。其方法是，将变量和一个常数按位相与，常数按以下方法设置：保持不变的位取 1，清 0 位取 0。

将变量 a 的某些位清 0 的算法如下：

```
a & = ~(1<<i);                   //将变量 a 的第 i 位清 0
a & = ~((1<<i)|(1<<j));          //将变量 a 的第 i 位、第 j 位清 0
```

例如，将变量 a 的第 1、3、5 位清 0 的程序段如下：

```
a &= ~((1<<1)|(1<<3)|(1<<5));    //将变量 a 的第 1、3、5 位清 0
```

按位或常用来将一个变量的某些位置 1，而保持其他位不变。其方法是，将变量和一个常数按位相或，常数按以下方法设置：保持不变的位取 0，置 1 位取 1。

将变量 a 的某些位置 1 的算法如下：

```
a  |  = 1<<i;                    //将变量 a 的第 i 位置 1
a  |  = (1<<i)|(1<<j);           //将变量 a 的第 i 位、第 j 位置 1
```

按位异或常用来对一个变量的某些位取反，而保持其他位不变。其方法是，将变量和一个常数按位异或，常数按以下方法设置：保持不变的位取 0，取反的位取 1。

将变量 a 的某些位取反的算法如下：

```
a ^ = 1<<i;                      //将变量 a 的第 i 位取反
a ^ = (1<<i)|(1<<j);             //将变量 a 的第 i 位、第 j 位取反
```

移位运算常用于串行数据传输中接收或者发送数据。另外，对于一个二进制数来说，左移 n 位相当于该数乘以 2^n，右移 n 位相当于该数除以 2^n，利用这一性质可以用移位来做快速乘除法。

在单片机应用程序设计中常用到循环移位。对于一个字符型变量 a，循环左移 n ($0<n<8$) 位的含义是，将 a 向左移 n 位，高位溢出位补到低位空白位中，其算法是：

```
a=(a<<n)|(a>>(8-n));// a 左移 n 位，a 右移 8-n 位，两移位的结果相或后再赋给变量 a。
```

例如，a 的值为 0x5a（01011010B），将 a 循环左移 3 位时（n=3），a<<3 的值为 0xd0 (11010000B), a>>(8-3)的值为 0x02(00000010B), (a<<3)|(a>>(8-3))的值为 11010000B|00000010B= 11010010B=0xd2。

对于一个字符型变量 a，循环右移 n ($0<n<8$) 位的含义是，将 a 向右移 n 位，低位溢出位

补到高位空白位中，其算法是：

a=(a>>n)|(a<<(8-n));// a 右移 n 位，a 左移 8-n 位，两移位的结果相或后再赋给变量 a。

2．GPIO 口的并行输出

GPIO 口的并行输出有 2 种方法：一是用 HAL_GPIO_WritePin()函数实现，二是直接访问输出数据寄存器 ODR。

（1）用 HAL_GPIO_WritePin()函数实现

用 HAL_GPIO_WritePin()函数实现 GPIO 口并行输出的方法是，先向输出控制端口写入使输出控制无效的控制数据，再向端口写入所要的控制输出数据。

例如，用 PE0～PE7 控制 LED1～LED8 共 8 只发光二极管显示，发光二极管采用低有效控制，实现 LED1、LED3 点亮而其他 6 只发光二极管熄灭的程序段如下：

```
HAL_GPIO_WritePin(GPIOE,0xff,GPIO_PIN_SET);          /*8 只发光二极管的控制端输出高电平，8 只发光二极管呈无效状态*/
HAL_GPIO_WritePin(GPIOE,(1<<0)|(1<<2),GPIO_PIN_RESET);  /*输出控制数据，LED1、LED3 点亮*/
```

发光二极管采用低有效控制，控制无效数据为高电平 1，控制有效数据为 0。所以程序段中第 1 句就让 PE0～PE7 输出高电平，使 8 只发光二极管无效，第 2 句就让 PE0、PE2 输出低电平，其他引脚的状态不变，这样实现了 PE0、PE2 为低电平，PE0～PE7 中的其他引脚为高电平的控制。

（2）直接访问输出数据寄存器 ODR

在 HAL 库中，GPIO 口是用结构体指针变量 GPIOx（x 为 A～G，下同）表示的，它的输出数据寄存器 ODR 表示为 GPIOx->ODR，输出数据寄存器必须以 16 位的方式访问。通过访问输出数据寄存器 ODR 来实现并行输出的方法是，对 ODR 寄存器进行"读－修改－写"操作，具体的步骤如下。

第 1 步：将 ODR 寄存器内容读出。

第 2 步：应用位操作运算，将需要并行输出的控制位改成所要输出的数据，而保持其他位不变。

第 3 步：将变换后的数据写入 ODR 寄存器。

例如，用 PE0～PE7 控制 LED1～LED8 共 8 只发光二极管显示，发光二极管采用低有效控制，实现 LED2、LED4、LED6 点亮而其他 5 只发光二极管熄灭的程序段如下：

```
uint16_t   odr;                        //定义变量 odr，用于保存 ODR 寄存器的值
odr=GPIOE->ODR;                        //读 ODR 寄存器的内容
odr |= 0x00ff;                         //高 8 位不变，低 8 位设置成 8 只发光二极管熄灭的控制数据
odr &= ~((1<<1)|(1<<3)|(1<<5));        //1、3、5 位清 0，得输出控制数据
GPIOE->ODR=odr;                        //控制数据写入 ODR 寄存器中
```

上述要求也可以用以下程序段来实现：

```
uint16_t   odr;                        //定义变量 odr，用于保存 ODR 寄存器的值
odr=GPIOE->ODR;                        //读 ODR 寄存器的内容
odr &= 0xff00;                         //高 8 位不变，低 8 位设置成 8 只发光二极管点亮的控制数据
odr |= (1<<0)|(1<<2)|(1<<4)|(1<<6)|(1<<7);  //0、2、4、6、7 位置 1，得输出控制数据
GPIOE->ODR=odr;                        //控制数据写入 ODR 寄存器中
```

实现方法与步骤

1．搭建电路

任务 4 的电路如图 2-14 所示。

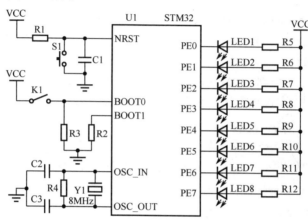

图 2-14　任务 4 的电路图

2．生成 GPIO 口的初始化代码

任务 4 中生成 GPIO 口初始化代码的操作方法与任务 4 中的操作方法相同，产生 GPIO 初始化代码的步骤如下：

（1）启动 STM32CubeMX，新建 STM32CubeMX 工程，配置 SYS、RCC，其中，"Debug"模式选择"Serial Wire"，HSE 选择外部晶振，再配置时钟，其配置结果与任务 2 中对应的部分完全相同。

（2）将 PE0～PE7 引脚配置成 GPIO 输出口，输出电平为高电平、推挽输出、既无上拉电阻也无下拉电阻、高速输出、无用户标签。

（3）配置时钟，其配置结果与任务 2 中对应的部分完全相同。

（4）配置 STM32CubeMX 工程。其中，工程名为 Task4，其他配置项与任务 2 中的配置相同。

（5）保存工程，生成 Keil 工程代码。

3．编写跑马灯程序

任务 4 中我们在 main.c 文件中编写跑马灯控制程序，其程序结构如下：

```
1   ...
2   int main(void)
3   {
4       uint8_t m=0x01;                //发光二极管的状态，初态:低位亮
5       ...
6       while (1)
7       {
8           HAL_GPIO_WritePin(GPIOE,0xff,GPIO_PIN_SET );    //灭所有发光二极管
```

9	HAL_GPIO_WritePin(GPIOE,m,GPIO_PIN_RESET);	//输出 m 中的数据
10	m=(m<<1)|(m>>7);	//m 循环向左移 1 位
11	HAL_Delay (500);	//延时 0.5s
12	}	
13	}	
14	…	

【说明】

第 8～9 行代码也可以用访问 ODR 寄存器的方式实现。

按照程序编写规范将上述程序代码填写至 main.c 文件的对应位置处，即得跑马灯控制程序，其实现步骤如下。

第 1 步：打开 Keil 工程，打开 main.c 文件。

第 2 步：在 main.c 文件的"USER CODE BEGIN 1"与"USER CODE END 1"之间（用户代码 1 区）添加第 4 行代码，如图 2-15 所示。第 4 行代码的功能是，定义变量 m，并对其赋初值。变量 m 用来保存发光二极管的状态，其初始状态为最低位亮，其他的熄灭，m 的初值为 0x01。

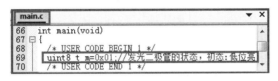

图 2-15　定义变量

第 3 步：在 main.c 文件的 while 代码区中添加第 8～11 行代码，如图 2-16 所示。

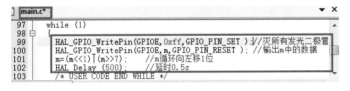

图 2-16　跑马灯程序代码

第 4 步：单击图标工具栏上的保存文件图标按钮"💾"，保存 main.c 文件。

4．配置 Keil 工程

学习视频

扫一扫观看配置
调试器视频

在任务 4 中，Keil 工程的配置主要是配置调试器。其目的是，保证 Keil 中能用仿真器下载和调试程序。配置调试器的步骤如下。

第 1 步：将 USB 线插入开发板上的 USB 口，USB 线的另一端插入计算机的 USB 口，给开发板上电，此时开发板上的电源指示灯点亮。

第 2 步：将 ST-Link 仿真器与开发板相连，并将仿真器插入计算机的 USB 口中。

第 3 步：按照任务 2 中介绍的方法打开"Options for Target 'Task4'"对话框，并在"Options for Target 'Task4'"对话框中单击"Debug"标签，进入如图 2-17 所示的 Debug 页面。

第 4 步：先在 Debug 页面中单击"Use"单选钮，再在"Use"右边的下拉列表框中选择"ST-Link Debugger"列表项，然后单击列表框右边的"Settings"按钮（参考图 2-17），打开如图 2-18 所示的"Cortex-M Target Driver Setup"对话框。

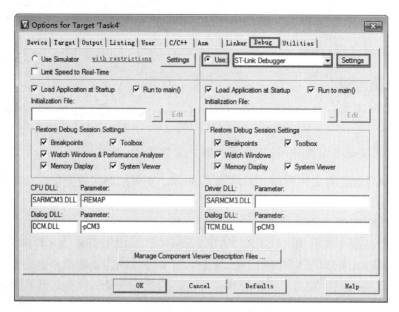

图 2-17　Debug 页面

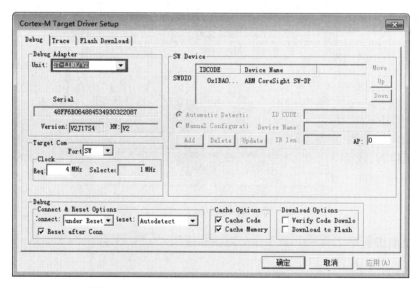

图 2-18　"Cortex-M Target Driver Setup" 对话框

【说明】

在 "Cortex-M Target Driver Setup" 对话框中，"Debug Adapter" 框架下面的 "Unit" 下拉列表框中显示的是第 2 步中所插入仿真器的型号。任务 4 中我们使用的仿真器是 ST-Link，所以 "Unit" 下拉列表框中显示的是 "ST-LINK/V2"。如果下拉列表框中无仿真器显示，其原因是仿真器与计算机的 USB 口接触不良或者仿真器没插入计算机的 USB 口，此时可重新插入仿真器试一试。

如果 "SW Device" 框架中显示的 SWDIO 名称和识别码错误，或者无显示，其原因是仿真器与开发板的连接线接触不良或者无连接，此时可重新插拔一下仿真器与开发板之间的连接线。

第 5 步：在图 2-18 所示的对话框中单击"Flash Download"标签，进入 Flash Download 页面，如图 2-19 所示。在 Flash Download 页面中勾选"Reset and Run"复选框，单击"确定"按钮，返回至"Options for Target 'Task4'"对话框中。

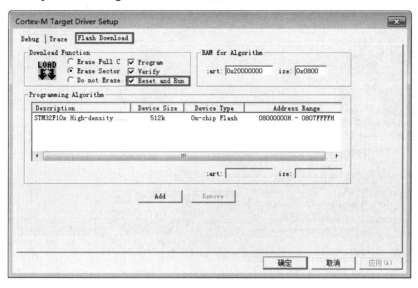

图 2-19　Flash Download 页面

第 6 步：在"Options for Target 'Task4'"对话框中单击"OK"按钮，完成调试器的配置。

5. 调试与下载程序

人的行为是受心理状态支配的，具有明确的目标性，错误的心理状态会将人们引向无效调试或者低效调试，因此在调试程序过程中首先要培养良好的心态，调试程序的目的是查找程序中的逻辑错误，而不是努力地证明程序是正确的。调试程序的方法是，跟踪程序的运行，查看程序运行的结果。如果结果与理论值不符，则表明程序存在逻辑错误，可逐条运行程序中的相关语句，找出产生错误的语句，并修改程序，直至程序运行的结果正确。调试程序的过程是比较艰苦的过程，需要我们仔细观察、耐心实践、努力尝试，不断地提高意志力和抗挫力。在调试的过程中需要在程序中设置断点，采取全速运行、单步运行、过程单步等多种方式反复运行程序，在程序运行的过程中观察相关变量的值。调试与下载程序的步骤如下。

第 1 步：按照任务 2 中所介绍的方法编译程序。

第 2 步：单击图标工具栏上的开始/停止调试图标按钮"🔍"，或者单击菜单栏上的"Debug"→"Start/Stop Debug Session"子菜单项，Keil5 就会将编译后的程序通过仿真器下载至开发板中，同时进入调试状态，如图 2-20 所示。

在调试状态下，Keil 的窗口将会发生一系列的变化。其中，Debug 菜单中的"Run"、"Stop"、"Step"、"Step Over"等几个灰色不可执行的子菜单项将变成黑色可执行状态。Keil 的工具栏中会出现许多调试工具图标按钮（参考图 2-20），这些调试工具图标按钮的功能与 Debug 菜单中的菜单项相对应。

【说明】

"开始/停止调试"命令具有开关特性，在调试状态下单击开始/停止调试图标按钮"🔍"，Keil 将退出调试状态而进入编辑状态。

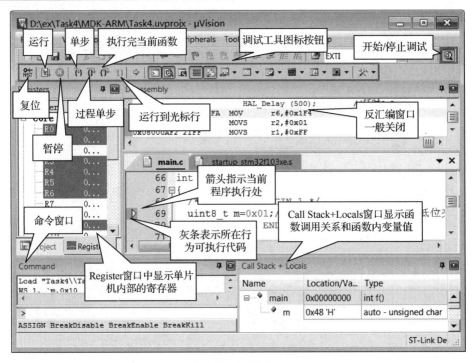

图 2-20 调试状态

第 3 步：显示观察窗口。观察窗口包括 Locals、Watch 1 和 Watch 2 三个观察窗口。其中 Locals 窗口用来显示当前执行函数中的变量值，Watch 1 窗口和 Watch 2 的功能相同，用来显示指定变量的当前值。

显示 Locals 窗口的方法是，单击调试工具栏上的图标按钮"🔲"，或者单击菜单栏上的"View"→"Call Stack Window"菜单项。Locals 窗口如图 2-21 所示。

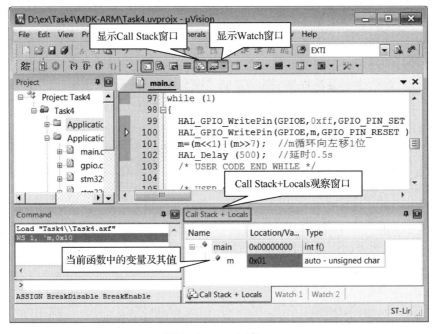

图 2-21 Locals 窗口

— 70 —

在图 2-21 中，当前执行的是 main () 函数，Local 窗口中显示的是 STM32 在执行到箭头所指行（第 100 行）时，main() 函数中各变量的值。

显示 Watch 1 窗口的方法是，单击菜单栏上的"View"→"Watch Window"→"Watch 1"菜单命令或者在调试工具栏上单击观察窗口图标按钮" 🚚 ▾ "右边的下拉箭头"▾"，在弹出的快捷菜单中单击"Watch 1"菜单命令。Watch 1 窗口如图 2-22 所示。

在 Watch 1 窗口中被显示的变量必须由用户指定，可以是本地变量，也可以是全局变量。指定观察变量的方法是，在 Watch 1 窗口中先双击"Enter expression"使窗口中的字符呈蓝底白字的反向显示，再输入所要观察的变量名，然后单击窗口中的空白处。

显示 Watch 2 窗口的方法与显示 Watch 1 窗口的方法相同，它们的用法也相同，在此不再赘述了。

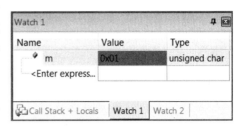

图 2-22 Watch 1 窗口

【说明】

① 在调试程序的过程中，可以修改 Local、Watch 1、Watch 2 窗口中所观察的变量值。修改变量值的方法是，选中 Value 列中的待修改变量的值，使显示值呈蓝底白字的反向显示，再输入数值。

② Local、Watch 1、Watch 2 窗口中的值的显示形式可以设置成十六进制（Hex）、十进制（Decimal）两种形式，其设置方法是，用鼠标右键单击变量名，在弹出的快捷菜单中单击"Hexadecimal Display"菜单命令。当菜单前出现钩号"√"时变量值以十六进制的格式显示，否则变量值以十进制的格式显示。

③ 除了前面介绍的几个常用的显示窗口外，Keil 中还有 Memory Windows、Function Windows、Serial Windows 等许多窗口，在 View 菜单中单击对应的菜单命令就可以打开相关的窗口，受篇幅的限制，在此不再逐一介绍，感兴趣的读者请查阅 Keil 的帮助文档。

④ Keil 的窗口显示命令具有开关特性，在窗口打开时单击显示窗口命令，则关闭窗口，在窗口关闭时单击窗口显示命令则会显示窗口。

第 4 步：设置断点。设置断点的目的是，让程序运行至指定行后暂停运行，以便用户观察程序运行的结果。断点的设置方法是，在源程序窗口中，先用鼠标左键单击需要程序停止运行的行，再单击图标工具栏上的断点设置按钮" ● "或者用鼠标左键单击菜单栏上的"Debug"→"Insert/Remove Breakpoint"菜单命令，这时光标所在行的左边会出现一个红色的圆点，用来指示断点行。

【说明】

① 单击语句左边的灰色矩形框可以快速地将该行设置成断点行。

② 断点设置命令具有开关特性。若某行为断点行，再次对该行设置断点时，则为取消该行断点。

第 5 步：选择程序的运行方式并运行程序。在 Keil 中调试程序时需要控制程序的运行方式，以便在程序的运行过程中观察运行的结果。控制程序运行的菜单命令有 6 个，位于 Debug 菜单中，在调试工具栏中有 6 个调试工具图标按钮（参考图 2-20）与这 6 个控制程序运行的菜单命令相对应，这 6 个控制菜单命令的功能如表 2-12 所示。

表 2-12　控制程序运行的命令

图标按钮	Debug 的菜单命令	快捷键	功能	说明
	Run	F5	全速运行	程序不间断运行，遇到断点后停止运行，用于模拟调试中观察断点处程序运行结果或者在仿真调试中观察单片机系统的运行结果
	Step	F11	单步运行	只执行箭头所指行中的语句，若箭头所指行为函数调用语句，则进入被调函数中。用于逐条查看被调函数中各语句的执行结果
	Step Over	F10	过程单步	只执行箭头所指行中的语句，若箭头所指行为函数调用语句，则把调用函数看作成一条语句来执行，而不进入被调函数中。用于逐条查看函数中各语句的执行结果
	Run to cursor	Ctrl+F10	运行至光标处	从箭头所指行执行至光标所在行，用于快速执行一段程序
	Step out of current function	Ctrl+F11	执行完当前函数	执行完整个函数体后暂停运行，用于查看函数运行的结果
	Stop Running	Esc	停止运行	

单击菜单栏上的 "Debug" → "Run" 菜单或者单击调试工具栏上的全速运行图标按钮 "　"，可以看到 8 只发光二极管呈跑马灯方式显示，表明源程序编制正确。

第 6 步：单击调试工具图标按钮 "　" 或者按 Esc 键，停止程序运行，单击 "　" 按钮，系统会退出调试状态返回编辑状态。

如果需要观察程序运行至第 101 行时的状态，并修改变量 m 的值，可以按以下方法进行操作：

① 在编辑窗口中单击工具栏上的 "开始/停止调试" 图标按钮 "　"，进入调试状态。

② 在第 101 行代码处设置断点。

③ 在调试状态下打开 Watch 1 窗口，在 Watch 1 窗口中输入要观察的变量 m。

④ 单击调试工具栏中的全速运行图标按钮 "　"，程序运行至第 101 行就会停下来，各窗口中会显示单片机执行了第 100 行代码后的状态，包括各寄存器的值、Watch1 中变量 m 的值等。

⑤ 在 Watch1 窗口中选中变量 m 的值，再修改其值，例如将 m 的值改为 0x03，再单击全速运行图标按钮 "　"，可以看到程序以修改后的状态为基础来设置发光二极管的状态。如果程序有误，则返回编辑窗口中修改程序，然后再编译调试，直至程序正确。

⑥ 取消第 101 行处的断点，再单击 "开始/停止调试" 图标按钮 "　"，返回至程序编辑窗口。

⑦ 单击窗口上的关闭按钮，关闭 Keil，结束程序调试，可以看到 8 只发光二极管按改后的方式进行显示。

任务程序

扫一扫下载工程文件

实践总结与拓展

1. 用查表法实现跑马灯显示

查表程序的设计方法是，利用一维数组的下标与元素值的对应关系，将事先计算好的结果值依次存放在数组中，需要结果值时直接查阅数组，并从数组中读取对应元素的值。利用查表程序可以方便地解决数学运算无法解决的数据转换问题。

用 HAL_GPIO_WritePin()函数设置 GPIO 引脚状态时，其实质是将控制数据中为 1 位所对应的引脚设置成指定状态（高电平或者低电平状态）。因此，本任务中，各时间段发光二极管的显示控制数据如表 2-13 所示。

表 2-13　任务 4 中发光二极管显示控制数据

时　　间	发光二极管的状态	HAL_GPIO_WritePin()函数中的控制数据	
		二进制	十六进制
t0	LED1 亮，其他熄灭	0000 0001	0x01
t1	LED2 亮，其他熄灭	0000 0010	0x02
t2	LED3 亮，其他熄灭	0000 0100	0x04
t3	LED4 亮，其他熄灭	0000 1000	0x08
t4	LED5 亮，其他熄灭	0001 0000	0x10
t5	LED6 亮，其他熄灭	0010 0000	0x20
t6	LED7 亮，其他熄灭	0100 0000	0x40
t7	LED8 亮，其他熄灭	1000 0000	0x80

将发光二极管在 $t_0 \sim t_7$ 共 8 个时间段的显示控制数据按照其先后顺序事先存放在数组 ledcode[]中，用查表法就可以获得各时间的显示控制数据。数组 ledcode[]的定义如下：

uint8_t ledcode[]={0x01,0x02,0x04,0x08,0x10,0x20,0x40,0x80};

用变量 i 作时间计数器，很显然 t_i 时间的显示控制数据为 ledcode[i]，因此 i 也可叫数组的下标计数器，i 的取值范围为 0～7。去掉硬件初始化代码后，用查表法实现跑马灯的程序如下：

```
...
uint8_t ledcode[]={0x01,0x02,0x04,0x08,        //发光二极管控制数据
            0x10,0x20,0x40,0x80};              //为 1 位亮
...
int    main(void)
{
    uint8_t i=0;                               //时间计数器
    ...
    while (1)
    {
        HAL_GPIO_WritePin(GPIOE,0xff,GPIO_PIN_SET );    //灭所有发光二极管
        HAL_GPIO_WritePin(GPIOE,ledcode[i],GPIO_PIN_RESET );//点亮 1 位的发光二极管
        i++;                    //时间计数加 1，准备取下一时间的显示数据
        if(i>7)    i=0;         //超界处理
        HAL_Delay(500);        //延时 0.5s
    }
}
```

按照上述设计，用查表法实现跑马灯显示的步骤如下：

第 1 步：用 STM32CubeMX 生成 GPIO 口的初始化代码，打开 Keil 工程。

第 2 步：在 main.c 文件的用户变量区中定义数组 ledcode[]，如图 2-23 所示。

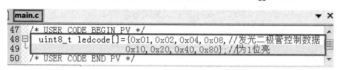

图 2-23　定义数组 ledcode[]

第 3 步：在 main.c 文件的用户代码 1 区定义时间计数器 i，并对其赋初值 0，如图 2-24 所示。

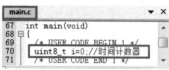

图 2-24　定义变量

第 4 步：在 main.c 文件的 while 代码区中添加用查表法编制的跑马灯程序代码，如图 2-25 所示。

```
98    while (1)
99  {
100      HAL_GPIO_WritePin(GPIOE,0xff,GPIO_PIN_SET );       //灭所有发光二极管
101      HAL_GPIO_WritePin(GPIOE,ledcode[i],GPIO_PIN_RESET );//点亮1位的发光二极管
102      i++;                //时间计数加1，准备取下一时间的显示数据
103      if(i>7) i=0;        //超界处理
104      HAL_Delay(500);     //延时0.5s
105      /* USER CODE END WHILE */
106
107      /* USER CODE BEGIN 3 */
108  }
```

图 2-25　查表法跑马灯程序代码

第 5 步：保存 main.c 文件，编译下载程序，我们就可以看到 8 只发光二极管呈跑马灯方式显示。

2. 用访问 ODR 寄存器的方式实现跑马灯显示

用"读－修改－写 ODR 寄存器"的方式实现并行输出时，写入 ODR 寄存器的数据与 GPIO 口引脚的状态是直接对应的。写入的数位为 1 时，对应的引脚就为高电平，写入的数位为 0 时，对应的引脚就为低电平。本任务中，发光二极管采用低电平有效控制，GPIO 口引脚的状态为低电平时，引脚上的发光二极管就点亮。所以，写入 ODR 寄存器的控制数如表 2-14 所示。

表 2-14　写入 ODR 寄存器的控制数据

时　间	发光二极管的状态	写入 ODR 寄存器的控制数据	
		二进制	十六进制
t0	LED1 亮，其他熄灭	1111 1110	0xfe
t1	LED2 亮，其他熄灭	1111 1101	0xfd
t2	LED3 亮，其他熄灭	1111 1011	0xfb
t3	LED4 亮，其他熄灭	1111 0111	0xf7
t4	LED5 亮，其他熄灭	1110 1111	0xef

任务程序

扫一扫下载工程文件

续表

时　　间	发光二极管的状态	写入 ODR 寄存器的控制数据	
		二进制	十六进制
t5	LED6 亮，其他熄灭	1101 1111	0xdf
t6	LED7 亮，其他熄灭	1011 1111	0xbf
t7	LED8 亮，其他熄灭	0111 1111	0x7f

将发光二极管的显示控制数据存放在数组 ledcode[]中，则数组 ledcode[]的定义如下：

uint8_t ledcode[]={0xfe,0xfd,0xfb,0xf7,　　　　　　//显示控制码(直接控制)
　　　　　　0xef,0xdf,0xbf,0x7f};　　　　　　　　//直接控制：1 灭，0 亮

去掉硬件初始化代码后，用"读－修改－写 ODR 寄存器"的方式实现跑马灯显示的程序如下：

```
...
uint8_t ledcode[]={0xfe,0xfd,0xfb,0xf7,        //显示控制码(直接控制)
        0xef,0xdf,0xbf,0x7f};                  //直接控制：1 灭，0 亮
...
int    main(void)
{
    uint8_t i=0;                               //时间计数器
    uint16_t    odr;                           //odr:存放 ODR 寄存器的值
    ...
    while (1)
    {
        odr=GPIOE->ODR;                        //读 ODR 寄存器的内容
        odr &= 0xff00;                         //高 8 位保持不变，低 8 位清 0
        odr |= (uint16_t)ledcode[i];           //低 8 位改为 LED 控制数据
        GPIOE->ODR = odr;                      //数据写入 ODR 寄存器，并行输出
        i++;                                   //准备读下一控制数据
        i=i%8;                                 //超界处理
        HAL_Delay(500);                        //延时 0.5s
    }
}
```

按照用查表法实现跑马灯的步骤，用 STM32CubeMX 生成 GPIO 口的初始化代码后，再在 main.c 文件的对应地方添加上述代码，并对程序编译连接，再下载至开发板中，我们就可以看到 8 只发光二极管呈跑马灯方式显示。

习题 4

1．按位与运算符是_____，逻辑与运算符是_____，按位或运算符是_____，逻辑或运算符是_____，逻辑非运算符是_____，按位反运算符是_____。

2．设 m 为无符号字符型变量，m=0x5a，求下列表达式的值：

（1）!m （2）m&0x40

（3）m&&0x40 （4）~m

（5）m||0x45 （6）m|0x45

（7）m^0x45 （8）m^m

（9）m>>2 （10）m<<3

3．设变量 m 为 uint16_t 型变量，请按下列要求编写程序段。

（1）将 m 的第 2、4、6 位清 0。

（2）将 m 的第 1、3、5 位置 1。

（3）将 m 的第 0、1 位取反。

（4）用位操作运算实现 m/8。

（5）用位操作运算实现 m*4。

（6）将 m 循环左移 3 位。

（7）将 m 循环右移 4 位。

4．设 m 为有符号数，请用位操作运算求 m 的绝对值。

5．8 只发光二极管 D0～D7 依次接在 PA8～PA15 引脚上，发光二极管采用低电平有效控制，请编写程序实现以下功能：

（1）用 8 只发光二极管以二进制数的形式显示 int8_t 型变量 m 中的数，其中发光二极管点亮表示该位二进制数为 1，要求用 HAL 库函数实现。

（2）用 8 只发光二极管以二进制数的形式显示 int8_t 型变量 m 中的数，其中发光二极管点亮表示该位二进制数为 1，要求用访问 ODR 寄存器的方式实现。

6．8 只发光二极管 D0～D7 依次接在 PB0～PB7 引脚上，发光二极管采用高电平有效控制，请编程实现题 5 中的功能。

7．流水灯的显示方式如表 2-15 所示，即 t_0 时间内 8 个发光二极管都亮；t_1 时间内 LED8 熄灭，其他 7 个都亮；…；t_8 时间内所有的发光二极管都熄灭；t_9 时间内 LED1 亮，其他 7 个都不亮；…；t_{15} 时间内 LED7～LED1 亮，LED8 不亮；t_{16} 时间内 8 个发光二极管都亮；t_{17} 时间内 LED7～LED1 亮，LED8 不亮；……，如此周而复始。发光二极管 LED 的控制采用任务 4 中的电路，请编程实现流水灯显示，任务要求如下：

表 2-15　流水灯的显示

时　间	LED 的状态							
t_0	LED8	LED7	LED6	LED5	LED4	LED3	LED2	LED1
t_1		LED7	LED6	LED5	LED4	LED3	LED2	LED1
t_2			LED6	LED5	LED4	LED3	LED2	LED1
…	…							
t_6							LED2	LED1
t_7								LED1
t_8								
t_9								LED1
t_{10}							LED2	LED1
…	…							

续表

时　间	LED 的状态							
t_{16}	LED8	LED7	LED6	LED5	LED4	LED3	LED2	LED1
t_{17}		LED7	LED6	LED5	LED4	LED3	LED2	LED1

（1）上电后 8 只发光二极管呈熄灭状态，请在 STM32CubeMX 中完成相关配置，将工程命名为 Task4_ex7，并保存至文件夹"D:\练习"中，将 GPIO 口的配置截图后保存至"学号_姓名_Task4_ex7.doc"文件中，其中，题注为"GPIO 口配置"，再将此文件存放在文件夹"D:\练习"中。

（2）用 HAL 库函数实现并行输出，请将实现流水灯的程序代码截图，并保存至"学号_姓名_Task4_ex7.doc"文件中，其中，题注为"用 HAL 库函数实现流水灯"。

（3）编译连接程序，将输出窗口截图并保存至"学号_姓名_Task4_ex7.doc"文件中，题注为"编译连接程序"。

（4）请配置仿真器，将"Options for Target"对话框中有关显示仿真器连接状态的图截图，并保存至"学号_姓名_Task4_ex7.doc"文件中，题注为"仿真器的状态"。

（5）进入调试状态，请将 t_5 时间程序运行的状态、保存流水灯状态的变量的值截图，并保存至"学号_姓名_Task4_ex7.doc"文件中，题注为"程序调试"。

（6）用访问 ODR 寄存器的方式实现并行输出，请将流水灯的程序截图，并保存至"学号_姓名_Task4_ex7.doc"文件中，题注为"访问 ODR 寄存器的方式实现流水灯"。

（7）进入调试状态，请将 t_4 时间程序运行的状态、保存流水灯状态的变量的值截图，并保存至"学号_姓名_Task4_ex7.doc"文件中，题注为"程序调试"。

习题解答

扫一扫下载习题工程

习题解答

扫一扫查看习题答案

任务 5　显示按键的状态

课件

扫一扫下载课件

任务要求

STM32 的 PC13、PD13 引脚上接有 2 只按键电路，PC13 脚接按键 K1，PD13 脚接按键 K2，PE0～PE7 引脚上接有 8 只发光二极管控制电路，发光二极管采用低电平有效控制，要求用 STM32CubeMX 生成初始化程序，在 Keil 中编程实现以下功能：

（1）上电后，所有发光二极管熄灭。

（2）用接在 PE0、PE1 引脚上的发光二极管 LED1 和 LED2 显示 K1、K2 的状态，K1 按下时 LED1 点亮，否则 LED1 熄灭，K2 按下时 LED2 点亮，否则 LED2 熄灭。

知识储备

1．GPIO 口的输入特性

GPIO 口一位引脚的结构图如图 2-26 所示。

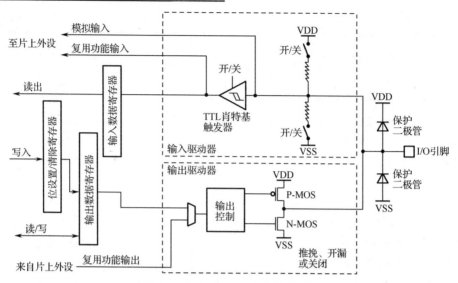

图 2-26 GPIO 口一位引脚的结构图

图中上面部分是数据输入。由图可以看出，数据输入有 3 种，一是模拟输入，二是复用功能输入，三是来自输入数据寄存器的输入。这三种输入均来自于输入驱动器，但只有来自输入数据寄存器的输入才是 GPIO 输入。

在输入驱动器中，输入端有 2 个电阻分别通过 2 个电子开关接电源和接地，GPIO 输入可以配置成上拉、下拉或浮空（既无上拉电阻也无下拉电阻）三种输入。

输入驱动器有一个肖特基触发器，用来对信号进行整形，使触发器输出数字信号 0 或 1。因此，输入数据寄存器所输入的信号为数字信号 0 或 1，当 I/O 引脚上的信号发生变化时，内部电路会把经肖特基触发器整形后的数字信号存入输入数据寄存器，用户可以通过读取输入数据寄存器的值来获取 GPIO 口的状态。

从输入驱动器的电路可以看出，模拟量输入是未经触发器整形的模拟信号，它直接来自于 I/O 引脚，其他输入都是经整形后的数字信号。

2. GPIO 口的输入函数

HAL 库中，GPIO 口的输入函数为 HAL_GPIO_ReadPin()，该函数的用法说明如表 2-16 所示。

表 2-16 HAL_GPIO_ReadPin()函数用法说明

原型	GPIO_PinState HAL_GPIO_ReadPin(GPIO_TypeDef* GPIOx, uint16_t GPIO_Pin);
功能	读取输入引脚的电平状态
参数 1	GPIOx：引脚所在的端口，取值为 GPIOA～GPIOG
参数 2	GPIO_Pin：引脚编号，取值为 GPIO_PIN_0～ GPIO_PIN_15。 GPIO_PIN_i 代表的是第 i 位为 1 其他位为 0 的二进制数，可以用 1<<i 表示
返回值	指定引脚的电平状态，其值为枚举值 GPIO_PIN_RESET（0）或者 GPIO_PIN_SET（1）

例如，设 PC13 引脚为输入脚，读取 PC13 引脚的状态并保存至 key 变量中的程序如下：

key=HAL_GPIO_ReadPin(GPIOC, GPIO_PIN_13);

3．GPIO 口的并行输入

GPIO 口的并行输入的方法是，直接读取输入数据寄存器 IDR 的值。

在 HAL 库中，Px 口（x 为 A～G，下同）的输入数据寄存器 IDR 表示为 GPIOx->IDR，IDR 寄存器是 32 位寄存器，但其高 16 位无效，低 16 位用来保存 Px 口的 16 个引脚的输入状态，IDR 寄存器的第 i 位对应 Px 口的第 i 个引脚。

例如，读 PA0～PA7 引脚的状态至无符号字符型变量 m 中的程序段如下：

```
uint8_t m;              //定义无符号字符型变量 m，用于保存所读得的 8 位引脚的状态
m=GPIOA->IDR;           //读 IDR 寄存器的值，并将其低 8 位赋给 m
```

在程序中，GPIOA->IDR 是一个 16 位的数，即 unsigned int 型的数，而 m 是一个 8 位的变量，即 unsigned char 型的变量。在 C 语言中，unsigned int 型的数赋给 unsigned char 型的变量时，会截取 unsigned int 型数的低 8 位赋给 unsigned char 型的变量。所以，程序执行后，m 中的数为 PA0～PA7 引脚的状态。

再如，将 PC8～PC15 引脚的状态读至无符号字符型变量 m 中的程序段如下：

```
uint8_t m;              //定义无符号字符型变量 m，用于保存所读得的 8 位引脚的状态
m=GPIOC->IDR>>8;        //读 IDR 寄存器的值，并将其高 8 位赋给 m
```

4．按键电路

PC13 脚外接一只按键的电路如图 2-27 所示。

图中，K1 为按键，R1 为上拉电阻，它与 K1 一起将按键按下与释放的机械动作转换成单片机可识别的高低电平。

K1 按下，A 点接地，PC13 引脚输入为低电平；K1 释放，A 点经 R1 接 VCC，为高电平，PC13 引脚输入为高电平。

如果去掉 R1，则在 K1 释放时，A 点的电平状态是不确定的。

【说明】

GPIO 口作输入口时，可配置成上拉、下拉或浮空输入，若 PC13 脚配置成上拉输入，则可省去 R1，若配置成下拉或浮空输入，则不能省去 R1。

图中，C1 为去抖动滤波电容。在一次按键操作中，由于按键的机械特性的原因，键按下或释放都有一个弹跳的抖动过程，抖动波形图如图 2-28 所示。

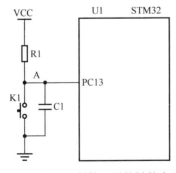

图 2-27　PCB 外接一只按键的电路

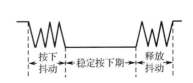

图 2-28　抖动波形图

抖动时间的长短与按键的机械特性有关，一般为 5～15ms。按键抖动必须消除，否则会

引起按键识别错误。图 2-27 中，按键的两端并上一个小电容，利用电容的滤波特性可以滤除抖动的干扰波。

实现方法与步骤

任务程序

扫一扫下载任务
5 的工程文件

1. 搭建电路

任务 5 的电路如图 2-29 所示。

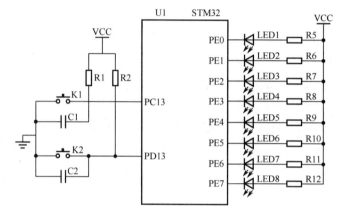

图 2-29　任务 5 的电路图

2. 生成 GPIO 口的初始化代码

与任务 4 相比，任务 5 中所使用的 STM32 硬件资源只是多了 PC13 和 PD13 两个输入脚，我们可以适当地修改任务 4 的 STM32CubeMX 工程来建立任务 5 的 STM32CubeMX 工程。任务 5 中生成 GPIO 口初始化程序的实现方法如下：

（1）打开"D:\ex"文件夹，复制 Task4 文件夹及其子文件夹的内容，将复制后的文件夹（Task4-副本）改名为 Task5。

（2）打开"D:\ex\Task5"文件夹，删除文件夹中除 Task4.ioc 文件以外的所有文件及文件夹，将 Task4.ioc 文件改名为 Task5.ioc。

（3）双击 Task5.ioc 文件图标，打开任务 5 的 STM32CubeMX 工程文件。

（4）在 STM32CubeMX 工程中配置 PC13、PD13 引脚，步骤如下。

第 1 步：在引脚视图中单击 PC13 引脚，在弹出的菜单中单击"GPIO_Input"菜单命令，将 PC13 设置成输入脚，如图 2-30 所示。

第 2 步：重复第 1 步将 PD13 脚也设置成输入脚。

第 3 步：在工程窗口中单击左边窗口中的"System Core"→"GPIO"列表项，使工程窗口的中间出现"GPIO Mode and Configuration"窗口，如图 2-31 所示。

第 4 步：在图 2-31 所示的窗口中单击 GPIO 配置列表框中的 PC13 列表项，列表框的下面就会出现"PC13-TAMPER-RTC Configuration"配置框架（参考图 2-31）。

第 5 步：在配置框架的"GPIO mode"下拉列表框中选择"Input mode"模式，在"GPIO Pull-up/Pull-down"下拉列表框中选择"Pull-up"列表项，再在"User Label"文本框中输入用户标签 K1（参考图 2-31）。

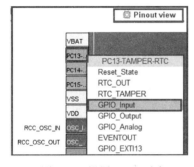

图 2-30　设置 PC13 引脚　　　　图 2-31　"GPIO Mode and Configuration"窗口

第 6 步：重复第 5 步，将 PD13 设置为上拉输入模式，用户标签为 K2。

（5）保存工程，生成 Keil 工程代码。

3. 编写显示按键状态程序

任务 5 中显示按键状态的程序如下：

```
1    …
2    int    main(void)
3    {
4        …          /*STM32CubeMX 生成的硬件初始化代码，略*/
5        while (1)
6        {
7            if(HAL_GPIO_ReadPin(K1_GPIO_Port,K1_Pin)==GPIO_PIN_RESET)
8            {   //K1 按下,点亮 LED1
9                HAL_GPIO_WritePin(GPIOE,GPIO_PIN_0,GPIO_PIN_RESET);    //点亮 LED1
10           }
11           else
12           {
13               HAL_GPIO_WritePin(GPIOE,GPIO_PIN_0,GPIO_PIN_SET);     //熄灭 LED1
14           }
15           if(HAL_GPIO_ReadPin(K2_GPIO_Port,K2_Pin)==GPIO_PIN_RESET)
16           {   //K2 按下,点亮 LED2
17               HAL_GPIO_WritePin(GPIOE,GPIO_PIN_1,GPIO_PIN_RESET);    //点亮 LED2
18           }
19           else
20           {
21               HAL_GPIO_WritePin(GPIOE,GPIO_PIN_1,GPIO_PIN_SET);     //熄灭 LED2
22           }
23        }
```

| 24 | } |
| 25 | ... |

【说明】

① 程序中，第 7 行代码的功能是，读取 K1 引脚的状态，并判断是否为低电平，即判断按键 K1 是否被按下。

② 第 7 行代码也可以用以下代码代替：

if(!HAL_GPIO_ReadPin(K1_GPIO_Port,K1_Pin))

③ 某个 GPIO 口引脚在 STM32CubeMX 中设置了用户标签后，Keil 工程中该引脚所在的 GPIO 端口可用"标签_GPIO_Port"表示，引脚编号可用"标签_Pin"表示。在图 2-31 中，我们将 PC13 引脚的用户标签设置为 K1，因此，K1_GPIO_Port 代表的是 GPIOC，K1_Pin 代表的是 GPIO_PIN_13，它们的定义位于 main.h 文件中，如图 2-32 所示。

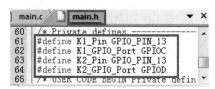

图 2-32　用户标签引脚的定义

按照程序编写规范将上述程序代码填写至 main.c 文件的对应位置处，即得到显示按键状态的程序，其实现步骤如下：

（1）打开 Keil 工程，打开 main.c 文件。

（2）在 main.c 文件的"USER CODE BEGIN WHILE"与"USER CODE END WHILE"间（while 代码区中）添加第 7 行～第 22 行的代码，如图 2-33 所示。

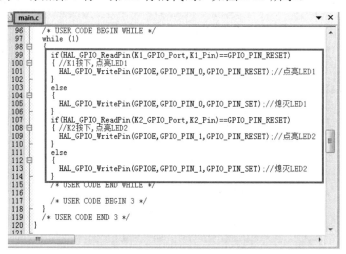

图 2-33　添加显示按键状态的程序代码

（3）单击工具栏上的保存文件图标按钮"💾"，保存 main.c 文件。

4. 调试与下载程序

任务 5 中我们用仿真器下载程序，其方法如下：

学习视频

扫一扫观看用仿真器下载程序视频

第 1 步：按照任务 4 中介绍的方法配置好调试器，编译连接程序，并对程序调试排错，直至程序正确为止。

第 2 步：连接仿真器并给开发板上电。

第 3 步：将开发板上的程序运行模式开关拨至"接地"位置，即图 1-70 中的 K1 处于断开状态，也就是让 STM32 从 FLASH 存储器中启动程序。

第 4 步：在 Keil 窗口中单击工具栏上的下载程序图标按钮" "，如图 2-34 所示，Keil 就通过仿真器将连接后所生成的程序文件下载到 STM32 中。

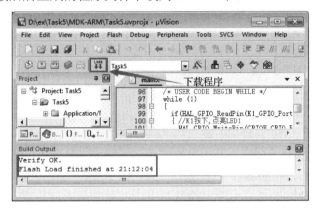

图 2-34　下载程序

第 5 步：按开发板上的复位键，STM32 开始执行所下载的程序。此时我们可以看到，按下 K1 键，LED1 就点亮，释放 K1 键，LED1 就熄灭；按下 K2 键，LED2 就点亮，释放 K2 键，LED2 就熄灭。

实践总结与拓展

GPIO 口的引脚可作模拟输入脚、复用功能输入脚和 GPIO 口的输入脚。其中，模拟输入是未经整形的模拟信号，而其他输入都是经过整形后的数字信号。

GPIO 口的输入有上拉输入、下拉输入和浮空输入 3 种方式，在 HAL 库中，读 GPIO 口输入的函数是 HAL_GPIO_ReadPin()，该函数只能读取一位引脚的输入，若要实现并行输入，则需读取 GPIO 口的输入数据寄存器 IDR。

按键的常用接口电路是，按键的一端接地，另一端接上拉电阻，同时接单片机的 I/O 口，为了消除抖动，常在接键的 2 端并联一只 0.1 μF 的小电容。

GPIO 口作输入引脚的配置方法是，先在引脚视图中将引脚设置为输入脚，然后在 GPIO 口的模式与配置窗口中选择引脚的上拉、下拉或者浮空输入模式，并根据需要设置引脚的用户标签。若设置了用户标签，则引脚所在的端口可表示为"标签_GPIO_Port"，引脚的编号可表示为"标签_Pin"。

习题 5

1. GPIO 口的引脚可作为_____输入、复用功能输入和_____输入的输入脚。

2. GPIO 口引脚的输入可配置成_____输入、下拉输入和_____输入，这 3 种输入在 STM32CubeMX 中分别用_____、_____和_____表示。

3. 在 GPIO 引脚驱动器中有一个肖特基触发器，其功能是对输出信号进行整形，____输入是未经过触发器整形的信号，_____输入是经过整形后的信号。

4. HAL 库中读引脚输入的函数是_____，PA 口的输入数据寄存器表示为_____。

5. 变量 m 的定义如下：

uint8_t m;

请按下列要求编写程序：

（1）读 PD13 引脚的输入至 m 中。

（2）读 PB0～PB7 的输入至 m 中。

（3）读 PC6～PC13 的输入至 m 中。

6. 将按键 S0 接在 PB2 引脚上，请先画出按键接口电路，然后在 STM32CubeMX 中配置 PB2 引脚，再将 PB2 引脚的配置图截图并保存在"学号_姓名_Task5_ex6.doc"文件，题注为"PB2 的配置"，然后将文件存放在"D:\练习"文件夹中。

7. STM32 的 PA8 引脚上接有蜂鸣器控制电路（参考图 2-13），PC13 引脚上接有按键电路（参考图 2-29），要求上电后蜂鸣器不发声，按下按键后蜂鸣器发声，释放按键后蜂鸣器就停止发声。请完成下列任务：

（1）在 STM32CubeMX 中配置 PA8、PC13 引脚，PA8 的用户标签为 SPK，PC13 的用户标签为 K1，请将 PA8、PC13 引脚的配置截图，并保存到"学号_姓名_Task5_ex7.doc"文件中，其中题注分别为"PA8 的配置"和"PC13 的配置"，再将此文件保存至文件夹"D:\练习"中。

（2）编写实现任务要求的程序，将程序代码截图并存放在"学号_姓名_Task5_ex7.doc"文件中，题注为"按键控制蜂鸣器程序"。

（3）用 Keil 生成 HEX 文件，打开 HEX 文件所在的文件夹，将该文件夹完整的窗口截图后保存到"学号_姓名_Task5_ex7.doc"文件中，题注为"HEX 文件"。

（4）先用仿真器下载程序，然后将 Keil 中下载程序的结果截图，并保存至"学号_姓名_Task5_ex7.doc"文件中，题注为"程序下载"。

习题解答　　　　　　　　　　习题解答

扫一扫下载习题工程　　　　扫一扫查看习题答案

项目 **3**

外部中断和定时器的应用设计

学习目标

【德育目标】
● 培养节能意识
● 培养遵规守矩意识
● 培养坚强的意志

【知识技能目标】
● 理解中断的相关概念，熟悉回调函数的特点
● 掌握外部中断、定时器、PWM 中常用函数的用法
● 会计算定时器的定时时长
● 会配置外部中断、定时器、PWM 的相关参数
● 会编写外部中断、定时器、PWM 的应用程序

思政活页

黄敞：中国航天微电子与
微计算机技术的奠基人

深度学习处理器芯片"公
认的引领者"陈云霁

任务 6　统计按键按下的次数

课件

扫一扫下载课件

任务要求

　　STM32 的 PC13 引脚上外接按键 K1 电路，PE0～PE7 引脚上外接 8 只发光二极管显示电路，发光二极管采用低电平有效控制。要求用外部中断的方式统计按键按下的次数，按键每按下一次，计数值就加 1，用 8 只发光二极管以二进制数的形式显示按键按下的次数，其中，发光二极管点亮表示该位二进制数为 1，例如，当前计数值为 5，则 8 只发光二极管的状态就为"灭灭灭灭　灭亮灭亮"。

知识储备

1．中断的相关知识

（1）中断

中断即打断，是指 CPU 在执行当前程序时，由于程序以外的原因，出现了某种更急需要处理的情况，CPU 暂停现行程序，转而处理更紧急的事务，处理结束后 CPU 自动返回到原来的程序中继续执行。

单片机中的中断概念在我们的日常生活中经常碰到。例如，你在自习室里看书时，突然有同学找你，你就会在当前阅读处做上记号，然后走出自习室与同学交谈，处理完同学找你这件事后，你又返回到自习室，从记号处继续阅读。

（2）中断源

中断源即请求中断的来源，是指能引起中断、发出中断请求的设备或事件。在上述例子中，同学找你就是中断你看书的中断源。

（3）中断服务

CPU 响应中断请求后，为中断源所做的事务就叫作中断服务。在前面的例子中，"同学找你"是引起看书中断的中断源，而你响应"同学找你"所做的"走出自习室"、"与同学交谈"等事情，就叫作你为"同学找你"这个中断源所做的中断服务。

（4）中断的优先级

当多个中断源同时向 CPU 申请中断时，单片机所规定的对中断源响应的先后次序就叫作中断的优先级。在单片机中，优先级高的中断请求先响应，优先级低的中断请求后响应。

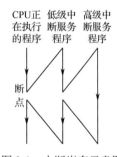

图 3-1　中断嵌套示意图

（5）中断嵌套

CPU 响应了某一中断请求，并进行中断服务处理时，若有优先级更高的中断源发出中断申请，则 CPU 暂停当前的中断服务，转而响应高优先级中断源的中断请求，高优先级中断服务结束后，再继续进行低优先级中断服务处理，这种情况就叫作中断嵌套。简而言之，中断嵌套就是打断低级中断服务，进行高级中断服务，高级中断服务结束后，再继续进行低级中断服务处理。中断嵌套示意图如图 3-1 所示。

在单片机中，只有高优先级中断源才能打断低优先级中断源的中断服务，而形成中断嵌套。低级中断源对高级中断服务、同级中断源的中断服务是不能形成中断嵌套的。

2．嵌套中断向量控制器 NVIC

NVIC 是 Nested Vectored Interrupt Controller 的缩写，含义是嵌套中断向量控制器。NVIC 是 M3 内核的一个外设，用来控制和管理中断。M3 内核可管理 256 个中断通道，并且可配置 256 个中断优先级。STM32 是基于 M3 内核的微控制器，它只使用了 M3 嵌套中断向量控制器的部分资源，有 84 个中断通道（STM32F103 系列只有 76 个中断通道），其中内核中断通道 16 个，其他用户可屏蔽中断通道多达 68 个（STM32F103 系列只有 60 个）。

STM32 的中断优先级由 4 位二进制位控制。在这 4 位二进制位中，高位用来设置主优先级，低位用来设置子优先级，其中，主优先级也叫抢占优先级。主优先级和子优先级各占多少位取决于中断优先级的分组情况，如果将中断的优先级分为 i 组（i=0～4），则分配给主优先级的二进制位为 i 位，分配给子优先级的二进制位为 4-i 位。

例如，如果将中断的优先级分为 3 组，则在 4 个设置中断优先级的二进制位中，前 3 位用来设置主优先级，后 1 位用来设置子优先级。因此，主优先级共有 2^3 级，即 8 级（0～7），子优先级共 2 级（0～1）。也就是说，此时 STM32 的所有中断的主优先级都可以设置在 0～7 级中的某一级，不会超出此范围。

主优先级的级别高于子优先级（有的文献上称为响应优先级），中断的优先级取决于主优先级，优先级编号越小，代表的优先级越高。

如果两个中断的主优先级相同，则这两个中断为同级中断，它们之间不能相互打断，如果这两个中断同时提出中断请求，则子优先级编号小的（即子优先级高的）先响应。

如果两个中断的主优先级不同，则主优先级编号小的（即主优先级高的）可以打断主优先级低的中断。

例如，中断的优先级分为 2 组，中断 3 的主优先级为 2，子优先级为 1，中断 6 的主优先级为 3，子优先级为 0，中断 7 的主优先级为 2，子优先级为 0，则这 3 个中断的优先级顺序为，中断 7>中断 3>中断 6。中断 7 和中断 3 都可以打断中断 6，但中断 7 不可打断中断 3。

在 STM32CubeMX 中，主优先级用 Preemption Priority 表示，子优先级用 Sub Priority 表示。默认情况下，中断优先级分为 4 组，即 4 位全部用来设置主优先级，因此中断可以配置成 16 个优先级，如图 3-2 所示。

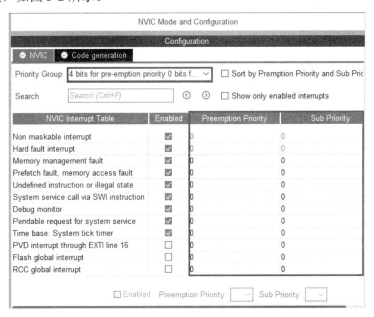

图 3-2　中断优先级的表示

3．STM32 的外部中断控制器

STM32 有 20 个外部输入中断线，由 20 个外部中断/事件控制器控制，这 20 个外部中断/事件控制器由 20 个相互独立的边沿检测器组成，每个边沿检测器具有产生事件/中断请求功能。在这 20 个中断线中，每个中断都设有状态位，用来保存中断请求的状态，每个中断都有

上升沿、下降沿、上升下降双边沿共 3 种触发方式，每个中断/事件都可以单独触发和屏蔽。

STM32 的 20 个外部输入中断线依次表示为 EXTI0～EXTI19。其中，EXTI0～EXTI15 分配给 GPIO 口，叫作 GPIO 口引脚输入中断，EXTI16 为 PVD 中断，EXTI17 为 RTC 闹钟中断，EXTI18 为 USB 唤醒中断，EXTI19 为以太网唤醒中断。

在 STM32 中，每个 GPIO 口引脚都可以用作外部 GPIO 中断的输入脚，在各个 GPIO 口中，编号相同的引脚共用一个中断输入线，也就是 PAi、PBi、…、PGi 引脚共用 EXTIi（i=0～15）外部中断输入线，中断线与 GPIO 口引脚的对应关系如图 3-3 所示。

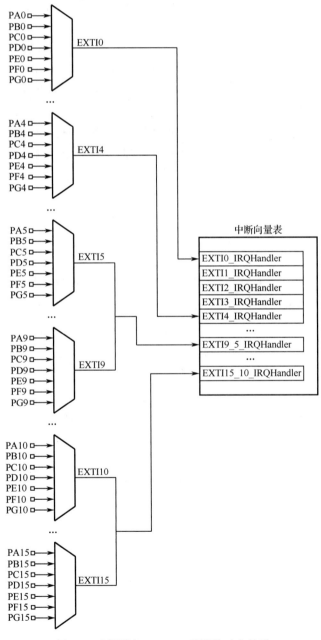

图 3-3　中断线与 GPIO 口引脚的对应关系

在 STM32 中，EXTI0～EXTI15 这 16 根 GPIO 中断输入线共占用 7 个中断通道，每个中

断通道有 个中断向量。EXTI0~EXTI4 各占一个独立的中断通道，EXTI5~EXTI9 共用一个中断通道，EXTI10~EXTI15 共用一个中断通道。

HAL 库中，中断向量的定义位于启动文件 startup_stm32f103xe.s 中，这是一个汇编语言程序文件，外部中断及其中断服务函数的名称如表 3-1 所示，中断向量表如图 3-4 所示。

表 3-1 HAL 中外部中断及其中断服务函数的名称

GPIO 引脚	中 断 线	中断服务函数
PA0~PG0	EXTI0	EXTI0_IRQHandler
PA1~PG1	EXTI1	EXTI1_IRQHandler
PA2~PG2	EXTI2	EXTI2_IRQHandler
PA3~PG3	EXTI3	EXTI3_IRQHandler
PA4~PG4	EXTI4	EXTI4_IRQHandler
PA5~PG5	EXTI5	
PA6~PG6	EXTI6	
PA7~PG7	EXTI7	EXTI9_5_IRQHandler
PA8~PG8	EXTI8	
PA9~PG9	EXTI9	
PA10~PG10	EXTI10	
PA11~PG11	EXTI11	
PA12~PG12	EXTI12	EXTI15_10_IRQHandler
PA13~PG13	EXTI13	
PA14~PG14	EXTI14	
PA15~PG15	EXTI15	

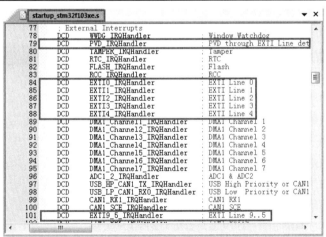

图 3-4 中断向量表

4．HAL 库中 GPIO 口的外部中断函数

HAL 中 GPIO 口的外部中断函数主要有 2 个。

（1）HAL_GPIO_EXTI_IRQHandler()函数

HAL_GPIO_EXTI_IRQHandler()函数的用法说明如表 3-2 所示。

表 3-2　HAL_GPIO_EXTI_IRQHandler()函数的用法说明

原型	void HAL_GPIO_EXTI_IRQHandler(uint16_t GPIO_Pin);
功能	清除中断请求标志，并调用外部中断回调函数 HAL_GPIO_EXTI_Callback()进行中断服务处理。 该函数是外部中断的服务函数
参数	GPIO_Pin：连接在相应外部中断线上的端口引脚编号，取值为 GPIO_PIN_0～ GPIO_PIN_15
返回值	无
说明	该函数主要供系统调用，用户一般不使用该函数

（2）HAL_GPIO_EXTI_Callback()函数

HAL_GPIO_EXTI_Callback()函数的用法说明如表 3-3 所示。

表 3-3　HAL_GPIO_EXTI_Callback()函数的用法说明

原型	__weak　void　　HAL_GPIO_EXTI_Callback(uint16_t GPIO_Pin);
功能	外部中断的回调函数。该函数是外部中断服务函数中最后调用的函数。 该函数用来定义外部中断发生后 STM32 所要处理的事务
参数	GPIO_Pin：连接在相应外部中断线上的端口引脚编号，取值为 GPIO_PIN_0～ GPIO_PIN_15
返回值	无

【说明】

① HAL 中的 HAL_GPIO_EXTI_Callback()函数是一个函数体为空的弱函数，如图 3-5 所示，在实际应用中需要用户重新定义回调函数 HAL_GPIO_EXTI_Callback()。

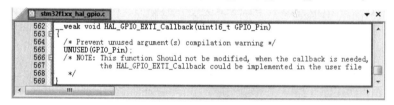

图 3-5　HAL_GPIO_EXTI_Callback()函数

② 用户重新定义外部中断回调函数时，函数的名称、参数的个数和类型必须与 HAL 中的外部中断回调函数相同。

③ 用户重新定义的外部中断回调函数一般采用以下框架结构：

```
void  HAL_GPIO_EXTI_Callback(uint16_t   GPIO_Pin)
{
    if(GPIO_Pin == GPIO_PIN_x)//判断是否是 x 引脚上的中断
    {
        /*x 引脚上的中断发生后的事务处理*/
    }
    else if(GPIO_Pin == GPIO_PIN_y)
    {
        /*y 引脚上的中断发生后的事务处理*/
```

```
        }
    }
```

例如，采用中断方式对 PC13 引脚上出现的脉冲进行计数，每出现一个下降沿计数器 PlusCnt 的值就加 1，其外部中断回调函数如下：

```
void HAL_GPIO_EXTI_Callback(uint16_t  GPIO_Pin)
{
    if(GPIO_Pin == GPIO_PIN_13)//判断是否是 13 引脚上的中断
    {
        PlusCnt++; /*中断发生后的事务处理*/
    }
}
```

实现方法与步骤

扫一扫下载任务
6 的工程文件

1．搭建电路

任务 6 的电路如图 3-6 所示。

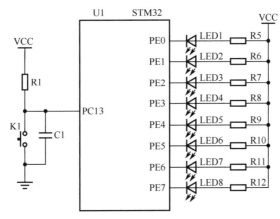

图 3-6　任务 3 的电路图

图中，R1、K1 和 C1 构成了按键电路，其原理详见任务 5 中的按键电路部分。R5～R12、LED1～LED8 构成了 8 只发光二极管显示电路，该电路为低电平有效控制电路。

2．生成外部中断的初始化代码

生成外部中断初始化代码的方法如下：

（1）首先启动 STM32CubeMX，然后新建 STM32CubeMX 工程，配置 SYS、RCC，其中，Debug 模式选择 "Serial Wire"，HSE 选择外部晶振，再配置时钟，其配置结果与任务 2 中对应的部分完全相同。

（2）按照任务 2 中介绍的方法进行如下设置：配置 PE0～PE7 为输出口，并配置输出电平为高电平、推挽输出、既无上拉电阻也无下拉电阻、高速输出、无用户标签。

【说明】

STM32 对端口引脚的配置具有批处理功能，可以同时将多个引脚配置成相同的参数。将

PE0～PE7 引脚同时配置成输出电平为高电平、推挽输出、既无上拉电阻也无下拉电阻、高速输出也可以采用以下方法。

第 1 步：在 GPIO 模式和配置窗口（见图 2-31）中单击 PE0，按住 Ctrl 键后再依次单击 PE1～PE7，选中 PE0～PE7。

第 2 步：在引脚配置框架的各下拉列表框中分别选择高电平、推挽输出、既无上拉电阻也无下拉电阻、高速输出选项，如图 3-7 所示。

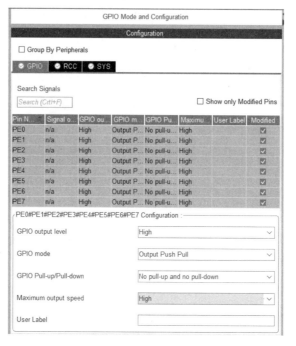

图 3-7 成批配置端口引脚

学习视频

扫一扫观看配置 PC13 引脚上的外部中断视频

（3）配置外部中断引脚。步骤如下。

第 1 步：在引脚视图中单击 PC13 引脚，在弹出的快捷菜单中单击 "GPIO_EXTI13" 菜单命令，如图 3-8 所示，将 PC13 配置成外部中断输入脚，视图中的 PC13 引脚就会由灰色变成绿色。

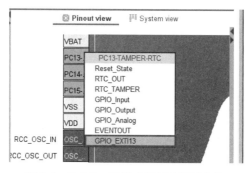

图 3-8 将 PC13 设置成外部中断输入脚

第 2 步：在 STM32CubeMX 窗口中单击 "Pinout & Configuration" 标签，单击窗口右边的 "Categories" 标签，再在 Categories 标签的列表框中选择 "System Core" → "GPIO" 列表项，窗口的中间就会出现 "GPIO Mode and Configuration" 窗口，如图 3-9 所示。

图 3-9 "GPIO Mode and Configuration"窗口（GPIO 模式配置窗口）

第 3 步：在 GPIO 模式配置窗口中单击"GPIO"标签（图 3-9 中第 5 处），再在"GPIO"标签中单击 PC13 列表项（图 3-9 中第 6 处），GPIO 口的配置列表框下面会出"PC13-TAMPER-RTC Configuration"框架，参考图 3-9。

第 4 步：在 PC13 配置框架中单击"GPIO mode"下拉列表框（图 3-9 中第 7 处），从中选择"External Interrupt Mode with Falling edge trigger detection"（下降沿触发的外部中断模式）列表项。

第 5 步：单击"GPIO Pull-up/Pull-down"（上拉/下拉电阻）下拉列表框，从中选择"No pull-up and no pull-down"列表项，将 PC13 引脚设置成既无上拉电阻也无下拉电阻模式。

第 6 步：在"User Label"文本框中输入"K1"，将 PC13 脚定义成 K1 脚。

【说明】
GPIO 口作外部中断输入脚使用时各配置项的含义如表 3-4 所示。

表 3-4 GPIO 口作外部中断输入脚使用时各配置项的含义

配 置 项	含 义	取 值	值 的 含 义
GPIO mode	GPIO 口的模式	External Interrupt Mode with Rising edge trigger detection	带上升沿触发检测的外部中断模式
		External Interrupt Mode with Falling edge trigger detection	带下降沿触发检测的外部中断模式
		External Interrupt Mode with Rising/Falling edge trigger detection	具有上升/下降沿触发检测的外部中断模式
		External Event Mode with Rising edge trigger detection	具上升沿触发检测的外部事件模式

续表

配 置 项	含 义	取 值	值 的 含 义
GPIO mode	GPIO 口的模式	External Event Mode with Falling edge trigger detection	带下降沿触发检测的外部事件模式
		External Event Mode with Rising/Falling edge trigger detection	具有上升/下降沿触发检测的外部事件模式
GPIO Pull-up/Pull-down	GPIO 口的上拉/下拉电阻	No Pull-up and no pull-down	既无上拉电阻也无下拉电阻
		Pull-up	上拉电阻
		pull-down	下拉电阻
User Label	用户标签	给引脚所取的别名，例如 K1	

（4）配置 NVIC。

第 1 步：在图 3-9 中，在"Categories"标签的列表框中选择"System Core"→"NVIC"列表项，使配置窗口中显示"NVIC Mode and Configuration"窗口，如图 3-10 所示。

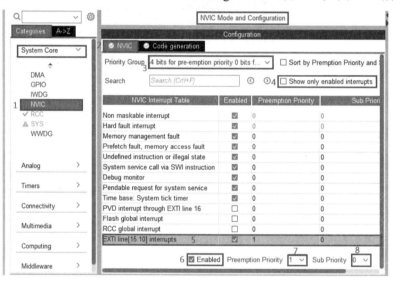

图 3-10 "NVIC Mode and Configuration"窗口（NVIC 模式配置窗口）

第 2 步：在 NVIC 模式配置窗口中单击"NVIC"标签（图 3-10 中第 2 处），再单击"Priority Group"（优先级分组）下拉列表框（图 3-10 中第 3 处），从中选择"4 bits for pre-emption priority 0 bits for subpriority"，也就是在 4 位中断控制位中，4 位分配给主优先级，0 位分配给子优先级。

第 3 步：在 NVIC 模式配置窗口中去掉"Show only enabled interrupts"多选框前面的"√"号（图 3-10 中第 4 处），窗口的下面就会显示"EXTI line[15:10] interrupts"列表项，也就是刚才所配置的 PC13 脚的中断通道（参考图 3-10 中第 5 处）。

第 4 步：单击"EXTI line[15:10] interrupts"列表项，勾选"Enabled"复选框（图 3-10 中第 6 处），使能 PC13 脚的中断通道。

第 5 步：在"Preemption Priority"下拉列表框中将 PC13 脚的中断主优先级设为 1（图 3-10 中第 7 处），在"Sub Priority"下拉列表框中将 PC13 脚的子优先级设为 0（图 3-10 中第 8 处）。

（5）配置时钟

按照任务2中介绍的方法配置时钟，配置结果与任务2相同。

（6）配置工程

按照任务2中介绍的方法配置STM32CubeMX工程，其中工程名为Task6，其他配置项与任务2中的配置相同。

（7）保存工程，生成Keil工程代码。

3．编写统计按键按下次数的程序

在任务6中，将按键K1接在PC13引脚上，PC13引脚的外部中断采用下降沿触发，每一次按键就会产生一个下降沿，从而会触发一次外部中断。因此，我们只需要在PC13引脚的外部中断服务程序中将按键的计数值加1，就可以统计按键被按下的次数了。

任务6的编程思路是，用变量KeyCnt保存按键按下的次数，在PC13的中断回调函数中将KeyCnt加1，然后在main()函数的while(1)死循环中不停地显示KeyCnt的值。由于变量KeyCnt在多个函数中都要被使用，所以需要将此变量定义成全局变量。

在任务6中，我们在main.c文件中编写统计按键按下次数的程序，其结构如下：

```
1    ...
2    uint8_t     KeyCnt=0;            //按键按下次数
3    ...
4    void  display(uint8_t   m);
5    ...
6    int main(void)
7    {
8        ...
9        while (1)
10       {
11           display(KeyCnt );
12       }
13   }
14   ...
15   /***********************************************************
16              函数 void  HAL_GPIO_EXTI_Callback(uint16_t   GPIO_Pin)
17   功能:重定义 GPIO 口的外部中断回调函数
18   参数:
19   GPIO_Pin: GPIO 口的引脚，取值为 GPIO_PIN_0~GPIO_PIN_15
20   ***********************************************************/
21   void  HAL_GPIO_EXTI_Callback(uint16_t   GPIO_Pin)
22   {
23       if(GPIO_Pin == GPIO_PIN_13)       //判断是否是 PC13 脚引起的中断
24       {
25           KeyCnt++;                  //计数值加 1
26       }
27   }
28   /***********************************************************
29              函数 void  display(uint8_t   m)
30   功能:以二进制的形式显示数
```

31	参数
32	m:待显示的数
33	***/
34	void display(uint8_t m)
35	{
36	HAL_GPIO_WritePin(GPIOE,0xff,GPIO_PIN_SET); //灭所有 LED
37	HAL_GPIO_WritePin(GPIOE,m,GPIO_PIN_RESET); //点亮 m 中为 1 位所对应的 LED
38	}

统计按键按下次数的实现步骤如下：

（1）首先打开 main.c 文件，然后在"USER CODE BEGIN PV"与"USER CODE END PV"之间（用户变量定义区）定义全局变量 KeyCnt，如图 3-11 所示。

（2）在用户代码 4 区（USER CODE BEGIN 4 与 USER CODE END 4 之间）重新定义外部中断回调函数，如图 3-12 所示。

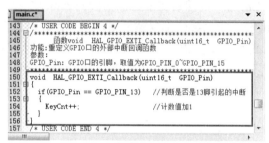

图 3-11　定义全局变量　　　　　　　　图 3-12　重定义外部中断回调函数

（3）在用户代码 4 区定义数据显示函数，如图 3-13 所示。

（4）在 main()函数的 while(1)代码区中添加 CPU 要反复执行的代码，如图 3-14 所示。这段代码的功能是，调用函数 display()显示 KeyCnt 中的按键被按下的次数。

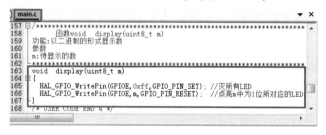

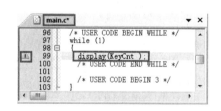

图 3-13　数据显示函数　　　　　　　　图 3-14　调用数据显示函数

【说明】

添加了语句"display(KeyCnt);"后，语句前面会出现一个警告提示"⚠"符号（参考图 3-14），并且"display"的下面会出现红色的波浪符号。其含义是，此处有警告错误。将光标移至"⚠"符号处或者红色波浪符号处，Keil 中将会出现错误的含义和出错位置的提示，如图 3-15 所示。

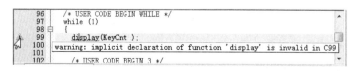

图 3-15　警告提示

图 3-15 中，错误提示的含义是，第 99 行代码无效，其错误是，display()函数的说明是隐形的，也就是 display()函数缺少原型说明。

（5）在用户函数说明区添加 display()函数的原型说明，如图 3-16 所示。

4．调试与下载程序

首先按照前面介绍的方法配置 Keil 工程，并对程序进行编译、调试，然后将程序下载至开发板中运行，我们就可以看到，每按一次 K1，发光二极管所显示的二进制数就会加 1。

图 3-16　添加函数原型说明

程序分析

1．外部中断执行过程的分析

下面以 PC13 引脚上的外部中断为例分析外部中断的执行过程。

在 STM32 中，PC13 引脚对应的中断线为 EXTI13。外部中断线 EXTI10～EXTI15 共用一个中断通道，它的中断向量定义位于 startup_stm32f103xe.s 文件中，如图 3-17 所示。

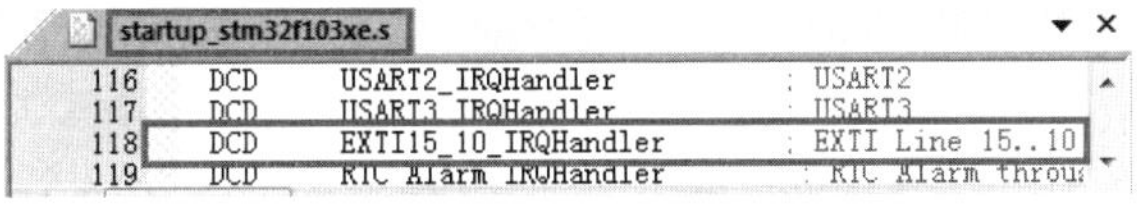

图 3-17　PC13 引脚的中断向量定义

从图 3-17 中可看出，PC13 的外部中断服务程序为 EXTI15_10_IRQHandler()，PC13 脚触发一次中断事件（下降沿、上升沿或双边沿）后，就会产生中断请求，CPU 响应了 PC13 的中断请求后就去执行 EXTI15_10_IRQHandler()函数。用 Go To Definition of 命令可以查看到该函数的定义如图 3-18 所示。

EXTI15_10_IRQHandler()函数内只调用了 HAL_GPIO_EXTI_IRQHandler()函数，再用 Go To Definition of 命令查看该函数的定义，其定义如图 3-19 所示。

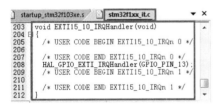

图 3-18　EXTI15_10_IRQHandler()函数的定义

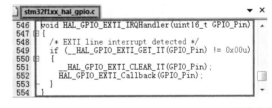

图 3-19　HAL_GPIO_EXTI_IRQHandler()函数的定义

HAL_GPIO_EXTI_IRQHandler()函数的功能是，若中断线上发生了中断事件（第 549 行），则清除中断线的中断请求标志（第 551 行），再调用外部中断回调函数 HAL_GPIO_EXTI_Callback()，进行中断服务处理。HAL_GPIO_EXTI_Callback()函数是外部中断服务程序中最后调用的函数，也是真正进行中断事件处理的函数。默认情况下，该函数是一个函数体为空的弱函数，其定义如图 3-5 所示。

任务 6 中，我们重新定义了外部中断回调函数 HAL_GPIO_EXTI_Callback()，如图 3-12所示。所以，当 PC13 引脚上出现下降沿时，STM32 就清除 PC13 的中断请求标志，然后执行

图 3-12 中的第 154 行代码，也就是将按键计数值加 1。

从上面的分析可以看出：

（1）外部中断回调函数 HAL_GPIO_EXTI_Callback() 是外部中断服务函数中最后调用的函数。

（2）若用户重新定义了外部中断回调函数，则 CPU 响应了外部中断请求后，就会执行用户定义的外部中断回调函数。

（3）在外部中断回调函数中，用户所编写的代码是外部中断发生后 STM32 所需处理的事务。

2. 数据显示程序分析

数据显示函数如图 3-13 所示。程序中，第 165 行代码的功能是，熄灭 PE0～PE7 引脚上的所有发光二极管。由硬件电路可知，8 只发光二极采用低电压有效控制，所以想要熄灭 8 只发光二极管就应该将 PE0～PE7 全部置 1。

第 166 行代码的功能是，将 m 中二进制位为 1 的位所对应的发光二极管点亮。例如，m=5，5 所对应的 8 位二进制数为 0000 0101B。执行第 166 行代码后，PE2、PE0 引脚被置为低电平，而其他引脚的状态保持不变（第 165 行已将其置为高电平），也就是点亮 PE2、PE0 这 2 个引脚上的发光二极管，8 只发光二极管的状态为 "灭灭灭灭 灭亮灭亮"，即显示了数值 5。

实践总结与拓展

通过本任务的实施，我们可以看出，外部中断的编程步骤如下。

第 1 步：在 STM32CubeMX 中将 GPIO 引脚配置成外部中断输入脚。

第 2 步：设置中断的触发方式，引脚的上拉、下拉。

第 3 步：在 STM32CubeMX 的 NVIC 模式中使能外部中断，并设置中断的主优先级、子优先级。

第 4 步：在 Keil 工程的任意文件中重新定义回调函数 HAL_GPIO_EXTI_Callback()，该函数的结构如下：

```
void  HAL_GPIO_EXTI_Callback(uint16_t   GPIO_Pin)
{
    if(GPIO_Pin == GPIO_PIN_x)//判断是否是 x 引脚上的中断
    {
        /*x 引脚上的中断发生后的事务处理*/
    }
    else if(GPIO_Pin == GPIO_PIN_y)
    {
        /*y 引脚上的中断发生后的事务处理*/
    }
}
```

习题 6

1. _____中断可以打断_____中断源的中断服务，而形成中断嵌套。

2. STM32 的中断优先级由____位二进制位控制，可以配置_____级优先级。

3．STM32 的中断优先级分_____和_____2 种，中断优先级主要取决于_____。

4．STM32 的中断优先级分为 3 组，则 STM32 的优先级可分为_____级。

5．在 STM32CubeMX 中，主优先级用_____表示，子优先级用_____表示。

6．中断的优先级分为 3 组，中断 1 的主优先级为 3，子优先级为 1，中断 2 的主优先级为 1，子优先级为 1，中断 3 的主优先级为 3，子优先级为 0，则中断____可以打断中断____，但中断____不能打断中断____，这 3 个中断的优先级顺序为_____。

7．STM32 有_____个外部输入中断线。

8．STM32 中，每个 GPIO 口引脚都可用作外部 GPIO 中断的输入脚，请在表 3-5 中填写各引脚的中断线和 STM32CubeMX 所生成的中断服务函数名。

表 3-5　引脚的中断线和中断服务函数

引　　脚	中　断　线	中断服务函数名
PC0		
PB2		
PA5		
PD8		
PE11		
PF14		

9．指出下列函数的功能

（1）HAL_GPIO_EXTI_IRQHandler()。

（2）HAL_GPIO_EXTI_Callback()。

10．请写出外部中断回调函数的框架结构。

11．PA2 引脚为外部中断输入脚，用来检测外部输入脉冲，每来一个脉冲上升沿就将 PE0 引脚上所接的发光二极管的状态取反一次，请编写其中断回调函数。

12．PB3 为外部中断输入脚，中断触发方式为下降沿触发，请在 STM32CubeMX 中配置 PB3 引脚，并将 GPIO 配置的结果截图后保存至"D:\练习"文件夹中，截图文件名为"学号_姓名_中断引脚配置.jpg"。

13．PD6 为外部中断输入脚，其中断主优先级为 4 级，子优先级为 1 级，请在 STM32CubeMX 中配置 NVIC，将配置的结果截图，并保存至"学号_姓名_Task6_ex13.doc"文件中，题注为"中断优先级配置"。

14．发光二极管接在 PB0～PB7 上，采用高电平有效控制，现需用发光二极管以二进制的形式显示变量 m 中的数，其中某位发光二极管亮表示该位二进制位为 1，请编写数据显示函数 display()。

15．简述外部中断编程方法。

16．PD13 引脚上接有按键 K2，PE0～PE7 上接有 8 只发光二极管控制电路，发光二极管采用低电平有效控制，请编程实现以下功能，并上机实践。

（1）每按一次按键 K2，PE0 引脚上的发光二极的状态就翻转一次。

（2）奇数次按按键 K2，8 只发光二极管按从左至右的方式呈跑马灯显示，偶数次按按键

K2，则 8 只发光二极管按从右至左的方式呈跑马灯显示。

17. STM32 的 PD13 引脚上接有按键电路，按键编号为 K2，PE0～PE7 引脚上接有 8 只发光二极管控制电路，发光二极管采用低有效控制，要求用外部中断的方式实现按键倒计数功能，用发光二极管以 BCD 码的形式显示计数值。上电后按键计数值为 99，每按一次 K2，计数值就减 1，当计数值减至 0 后，若再按 K2，则计数值变为 99。请完成下列任务：

（1）在 STM32CubeMX 中配置 PD13、PE0～PE7 引脚，PD13 采用下降沿触发的中断模式，在 4 位中断控制位中，3 位分配给主优先级，PD13 引脚的中断优先级为 1 级。请将 PD13、PE0～PE7 引脚的配置、NVIC 的配置截图，并保存到"学号_姓名_Task6_ex17.doc"文件中，其中题注分别为"GPIO 的配置"和"NVIC 的配置"，再将此文件保存至文件夹"D:\练习"中。

（2）编写实现任务要求的程序，将程序代码截图并存放在"学号_姓名_Task6_ex17.doc"文件中，题注为"按键倒计数程序"。

（3）编译调试程序，当程序正确无误后再将编译输出窗口截图，并保存到"学号_姓名_Task6_ex17.doc"文件中，题注为"编译输出"。

（4）用 mcuisp 软件将 HEX 文件下载至 STM32中，将 mcuisp 下载的结果图截图，并保存至"学号_姓名_Task5_ex7.doc"文件中，题注为"程序下载"。

习题解答

扫一扫下载习题工程

习题解答

扫一扫查看习题答案

任务 7 制作简易秒表

课件

扫一扫下载课件

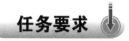

STM32 的 TIM6 作定时器使用，用来产生基准时间，PE0～PE7 外接 8 只发光二极管 LED1～LED8，发光二极管采用低电平有效控制。要求用 TIM6 和 8 只发光二极管制作一个简易秒表，用来显示开机时间。上电后系统从 0 秒开始计时，发光二极管以二进制数的形式显示开机的秒数，其中，发光二极管点亮表示该位二进制数为 1，例如当前秒数为 5，则 8 只发光二极管的状态就为"灭灭灭灭 灭亮灭亮"。

知识储备

1. 定时器的分类

STM32 共有 8 个定时器，依次为 TIM1～TIM8。这 8 个定时器分为基本定时器、通用定时器、高级定时器 3 类。其中，TIM6、TIM7 为基本定时器，挂载在 APB1 总线上，只能定时，用来产生时基，其计数器只能向上计数（加 1 计数）。TIM2～TIM5 为通用定时器，挂载在 APB1 总线上，除了具备基本定时器的功能外，还具备输入捕捉、输出比较和 PWM 功能，其计数器可以向上计数，也可以向下计数。TIM1、TIM8 为高级定时器，挂载在 APB2 总线上，除了具备通用定时器的功能外，还有电机控制功能，如刹车信号输入、死区时间可编程的互补输出等，STM32 的定时器分类如表 3-6 所示。

表 3-6　定时器的分类

类型	定时器编号	计数模式	捕获/比较通道数	挂载总线	应 用 场 景
基本	TIM6、TIM7	向上	0	APB1	定时、驱动 DAC
通用	TIM2～TIM5	向上 向下 向上/向下	4	APB1	定时计数、PWM 输出、输入捕获、输出比较
高级	TIM1、TIM8	向上 向下 向上/向下	4	APB2	定时计数、PWM 输出、输入捕获、输出比较 具有死区控制和紧急刹车功能,可用于 PWM 电机控制

2．定时器的基本结构

在 STM32 中,8 个定时器的最基本的功能是定时,它们的基本结构相同,如图 3-20 所示。

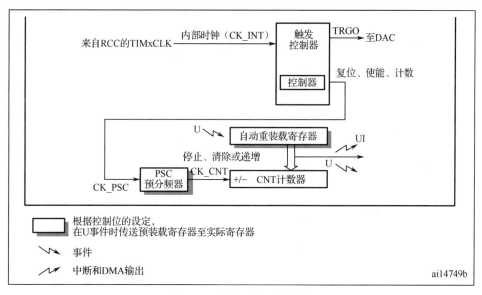

图 3-20　定时器的基本结构

从图 3-20 可以看出,定时器的基本结构由计数器 TIMx_CNT、预分频器、自动重装载寄存器 TIMx_ARR 和控制器组成。

计数器 TIMx_CNT 是 16 位的寄存器,其主要功能是对输入脉冲进行计数,每输入一个脉冲计数值就加 1 或减 1,STM32 的计数器有 3 种计数模式,在不同模式下计数方式不同,并且计数值达到不同值时定时器会有不同的动作(具体的动作详见计数模式部分)。

预分频器的功能是对输入脉冲进行分频,预分频器的分频系数取决于其内部的 16 位预分频器 TIMx_PSC 的值。

设输入预分频器的脉冲频率为 f_{IN},输出频率为 f_{OUT},预分频寄存器 TIMx_PSC 的值为 psc,则 f_{IN} 与 f_{OUT} 的关系为:

$$f_{OUT}=f_{IN}/(psc+1)$$

因此,图 3-20 中计数器输入脉冲的频率 f_{CK_CNT} 与分频器输入脉冲的频率 f_{CK_PSC} 的关系为:

$$f_{CK\_CNT}=f_{CK\_PSC}/(psc+1)$$

自动重装载寄存器 TIMx_ARR 是 16 位的寄存器，其功能是保存计数器所能计数的最大值。

3．计数模式

在 STM32 中，定时器有向上计数、向下计数、中央对齐 3 种计数模式。

（1）向上计数模式

向上计数模式的特点是，计数器从 0 开始计数，每输入 1 个脉冲，计数值就加 1，当计数值达到自动重装载寄存器 TIMx_ARR 的值后，计数值回 0，然后从 0 开始重新作加 1 计数，并产生一个计数溢出事件，每次溢出时可以产生更新事件。所有定时器都具备这种计数模式。

（2）向下计数模式

向下计数模式的特点是，计数器从自动重装载寄存器 TIMx_ARR 的值开始计数，每输入一脉冲，计数值就减 1，当计数值达到 0 后，计数值自动装入 TIMx_ARR 寄存器的值，然后从 TIMx_ARR 寄存器的值开始重新作减 1 计数，并产生一个计数向下溢出事件，每次计数溢出时可以产生更新事件。只有通用定时器和高级定时器（TIM1～TIM5、TIM8）才有这种计数模式，基本定时器（TIM6、TIM7）没有向下计数模式。

（3）中央对齐模式（向上/向下计数模式）

中央对齐模式也叫向上/向下计数模式。其特点是，计数器从 0 开始作加 1 计数，当计数值达到自动加载的值（TIMx_ARR 寄存器的值）−1，产生一个计数器溢出事件，然后向下作减 1 计数，计数值减 1 计数达到 1 时，再产生一个计数器下溢事件，然后再从 0 开始重新计数。计数器每次上溢和下溢时都可产生更新事件。只有通用定时器和高级定时器（TIM1～TIM5、TIM8）才有这种计数模式，基本定时器（TIM6、TIM7）没有中央对齐计数模式。

按照输出比较中断标志位置位的时刻来分，中央对齐模式又分为 3 种。第 1 种为中央对齐模式 1（CenterAligned1），其特点是，计数器交替地向上和向下计数，输出比较中断标志位，只在计数器向下计数时置位。第 2 种为中央对齐模式 2（CenterAligned2），其特点是，计数器交替地向上和向下计数，输出比较中断标志位只在计数器向上计数时置位。第 3 种为中央对齐模式 3（CenterAligned3），其特点是，计数器交替地向上和向下计数，输出比较中断标志位在计数器向下和向上计数时均置位。

4．定时时长的计算

设计数器输入脉冲的频率为 f，TIMx_ARR 寄存器的值为 arr，计数器发生溢出时所定时的时长为 t，此时计数器所计入的脉冲个数为 arr+1，$t=(arr+1)/f$。

若输入预分频器的脉冲（STM32CubeMX 中称为 APBx Timer clocks）频率为 f_{APB}（图 3-20中 CK_PSC 的频率），预分频寄存器 TIMx_PSC 的值为 psc，则 $t=(psc+1)*(arr+1)/f_{APB}$。

5．HAL 库中有关定时器的常用函数

（1）HAL_TIM_Base_Start_IT()函数

HAL_TIM_Base_Start_IT()函数的用法说明如表 3-7 所示。

表 3-7　HAL_TIM_Base_Start_IT()函数的用法说明

原型	HAL_StatusTypeDef HAL_TIM_Base_Start_IT(TIM_HandleTypeDef *htim);
功能	启动定时器并开启定时中断
参数	htim：定时器的句柄，取值为 htimx，x 为定时器的编号，取值为 1～8

续表

返回值	HAL 状态，其值为枚举值，定义如下：
	typedef enum
	{
	　HAL_OK　　　 = 0x00U,　 //正常
	　HAL_ERROR　 = 0x01U,　 //出错
	　HAL_BUSY　　 = 0x02U,　 //忙
	　HAL_TIMEOUT = 0x03U　 //超时
	} HAL_StatusTypeDef;

例如，启动定时器 TIM6 并开启 TIM6 的定时中断的程序代码如下：

HAL_TIM_Base_Start_IT(**&htim6**);

【说明】

在 HAL 库中，HAL_TIM_Base_Start()函数和 HAL_TIM_Base_Start_DMA()函数也可以启动定时器，但 HAL_TIM_Base_Start()函数只启动定时器，不开启定时中断，只能以查询方式检查定时时间是否到。HAL_TIM_Base_Start_DMA()函数的功能是，启动定时器的同时启动DMA 控制器。这 2 个函数的用法与 HAL_TIM_Base_Start_IT()函数相似，它们的定义位于stm32f1xx_hal_tim.c 文件中。

（2）HAL_TIM_Base_Stop_IT()函数

HAL_TIM_Base_Stop_IT()函数的用法说明如表 3-8 所示。

表 3-8　HAL_TIM_Base_Stop_IT()函数的用法说明

原型	HAL_StatusTypeDef HAL_TIM_Base_Stop_IT(TIM_HandleTypeDef *htim);
功能	停止定时中断
参数	htim：定时器的句柄，取值为 htimx，x 为定时器的编号，取值为 1～8
返回值	HAL 状态，其值为枚举值

【说明】

在 HAL 库中还有 2 个停止定时器的函数，它们分别是 HAL_TIM_Base_Stop()函数、HAL_TIM_Base_Stop_DMA()函数，它们的功能分别是以查询方式停止定时器、以 DMA 方式停止定时器，其用法与 HAL_TIM_Base_Stop_IT() 函数相似，它们的定义位于stm32f1xx_hal_tim.c 文件中。

（3）HAL_TIM_PeriodElapsedCallback()函数

HAL_TIM_PeriodElapsedCallback()函数的用法说明如表 3-9 所示。

表 3-9　HAL_TIM_PeriodElapsedCallback()函数的用法说明

原型	__weak void HAL_TIM_PeriodElapsedCallback(TIM_HandleTypeDef *htim);
功能	定时器溢出中断的回调函数。 若使能了定时器的溢出中断，则当定时器发生溢出后就会执行此函数
参数	htim：定时器的句柄，取值为 htimx，x 为定时器的编号，取值为 1～8
返回值	无

在 HAL 中，该函数为弱函数，内部无操作，用户需重新定义。重定义的内容为定时时间到后 STM32 所要处理的工作，函数的框架结构如下：

```
void HAL_TIM_PeriodElapsedCallback(TIM_HandleTypeDef *htim)
{
    if(htim==&htimx)
    {
        /*定时时间到后 CPU 所要做的事情*/
    }
}
```

例如，TIM6 的定时时间到后需将 PE7 的状态取反，则用户重新定义的定时器溢出中断回调函数如下：

```
void HAL_TIM_PeriodElapsedCallback(TIM_HandleTypeDef *htim)
{
    if(htim==&htim6)
    {
        HAL_GPIO_TogglePin(GPIOE,GPIO_PIN_7);
    }
}
```

实现方法与步骤

任务程序

扫一扫下载任务
7 的工程文件

1. 搭建电路

任务 7 中简易秒表的电路如图 3-21 所示。

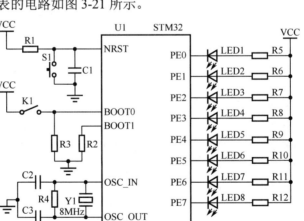

图 3-21　简易秒表的电路

2. 生成定时器的初始化代码

任务 7 中，我们用 TIM6 产生 1s 的定时，生成定时器初始化代码的步骤如下：

（1）首先启动 STM32CubeMX，然后新建 STM32CubeMX 工程，配置 SYS、RCC，其中，Debug 模式选择 "Serial Wire"，HSE 选择外部晶振。

（2）配置 GPIO 口。按照前面任务中介绍的方法将 PE0～PE7 配置成输出口，输出电平为高电平、模式为推挽输出、既无上拉电阻也无下拉电阻、高速输出、无用户标签。

（3）配置时钟。按照任务 2 中介绍的方法配置时钟，配置结果与任务 2 相同结果，如图 3-22 所示。

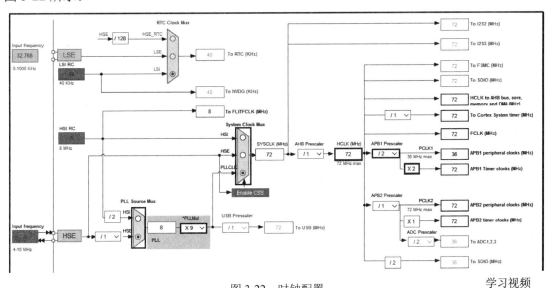

图 3-22 时钟配置

学习视频

扫一扫观看配置定时器 TIM6 视频

（4）配置定时器 TIM6。

第 1 步：计算预分频系数和计数周期值。

TIM6 的时钟来源于 APB1，由图 3-22 可知，APB1 上的定时器的时钟频率为 72MHz，所以，f_{clk}=72MHz。设预分频系数为 psc，计数周期值为 arr，则定时时长 t 为：

$$t=(psc+1)*(arr+1)/f_{clk}$$

本任务中，t=1s，f_{clk}=72MHz，可取 psc=9999，arr=7199。这 2 个参数需在后面的步骤中设置。

第 2 步：激活定时器 TIM6。

单击"Pinout & Configuration"标签，在窗口左边的列表框中选择"Timers"—>"TIM6"列表项，在中间窗口的"Mode"窗口中勾选"Activated"多选钮，如图 3-23 所示。

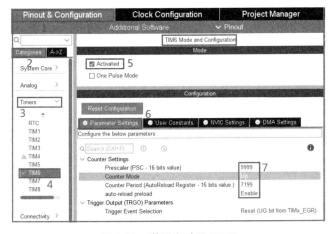

图 3-23 激活定时器 TIM6

第 3 步：设置 TIM6 的定时参数。

在中间窗口中单击"Parameter Settings"标签，再将 Prescaler（预分频系数）的值设为 9999，将 Counter Mode（计数模式）设置为 Up（向上计数），将 Counter Period（计数周期值）设为 7199，将 auto-reload preload（自动重装计数值）设为 Enable，如图 3-23 所示。

第 4 步：开启定时中断。

在左边的窗口中选择"NVIC"列表项，在中间窗口的"NVIC"选项卡中选择"TIM6 global interrupt"列表项，勾选"Enabled"复选框，并将主优先级和子优先级均设为 0，如图 3-24 所示。

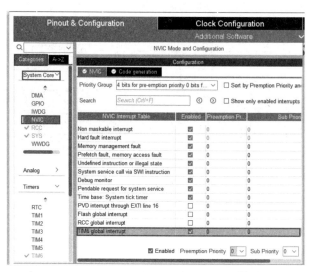

图 3-24　使能 TIM6 中断并设置中断优先级

（5）配置工程

按照任务 2 中介绍的方法配置 STM32CubeMX 工程，其中工程名为 Task7，其他配置项与任务 2 中的配置相同。

（6）保存工程，生成 Keil 工程代码。

3．编写简易秒表程序

任务 7 中，我们在 main.c 文件中编写简易秒表程序。其编程思路是，用 TIM6 定时 1s，用变量 sec 记录秒值，TIM6 的 1s 定时时间到后就在其中断回调函数中将 sec 的值加 1，在 main()函数中不停地显示 sec 的值。由于变量 sec 在 main()函数和定时中断回调函数中都要使用，故 sec 变量应定义成全局变量。简易秒表的程序结构如下：

```
1    ...
2    uint8_t    sec=0;                          //秒计数周期值
3    ...
4    void  display(uint8_t   m);
5    ...
6    int main(void)
7    {
8      ...
9      HAL_TIM_Base_Start_IT(&htim6 );          //启动定时器 T6，并开定时中断
```

10	while (1)
11	{
12	display(sec); //显示秒值
13	}
14	}
15	...
16	/***
17	函数 void HAL_TIM_PeriodElapsedCallback(TIM_HandleTypeDef *htim)
18	功能:定时中断回调函数
19	定时时长：1s
20	***/
21	void HAL_TIM_PeriodElapsedCallback(TIM_HandleTypeDef *htim)
22	{
23	if(htim==&htim6)
24	{
25	sec++; //秒加 1
26	}
27	}
28	/***
29	函数 void display(uint8_t m)
30	功能:以二进制的形式显示数
31	参数
32	m:待显示的数
33	***/
34	void display(uint8_t m)
35	{
36	HAL_GPIO_WritePin(GPIOE,0xff,GPIO_PIN_SET);//灭所有 LED
37	HAL_GPIO_WritePin(GPIOE,m,GPIO_PIN_RESET); //点亮 m 中为 1 位所对应的 LED
38	}
39	...

【说明】

程序中，第 9 行的 htim6 是用 STM32 CubeMX 生成 Keil 工程时系统自动定义的全局变量，如图 3-25 所示。

在 main()函数的初始化部分，系统会调用 MX_TIM6_Init()函数，将 htim6 设置成定时器 TIM6，其代码如图 3-25 所示。

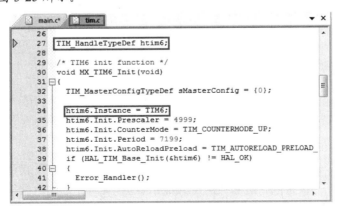

图 3-25　全局变量 htim6

按照程序编写的规范要求将上述代码添加至 main.c 文件的对应位置处，就得到简易秒表程序。其实现步骤如下。

第 1 步：打开 main.c 文件，并在用户变量区定义全局变量 sec，即添加第 2 行代码，如图 3-26 所示。

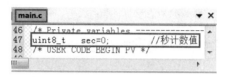

图 3-26 定义全局变量

第 2 步：在代码 4 区定义定时器回调函数和数据显示函数 display()，即添加第 16～36 行代码，如图 3-27 所示。

第 3 步：在函数说明区中添加 display() 函数的原型说明代码，其方法是，将第 34 行代码复制到函数说明区中，并在代码尾加上分号 ";"，即添加第 4 行代码，如图 3-28 所示。

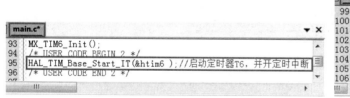

图 3-27 定义用户函数

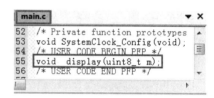

图 3-28 函数原型说明

第 4 步：在用户代码 2 区启动定时器 TIM6 并开启定时中断，即添加第 9 行代码，如图 3-29 所示。

第 5 步：在 while(1) 区中添加显示秒值的程序代码，即添加第 12 行代码，如图 3-30 所示。

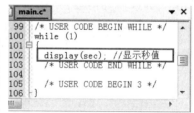

图 3-29 启动定时器并开启定时中断

图 3-30 显示秒值

第 6 步：保存 main.c 文件。

第 7 步：首先编译、调试程序直至程序正确无误，然后将程序下载至开发板中运行，我们可以看到 8 只发光二极管以二进制数的形式显示数据，其所显示的数据每隔 1 秒就自动加 1，自动地显示开机时间。

程序分析

定时中断的分析

STM32F103xe 的中断向量表的定义位于 startup_stm32f103xe.s 文件中，其中，TIM6 的中断向量定义如图 3-31 所示。

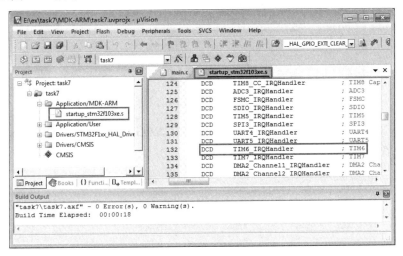

图 3-31 TIM6 的中断向量定义

从图 3-31 中可看出，TIM6 发生溢出中断后就会执行 TIM6_IRQHandler()，用 Go To Definition of 命令可以查看到该函数的定义如图 3-32 所示。

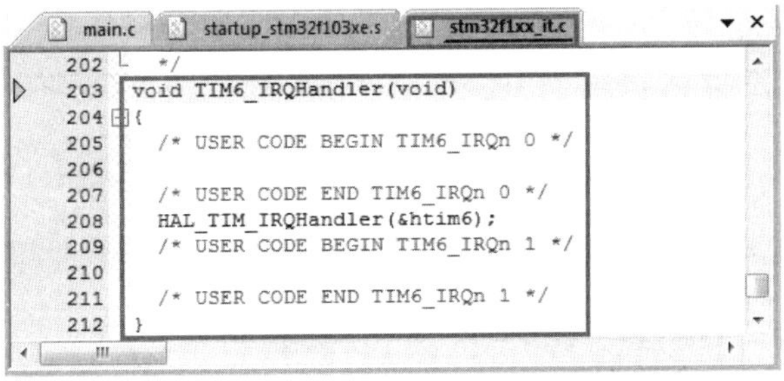

```
    main.c      startup_stm32f103xe.s     stm32f1xx_it.c
202   └   */
203   void TIM6_IRQHandler(void)
204   ┤{
205       /* USER CODE BEGIN TIM6_IRQn 0 */
206
207       /* USER CODE END TIM6_IRQn 0 */
208       HAL_TIM_IRQHandler(&htim6);
209       /* USER CODE BEGIN TIM6_IRQn 1 */
210
211       /* USER CODE END TIM6_IRQn 1 */
212   }
```

图 3-32 TIM6_IRQHandler()函数的定义

TIM6_IRQHandler()函数内只调用了 HAL_TIM_IRQHandler()函数，再用 Go To Definition of 命令查看该函数的定义，其定义如图 3-33 所示。

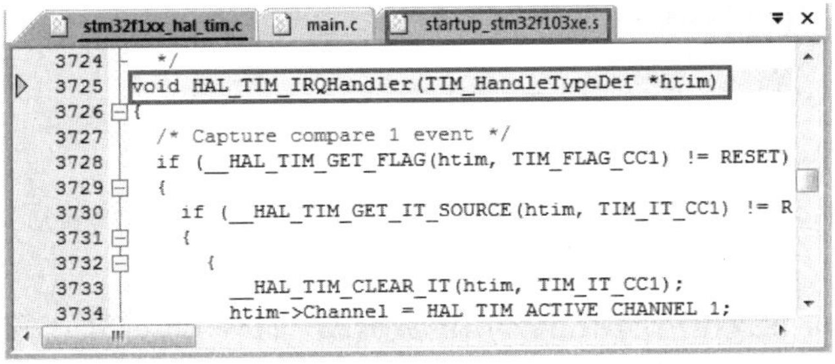

```
    stm32f1xx_hal_tim.c    main.c     startup_stm32f103xe.s
3724   └   */
3725   void HAL_TIM_IRQHandler(TIM_HandleTypeDef *htim)
3726   ┤{
3727       /* Capture compare 1 event */
3728       if (__HAL_TIM_GET_FLAG(htim, TIM_FLAG_CC1) != RESET)
3729   ┤  {
3730           if (__HAL_TIM_GET_IT_SOURCE(htim, TIM_IT_CC1) != R
3731   ┤      {
3732   ┤      {
3733               __HAL_TIM_CLEAR_IT(htim, TIM_IT_CC1);
3734               htim->Channel = HAL_TIM_ACTIVE_CHANNEL_1;
```

图 3-33 HAL_TIM_IRQHandler()函数的定义

其中，定时器发生溢出后执行的代码如图 3-34 所示。

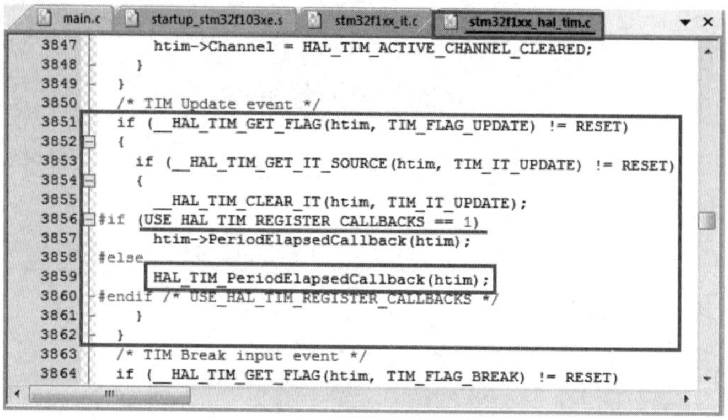

图 3-34　定时更新事件代码

用 Go To Definition of 命令查看 USE_HAL_TIM_REGISTER_CALLBACKS 的定义，其值为 0，如图 3-35 所示。

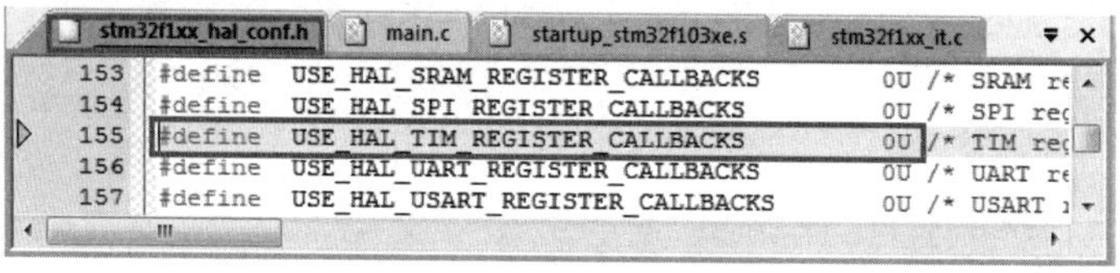

图 3-35　USE_HAL_TIM_REGISTER_CALLBACKS 的定义

也就是说，函数 HAL_TIM_PeriodElapsedCallback()是定时器发生溢出后最后调用的函数。默认情况下，该函数是一个弱函数，其定义如图 3-36 所示。

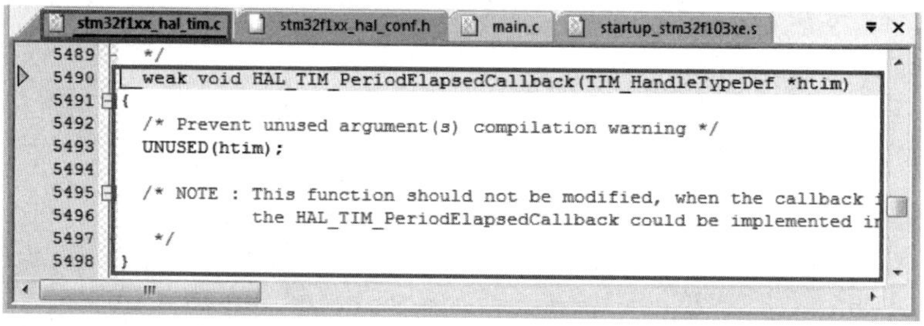

图 3-36　系统定义的 HAL_TIM_PeriodElapsedCallback()函数

因此，如果用户重新定义了 HAL_TIM_PeriodElapsedCallback()函数，则定时器发生溢出更新事件后 STM32 最后就执行该函数。

实践总结与拓展

定时中断编程的步骤如下。

第 1 步：首先用 STM32CubeMX 配置好定时器的分频系数、计数周期值，然后使能定时中断，并设置好定时中断的优先级。

第 2 步：在 main()函数的初始化部分用函数 HAL_TIM_Base_Start_IT()开启定时中断。

第 3 步：在工程的任意文件中重新定义回调函数 HAL_TIM_PeriodElapsedCallback()，该函数的结构如下：

```
void  HAL_TIM_PeriodElapsedCallback(TIM_HandleTypeDef *htim)
{
    if(htim == &htimx)     //判断是不是 Tx 溢出产生的中断
    {
        //此处添加 Tx 溢出后 STM32 所要处理的工作
    }
}
```

习题 7

1．STM32 有____个定时器，分_____、_____和_____3 类。

2．STM32 中，基本定时器有_____个，它们分别是_____，基本定时器挂载的总线是_____。

3．STM32 中，通用定时器有_____个，它们分别是_____，通用定时器挂载的总线是_____。

4．STM32 中，高级定时器有_____个，它们分别是_____，高级定时器挂载的总线是_____。

5．STM32 的定时器有_____、_____和_____3 种计数模式。

6．简述定时器各计数模式的特点。

7．设输入定时器的预分器的脉冲频率为 72MHz，ARR 的值为 9999，PSC 的值为 3599，则定时器的定时时长为_____。

8．请按下列要求编写程序。

（1）以中断方式启动定时器 TIM2。

（2）以查询方式停止定时器 TIM6。

9．定时器 TIM2 以中断方式启动，定时时间到后需将 PA2 的状态取反，请重新定义定时器的回调函数。

10．若 TIM7 的 PSC=4999，ARR=7199，请简述在 STM32CubeMX 中配置定时器 TIM7 的方法。

11．简述定时中断的编程方法。

12．将发光二极管接在 PE7 脚上，采用低电平有效控制，定时器 TIM7 作定时器使用，用定时中断控制 PE7 脚上所接的发光二极管，使发光二极管按 0.5Hz 的频率闪烁，其中，亮灭时间相等。请完成下列任务：

（1）在 STM32CubeMX 中完成相关配置，将工程命名为 Task7_ex12，并保存至 "D:\练习"文件夹中，将 GPIO 口的配置、定时器 TIM7 的配置和 NVIC 的配置截图，并保存到 "学号_姓名_Task7_ex12.doc"文件中，题注分别为 "GPIO 口配置"、"定时器 T7 的配置"、"NVIC 的配置"，再将此文件保存至文件夹 "D:\练习"中。

（2）编写实现任务要求的程序，将定时中断回调函数截图并保存至 "学号_姓名_Task7_ex12.doc"文件中，题注为 "定时中断回调函数"。

（3）编译连接程序，将输出窗口截图，并保存到"学号_姓名_Task7_ex12.doc"文件中，题注为"HEX 文件"。

（4）用串口下载程序，下载软件为 FLASHER-STM32，然后将下载程序的结果截图并保存至"学号_姓名_Task7_ex12.doc"文件中，题注为"程序下载"。

13. 1919 年 5 月 4 日，北京 3 所高校的 3000 多名学生代表冲破军警阻挠，云集天安门，他们打出"誓死力争，还我青岛"、"收回山东权利"、"拒绝在巴黎和约上签字"、"废除二十一条"、"抵制日货"、"宁肯玉碎，勿为瓦全"、"外争国权，内惩国贼"等口号，这就是五四运动。请制作一个纪念五四运动显示系统，制作要求如下：

（1）用定时器控制 1 只发光二极管按 1Hz 的频率闪烁，表示系统正在走时。

（2）用发光二极管以二进制数的形式显示当前距离五四运动的天数。

14. STM32 的 TIM5 作定时器使用，用来产生基准时间，计数方式为向下计数，PE0～PE7 外接 8 只发光二极管 LED1～LED8，发光二极管采用低电平有效控制。要求用 TIM5 和 8 只发光二极管制作一个简易秒表，用来显示开机时间，具体要求如下：

（1）上电后系统从 0 秒开始计时，发光二极管以 BCD 码的形式显示开机的秒数，其中 PE7～PE4 引脚所接的 4 只发光二极管显示秒的十位，PE3～PE0 引脚所接的 4 只发光二极管显示秒的个位，发光二极管亮表示该位二进制数为 1。例如，当前秒值为 49，则对应的 BCD 码数为 0100 1001，此时 8 只发光二极管的状态为：灭亮灭灭 亮灭灭亮。请在 STM32CubeMX 中完成相关配置，将工程命名为 Task7_ex14，并保存至"D:\练习"文件夹中，将 GPIO 口的配置、定时器 TIM5 的配置和 NVIC 的配置截图，并保存到"学号_姓名_Task7_ex14.doc"文件中，题注分别为"GPIO 口配置"、"定时器 T5 的配置"、"NVIC 的配置"，再将此文件保存至文件夹"D:\练习"中。

（2）编写实现任务要求的程序，再将程序代码截图并存放在"学号_姓名_Task7_ex14.doc"文件中，题注为"简易秒表程序"。

（3）用 Keil 生成 HEX 文件，打开 HEX 文件所在的文件夹，将该文件夹完整的窗口截图后并保存到"学号_姓名_Task7_ex14.doc"文件中，题注为"HEX 文件"。

（4）用串口下载程序，下载软件为 mcuisp，然后将下载程序的结果截图，并保存至"学号_姓名_Task7_ex14.doc"文件中，题注为"程序下载"。

习题解答

扫一扫下载习题工程

习题解答

扫一扫查看习题答案

任务 8　制作呼吸灯

课件

扫一扫下载课件

 任务要求

将 LED9 接在 PB8 引脚上，上电时 LED9 熄灭，TIM4 作 PWM 发生器，用 PWM 控制 LED9，使 LED9 的亮度先由熄灭慢慢增加到最亮，然后再由最亮慢慢变暗直至熄灭，实现呼吸灯的效果，其中 PWM 的频率为 10kHz，呼吸灯的频率为 0.5Hz。

知识储备

1．PWM 的基本概念

PWM 是 Pulse Width Modulation 的缩写，含义是脉冲宽度调制，简称为脉宽调制。它通过改变脉冲的宽度来实现输出电压的改变，广泛应用于测量、通信、功率控制与变换、电机控制、调光等领域。PWM 控制中常用的基本概念有 PWM 的周期、占空比、平均电压等几个。

（1）PWM 的周期（Period）

PWM 的周期是指一个完整的 PWM 波形所持续的时间。例如，在图 3-37 所示的 PWM 信号中，PWM 的周期就为 T。

（2）占空比（Duty）

在 PWM 信号中，高电平持续时间与 PWM 的周期之比就叫作 PWM 的占空比，即高电平占一个 PWM 周期的百分比。设 PWM 的周期为 T，高电平持续时间为 T_H，占空比的公式如下：

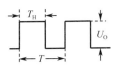

图 3-37　PWM 信号

$$Duty = \frac{T_H}{T} \times 100\%$$

例如，某 PWM 信号的频率为 1kHz，其高电平持续时间为 400μs，则该 PWM 信号的周期 T=1ms=1000μs，占空比为 400/1000=40%。

（3）平均电压

在 PWM 信号中，若高电平持续时间为 T_H，高电平的电压为 U_0，PWM 信号的周期为 T（参考图 3-37），则 PWM 信号的平均电压 U 为：

$$U = \frac{T_H}{T} \times U_0$$

由上式可以看出，调整占空比就可以调整 PWM 的输出电压的平均值。

2．STM32 中 PWM 的结构

在 STM32 中，基本定时器（TIM6、TIM7）无 PWM 功能，通用定时器（TIM2～TIM5）和高级定时器（TIM1、TIM8）都具有 PWM 功能，每个定时器都有 4 个 PWM 通道，可输出 4 路 PWM 信号。PWM 的结构如图 3-38 所示。

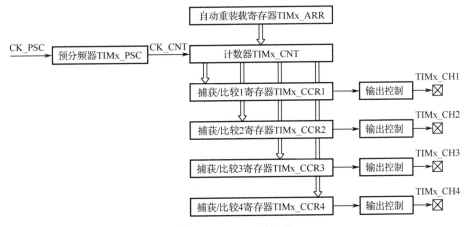

图 3-38　PWM 的结构

STM32 的 PWM 有以下特点：

（1）每个定时器的 PWM 由预分频器（TIMx_PSC）（x 为定时器的编号，其值为 1、2、…，下同）、计数器（TIMx_CNT）、自动重装载寄存器（TIMx_ARR）、捕获/比较寄存器（TIMx_CCRy）（y 为通道编号，其值为 1、2、…，下同）、通道引脚（TIMx_CHy）和控制逻辑组成。

（2）每个 PWM 通道有一个捕获/比较寄存器（TIMx_CCRy），但同一定时器的各个 PWM 通道共用一个基本定时器，它们的预分频器、计数器和自动重装载寄存器相同。

（3）基本定时器用来定时，其用法与 TIM6、TIM7 的用法相同，有向上、向下和中间对齐 3 种计数模式，定时器的周期就是 PWM 的周期。

（4）捕获/比较寄存器用来存放比较值，并负责与计数器（TIMx_CNT）的值进行比较，当 TIMx_CNT<TIMx_CCR 时，PWM 通道输出高电平（或者低电平）（取决于用户设置的 PWM 模式以及输出极性），否则 PWM 通道输出低电平（或者高电平）。

（5）捕获/比较寄存器的值决定了 PWM 信号中高电平持续的时间。

（6）PWM 信号的极性可由用户自由选择，其方法我们将在任务实施中再具体介绍。

3．PWM 的工作模式

STM32 的 PWM 有 PWM1、PWM2 两种工作模式。

PWM1 模式的特点如下：

计数器向上计数时，当 TIMx_CNT<TIMx_CCRy 时，通道输出有效电平，否则输出无效电平。

计数器向下计数时，当 TIMx_CNT>TIMx_CCRy 时，通道输出无效电平，否则输出有效电平。

其中，有效电平与无效电平取决于用户设置的 PWM 通道的极性（CH Polarity），若 PWM 信号的极性为高电平，则有效电平为高电平；若 PWM 信号的极性为低电平，则有效电平为低电平。

PWM2 模式的特点如下：

计数器向上计数时，当 TIMx_CNT<TIMx_CCRy 时，通道输出无效电平，否则输出有效电平。

计数器向下计数时，当 TIMx_CNT>TIMx_CCRy 时，通道输出有效电平，否则输出无效电平。

4．定时器各通道的引脚分布

定时器各通道的引脚分布如表 3-10 所示。

表 3-10　定时器各通道引脚分布

通　道	高级定时器		通用定时器			
	TIM1	TIM8	TIM2	TIM3	TIM4	TIM5
CH1	PA8/PE9	PC6	PA0/PA15	PA6/PC6/PB4	PB6/PD12	PA0
CH2	PA9/PE11	PC7	PA1/PB3	PA7/PC7/PB5	PB7/PD13	PA1
CH3	PA10/PE13	PC8	PA2/PB10	PB0/PC8	PB8/PD14	PA2

续表

通　道	高级定时器		通用定时器			
	TIM1	TIM8	TIM2	TIM3	TIM4	TIM5
CH4	PA11/PE14	PC9	PA3/PB11	PB1/PC9	PB9/PD15	PA3
CH1N	PB13/PA7/PE8	PA7				
CH2N	PB14/PB0/PE10	PB0				
CH3N	PB15/PB1/PE12	PB1				
ETR	PA12/PE7	PA0	PA0/PA15	PD2	PE0	
BKIN	PB12/PA6/PE15	PA6				

5．HAL 库中 PWM 的函数和宏

（1）HAL_TIM_PWM_Start()函数

HAL_TIM_PWM_Start()函数的用法说明如表 3-11 所示。

表 3-11　HAL_TIM_PWM_Start()函数的用法说明

原型	HAL_StatusTypeDef HAL_TIM_PWM_Start(TIM_HandleTypeDef *htim, uint32_t Channel);
功能	启动 PWM 信号发生器
参数 1	htim：定时器的句柄，取值为 htim1～htim5、htim8
参数 2	Channel：所要启动的定时器通道，取值为 TIM_CHANNEL_y，y=1～4
返回值	HAL 状态，其值为枚举值，详见表 3-7

例如，启动 TIM4 的第 3 通道 PWM 信号发生器的代码如下：

HAL_TIM_PWM_Start (&htim4,TIM_CHANNEL_3);

【说明】

在 HAL 库中还有 2 个启动 PWM 信号发生器的函数，它们分别是 HAL_TIM_PWM_Start_IT()函数、HAL_TIM_PWM_Start_DMA()函数，它们的功能分别是以中断模式启动 PWM 信号发生器、以 DMA 模式启动 PWM 信号发生器，其用法与 HAL_TIM_PWM_Start()函数相似，它们的定义位于 stm32f1xx_hal_tim.c 文件中。

（2）HAL_TIM_PWM_Stop()函数

HAL_TIM_PWM_Stop()函数的用法说明如表 3-12 所示。

表 3-12　HAL_TIM_PWM_Stop()函数的用法说明

原型	HAL_StatusTypeDef HAL_TIM_PWM_Stop(TIM_HandleTypeDef *htim, uint32_t Channel);
功能	停止 PWM 信号发生器
参数 1	htim：定时器的句柄，取值为 htim1～htim5、htim8
参数 2	Channel：所停止的定时器通道，取值为 TIM_CHANNEL_y，y=1～4
返回值	HAL 状态，其值为枚举值

例如，停止 TIM4 的第 3 通道 PWM 信号发生器的代码如下：

HAL_TIM_PWM_Stop (&htim4,TIM_CHANNEL_3);

【说明】

在 HAL 库中还有 2 个停止 PWM 信号发生器的函数,它们分别是 HAL_TIM_PWM_Stop_IT() 函数、HAL_TIM_PWM_Stop_DMA()函数, 其用法与 HAL_TIM_PWM_Start()函数相似, 它们的定义位于 stm32f1xx_hal_tim.c 文件中。

（3）__HAL_TIM_SET_COMPARE(__HANDLE__,__CHANNEL__,__COMPARE__)宏
__HAL_TIM_SET_COMPARE(__HANDLE__,__CHANNEL__,__COMPARE__)宏的用法说明如表 3-13 所示。

表 3-13 __HAL_TIM_SET_COMPARE(__HANDLE__,__CHANNEL__,__COMPARE__)宏的用法说明

宏	__HAL_TIM_SET_COMPARE(__HANDLE__,__CHANNEL__,__COMPARE__)
功能	设置定时器的捕获/比较寄存器的值
参数 1	__HANDLE__：定时器的句柄, 取值为 htim1~htim5、htim8
参数 2	__CHANNEL__：所需设置的定时通道, 取值为 TIM_CHANNEL_y, y=1~4
参数 3	__COMPARE__：所需设置的捕获/比较值
返回值	无
所在文件	stm32f1xx_hal_tim.h

例如，将定时器 TIM4 的第 3 通道的捕获/比较寄存器的值设置为 300 的代码如下:

__HAL_TIM_SET_COMPARE(&htim4 ,TIM_CHANNEL_3,300);

【说明】

在有些版本的 HAL 库中,设置定时器的捕获/比较寄存器的宏为__HAL_TIM_SetCompare (__HANDLE__, __CHANNEL__, __COMPARE__), 在实际编程时, 若用__HAL_TIM_SET_ COMPARE(__HANDLE__, __CHANNEL__, __COMPARE__)宏设置捕获/比较寄存器的值, 编译可能会报错, 可改用__HAL_TIM_SetCompare(__HANDLE__, __CHANNEL__, __COMPARE__) 宏试一试。

实现方法与步骤

1. 搭建电路

任务 8 的电路如图 3-39 所示。

2. 生成 PWM 的初始化代码

任务程序

扫一扫下载任务
8 的工程文件

操作步骤如下。

（1）首先启动 STM32CubeMX，然后新建 STM32CubeMX 工程，配置 SYS、RCC，其中，Debug 模式选择 "Serial Wire"，HSE 选择外部晶振。

（2）配置时钟，结果如图 3-40 所示。

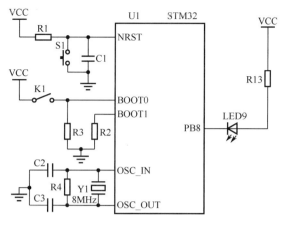

图 3-39 任务 8 的电路图

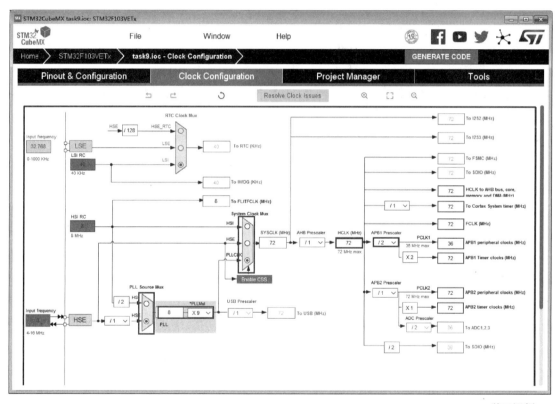

图 3-40 时钟配置

学习视频

扫一扫观看配置
PWM 口视频

（3）配置 PWM 口。

第 1 步：计算预分频系数和计数值。

将发光二极管接在 PB8 引脚上，从表 3-10 可以看出，PB8 为 TIM4 的
第 3 通道引脚，所以需使用 TIM4 第 3 通道的 PWM 发生器。

由 PWM 的原理可知，PWM 的频率就是定时器的溢出频率，TIM4 的预分频系数为 psc，
计数值为 arr，PWM 的脉冲频率 f 为：

$$f = f_{clk} /((psc+1)*(arr+1))$$

TIM4 的时钟来源于 APB1，由图 3-40 可知，APB1 上的定时器的时钟频率为 72MHz，所以，f_{clk}=72MHz。

本例中，f=10kHz，f_{clk}=72MHz，可取 psc=71，arr=99。这 2 个参数需在后面的步骤中设置。

第 2 步：选择定时器的时钟源。

单击"Pinout & Configuration"标签，在窗口左边的列表框中选择"Timers"—>"TIM4"列表项，在中间窗口中单击"Clock Source"下拉列表框，从中选择"Internal Clock"，即 TIM4 的时钟源选择内部时钟，如图 3-41 所示。

第 3 步：使用 PWM 通道。

在图 3-41 所示的窗口中单击"Channel3"下拉列表框，从中选择"PWM Generation CH3"，引脚视图中的 PB8 引脚就会变成绿色，PB8 引脚的边上出现字符"TIM4_CH3"，表示 TIM4 的第 3 通道的 PWM 口的输出脚定义在 PB8 脚上，如图 3-41 所示。

图 3-41 选择定时器的时钟源

【说明】

在第 3 步操作中，如果 STM32CubeMX 将 TIM4 的第 3 通道定义在 PD14 引脚上，而不是定义在 PB8 上，则需重新映射 TIM4 的第 3 通道输出脚，其方法如下：

在引脚视图中单击 PB8，在弹出的快捷菜单中选择"TIM4_CH3"，如图 3-42 所示，将 TIM4 的第 3 通道引脚重新映射至 PB8 脚上，此时 PB8 脚将会变成绿色，PD14 脚则由绿色变为灰色。

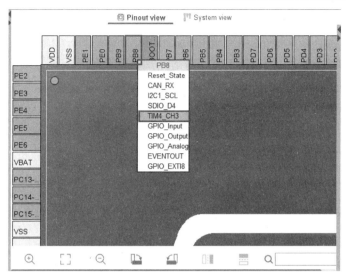

图 3-42　重新映射 PWM 输出脚

第 4 步：配置定时器的参数。在“Pinoutdc Configuration”窗口中单击“Parameter Settings”标签，再将 Prescaler（预分频系数）的值设为 71，将 Counter Mode（计数模式）设置为 Up（向上计数），将 Counter Period（计数周期）设为 99，Internal Clock Division（内部时钟分频）设置为 No Division，将 auto-reload preload（自动重装计算值）设为 Enable，再将 PWM 的 Mode 设置为 PWM mode 1，将 CH Polarity 设为 Low（通道输出电压的极性设为低电平），如图 3-43 所示。

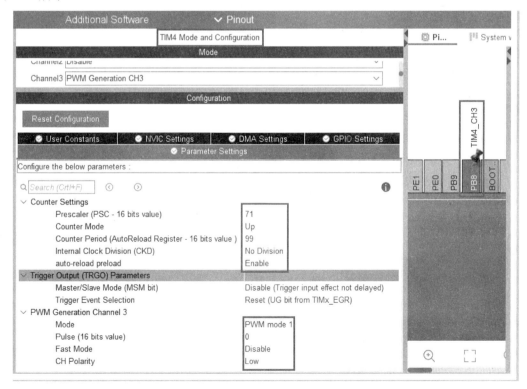

图 3-43　配置定时器的参数

【说明】

计数模式为向上计数，PWM 模式为 PWM mode1（模式 1），CH Polarity 为 Low（通道输出电压的极性为低电平）时，当 CNT<CCR3 时，通道输出低电平，否则输出高电平。因此，TIM4_CH3 的 PWM 信号如图 3-44 所示。本例中发光二极管采用低电平有效控制，加载在发光二极管两端的电压波形与 PWM 信号相反。因此，当 CCR3=0 时，PWM 的占空比为 100%，发光二极管两端电压为 0，发光二极管熄灭。CCR3 增加，PWM 的占空比减小，发光二极管两端电压增加，发光二极逐渐变亮。

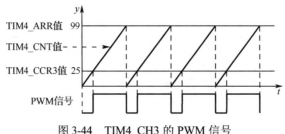

图 3-44   TIM4_CH3 的 PWM 信号

（4）将工程名设置成 Task8，并设置保存工程的位置、所用的 IDE 以及代码生成器的相关选项。

（5）保存工程，生成 Keil 工程代码。

3. 编写呼吸灯程序

根据任务要求，呼吸灯的频率为 0.5Hz，其周期为 2s，分亮度由暗变亮和由亮变暗 2 个阶段，2 个阶段的时间相同，均为 1s。按照硬件配置，定时器 T4 的计数值的范围为 0~99，也就是说，PWM 的比较值的范围为 0~99，LED 的亮度共变化 100 级，每级亮度的持续时间为 1s/100=10ms。

任务 8 中实现呼吸灯的思路是，让 PWM 的比较值从 0 递增至 99；当比较值达到 99 后再使其从 99 递减至 0；当比较值达到 0 后再使其从 0 递增至 99；如此周而复始。每次变化的步长为 1，每步变化的持续时间为 10ms，这样呼吸灯的周期 T=2×100×10ms=2s。实现的方法如下：

用变量 ComVal 保存 PWM 的比较值，其取值范围为 0~99。

用变量 PWMDir 记录 PWM 比较值的变化方向，PWMDir=1 表示比较值变化方向为递增，PWMDir=0 表示比较值变化方向为递减。

当 PWMDir=1 时，让 ComVal 的值递增至 99，并用__HAL_TIM_SET_COMPARE()宏将 ComVal 的值设置成 T4 的比较值。当比较值超过 99 后，将 PWMDir 和 ComVal 的值分别调整为 0 和 99，也就是将比较值的变化方向调整至递减，将递减的初值调整至 99。

当 PWMDir=0 时，让 ComVal 的值递减至 0，并将 ComVal 的值设置成 T4 的比较值。当比较值超过 0 后，将 PWMDir 和 ComVal 的值分别调整为 1 和 0，也就是将比较值的变化方向调整至递增，将递增的初值调整至 0。

我们在 main.c 文件中编写呼吸灯程序。呼吸灯的程序如下：

1	...
2	int main(void)
3	{

4	uint8_t PWMDir–1, //PWM 运行方向 1:增
5	uint16_t ComVal=0; //PWM 比较值
6	…
7	HAL_TIM_PWM_Start(&htim4,TIM_CHANNEL_3); //启动 TIM4 第 3 通道的 PWM
8	while(1)
9	{
10	if(PWMDir)
11	{
12	__HAL_TIM_SET_COMPARE(&htim4 ,TIM_CHANNEL_3 ,ComVal);
13	ComVal++;
14	if(ComVal>99) //判断比较值是否超过上界 99
15	{
16	ComVal=99;
17	PWMDir=0;
18	}
19	}
20	else
21	{
22	__HAL_TIM_SET_COMPARE(&htim4 ,TIM_CHANNEL_3 ,ComVal);
23	ComVal--;
24	if(ComVal>99) //判断比较值是否超过下界 0
25	{
26	ComVal=0;
27	PWMDir=1;
28	}
29	}
30	HAL_Delay(10);
31	}
32	}
33	…

【说明】

第 24 行代码不能写成 if(ComVal<0)，其原因是，变量 ComVal 的类型为无符号的整型（见第 5 行定义），其值域为 0～65535，不可能出现小于 0 的情况。若 ComVal 的当前值为 0，ComVal 减 1 后，其值为 65535，即大于上限值 99，所以在第 24 行中我们可以用 if(ComVal>99)来判断 ComVal 递减时是否超过下限值 0。

在实际应用中，若变量 m 为无符号的变量，其值域为 0～N，m 递增时可用 if(m>N)判断 m 是否超过上界 N，m 递减时，也可用 if(m>N)判断 m 是否超过下界 0。

编写呼吸灯程序的实现方法和步骤如下。

第 1 步：在 main()函数的代码 1 区中定义变量 PWMDir 和 ComVal，如图 3-45 所示。

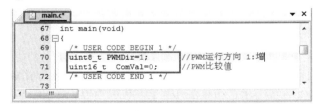

图 3-45　定义变量

第 2 步：在 main()函数的代码 2 区中添加启动 PWM 初始化代码，如图 3-46 所示。

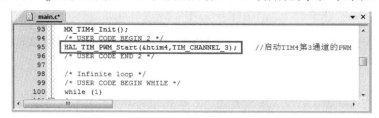

```
 93    MX_TIM4_Init();
 94    /* USER CODE BEGIN 2 */
 95    HAL_TIM_PWM_Start (&htim4,TIM_CHANNEL_3);        //启动TIM4第3通道的PWM
 96    /* USER CODE END 2 */
 97
 98    /* Infinite loop */
 99    /* USER CODE BEGIN WHILE */
100    while (1)
```

图 3-46　启动 PWM

第 3 步：在 main()函数的 while 代码区中添加 CPU 要反复执行的代码，如图 3-47 所示。这段代码的功能是，当 PWM 运行方向为增时，则每隔 10ms 将 PWM 的比较值加 1，直至增加到最大值 99，然后将 PWM 运行方向改为减，并从 99 开始每隔 10ms 将 PWM 的比较值减 1，直至减小到最小值 0，再将 PWM 运行方向改为增，如此反复。

```
100    while (1)
101    {
102      if(PWMdir)
103      {
104        __HAL_TIM_SET_COMPARE(&htim4 ,TIM_CHANNEL_3 ,ComVal );
105        ComVal++;
106        if(ComVal>99)//判断比较值是否超过上界99
107        {
108          ComVal=99;
109          PWMdir=0;
110        }
111      }
112      else
113      {
114        __HAL_TIM_SET_COMPARE(&htim4 ,TIM_CHANNEL_3 ,ComVal );
115        ComVal--;
116        if(ComVal>99)//判断比较值是否超过下界0
117        {
118          ComVal=0;
119          PWMdir=1;
120        }
121      }
122      HAL_Delay(10) ;  //延时10ms
123    /* USER CODE END WHILE */
124
125    /* USER CODE BEGIN 3 */
126    }
```

图 3-47　while 代码区中的代码

4．调试与下载程序

首先按照前面介绍的方法配置 Keil 工程，并对程序进行编译、调试，直至程序正确无误，然后将程序下载至开发板中运行，我们就可以看到开发板上的 LED9 由熄灭慢慢地变亮，然后慢慢地变暗，直至熄灭，如此反复。

实践总结与拓展

PWM 应用编程的步骤如下。

第 1 步：根据 PWM 信号的频率计算定时器的预分频系数 psc、重装载值 arr 等参数。

第 2 步：在 STM32CubeMX 中选择定时通道，并设置定时器的计数模式、计数周期，选择 PWM 的模式、通道极性等。

第 3 步：用 STM32CubeMX 生成 PWM 初始化代码。

第 4 步：在 main()函数的初始化部分启动 PWM，其实现函数为 HAL_TIM_PWM_Start()。

第 5 步：用__HAL_TIM_SET_COMPARE()宏或者__HAL_TIM_SetCompare()宏设置定时器的捕获/比较值。

习题 8

1. 某 PWM 信号的高电平持续时间为 2μs，低电平持续时间为 8μs，该 PWM 信号的周期为____，占空比为____，若高电平的电压为 5V，则 PWM 信号的平均电压为____。

2. 在 STM32 单片机中，哪些定时器具有 PWM 功能？

3. 简述 STM32 的 PWM 特点。

4. TIM3 的计数方式为向下计数，第 2 通道的 PWM 模式为模式 1，极性为低电平，当 TIM3_CNT<TIM3_CCR2 时，CH2 输出电平为____电平。

5. TIM2 的计数方式为向上计数，第 3 通道的 PWM 模式为模式 2，极性为高电平，请在图 3-48 中画出 PWM 信号的波形图

6. 若 TIM4 作 PWM 发生器，采用 PWM 方式控制 LED 的亮度，则 LED 可连接在 STM32 的哪些引脚上？

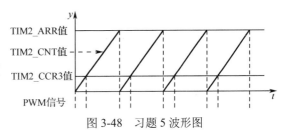

图 3-48　习题 5 波形图

7. 请根据下列要求编写程序：

（1）启动 TIM2 第 3 通道的 PWM 发生器。

（2）停止 TIM3 第 4 通道的 PWM 发生器。

（3）将 TIM4 第 3 通道的捕获/比较寄存器的值设成 10。

8. 简述 PWM 应用编程的方法。

9. 将 K1 接在 STM32 的 PC13 上，LED 接在 PB8 上，LED 的亮度由熄灭到最亮分为 10 级，用 K1 调节 LED 的亮度，每按 1 次 K1，LED 的亮度就增加一个等级，当 LED 变为最亮后，再接 K1，LED 熄灭。请完成下列任务：

（1）K1 采用中断方式控制，请在 STM32CubeMX 中完成相关配置，将工程命名为 Task8_ex9，并保存至"D:\练习"文件夹中。将 PC13 的引脚配置、NVIC 配置、PWM 的配置截图，并保存到"学号_姓名_Task8_ex9.doc"文件中，题注分别为"GPIO 口配置"、"NVIC 配置"和"PWM 配置"，再将此文件保存至文件夹"D:\练习"中。

（2）编写实现任务要求的程序，将程序代码截图并存放在"学号_姓名_Task8_ex9.doc"文件中，题注为"按键调节 LED 的亮度"。

（3）打开 Task8_ex9 的 Keil 工程所在的文件夹，将该文件夹完整的窗口截图后保存到"学号_姓名_Task8_ex9.doc"文件中，题注为"Keil 工程"。

（4）编译连接程序，将输出窗口截图保存至"学号_姓名_Task8_ex9.doc"文件中，题注为"编译连接程序"。

（5）用串口下载程序，将 Keil 中下载程序的结果截图并保存至"学号_姓名_Task8_ex9.doc"文件中，题注为"程序下载"。

习题解答　　　　习题解答

扫一扫下载习题工程　扫一扫查看习题答案

项目 4

串口通信的应用设计

学习目标

【德育目标】
- 培养爱国、敬业、诚信、友善的社会主义核心价值观
- 培养积极进取的人生态度
- 培养良好心态和敬业精神
- 培养精益求精的工匠精神

【知识技能目标】
- 掌握串行通信的基本知识
- 了解串口的结构
- 掌握串行通信的常用函数和 C 语言中常用的串操作函数
- 熟悉串行通信电路，能搭建串行通信电路
- 会配置串行通信参数，能用 STM32CubeMX 生成串口初始化程序
- 掌握串口的编程方法，会编写串行通信程序
- 会应用串口空闲中断接收处理串行通信数据

任务 9　用串口与计算机交换数据

课件

扫一扫下载课件

任务要求

　　将 STM32 的串口 1 作异步通信口，与计算机进行串行通信，计算机中用串口调试助手向 STM32 发送数据，STM32 接收到数据后再将此数据用串口 1 发送至计算机中显示。其中，串口的波特率 BR=115200bps，数据位 8 位，停止位 1 位。

知识储备

1. 串行通信的基本知识

（1）串行通信中的数据传输方式

串行通信的特点是，通信数据按数位的顺序一位一位地传输，每次只传输一位。串行通信中的数据传输方式有单工方式、半双工方式和全双工方式3种。这3种传输方式的示意图如图4-1所示，其特点如下。

单工方式：数据只能单向传输。

半双工方式：数据可以向两个方向传输，但每次只能向一个方向传递。

全双工方式：数据可以同时双向传输。单片机与单片机、单片机与其他计算机之间进行串行传输时一般采用全双工方式。

（2）串行通信中的通信方式

串行通信中有同步通信和异步通信2种通信方式。

① 同步通信。同步通信的示意图如图4-2所示。其特点是，由同一个时钟信号控制发送器与接收器的工作，数据传输时，发送器与接收器同步工作。同步传送时，字符与字符之间没有间隙，也不用起始位和停止位，仅在要传送的数据块开始传送前，用同步字符SYNC来指示。

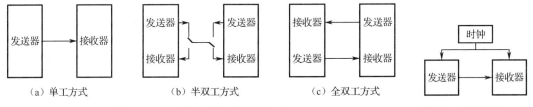

图4-1 串行通信的数据传输方式

（a）单工方式　　　（b）半双工方式　　　（c）全双工方式

图4-2 同步通信方式

② 异步通信。异步通信的示意图如图4-3所示。其特点是，发送器与接收器用各自的时钟控制，数据是一帧一帧地传送的，一帧数据的格式如图4-4所示。每一帧数据由起始位、数据位、奇偶校验位（简称检验位）和停止位4部分组成。最先传送的是起始位，起始为0。接着是若干位数据位，数据位传输的顺序是低位在先，高位在后。然后是奇偶校验位，奇偶校验位也可以看作是一位数据位。最后是停止位，停止位为1。不传输数据时，线路上始终保持高电平1。单片机与单片机、单片机与其他计算机之间一般采用异步方式进行串行通信。

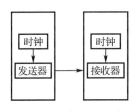

图4-3 异步通信方式

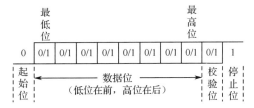

图4-4 异步通信的帧格式

（3）波特率BR

数据传输时，每秒传输多少位二进制位叫波特率。波特率的单位是位/秒或者bps，它表示数据传输的快慢。

在异步通信中，发送端与接收端的波特率误差一般要控制在 3.5%以内，否则将会出现接收错位的现象。

2．STM32F103 中通用串行口的结构

STM32F103 单片机集成了 USART1～USART3、UART4、UART5 共 5 个通用的串行口。其中，USART1～USART3 为通用的同步异步收发器，既可作同步收发器，也可作异步收发器，UART4、UART5 为通用的异步发收器，不能作同步收发器。在这 5 个通用的串行口中，USART1 挂载在高速总线 APB2 上，其他 4 个挂载在 APB1 上，它们作异步收发器时的功能、结构、用法相同，在实际应用中通用串口主要是作异步发收器使用。STM32F103 的通用串行口的结构如图 4-5 所示。

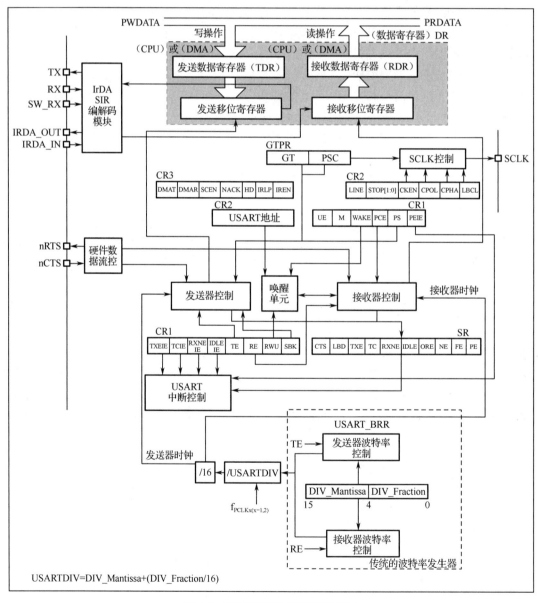

图 4-5　STM32F103 的通用串行口

从图 4-5 可以看出，STM32 的通用串口主要由外部引脚、数据接收与发送、波特率控制器、控制状态寄存器以及收发控制等几部分组成。其中，控制状态寄存器和收发控制部分位于图 4-5 的中间部分，其主要功能是，控制数据的接收与发送，并指示接收与发送的状态。这一部分比较复杂，但基于 STM32CubeMX 的开发者只需了解这一部分的大致功能就可以了，不必深究各寄存器的内容及控制过程。

（1）外部引脚

通用串口的引脚主要有 TX、RX、SW_RX、nRTS、nCTS、SCLK 等 6 个引脚，它们的功能如下。

TX：发送数据输出引脚。

RX：接收数据输入引脚。

SW_RX：数据接收引脚。该引脚只用于单线和智能卡模式，属于内部引脚，没有具体外部引脚。

nRTS：请求发送脚（Request To Send），n 表示低电平有效。如果使能了 RTS 流控制，当 USART 接收器准备好接收新数据时就会将 nRTS 变成低电平；当接收寄存器已满时，nRTS 将被设置为高电平。该引脚只适用于硬件流控制。

nCTS：清除发送脚（Clear To Send），n 表示低电平有效。如果使能了 CTS 流控制，发送器在发送下一帧数据之前会检测 nCTS 引脚，如果为低电平，则表示可以发送数据；如果为高电平则在发送完当前数据帧之后停止发送。该引脚只适用于硬件流控制。

SCLK：发送器时钟输出引脚。这个引脚仅适用于同步模式。

（2）数据接收与发送

数据接收与发送部分位于图 4-5 的上部，由接收移位寄存器、接收数据寄存器（RDR）、发送数据寄存器（TDR）、发送移位寄存器等几部分组成。

串口接收数据时，外部数据从 RX 引脚输入接收移位寄存器，在时钟的作用下，接收移位寄存器将输入的串行数据转换成并行数据，并输出至接收数据寄存器 RDR 中，CPU 或 DMA 从接收数据寄存器 RDR 读取串口所接收到的数据。

串口发送数据时，CPU 或者 DMA 将数据写入发送数据寄存器 TDR 中，发送控制部分控制发送移位寄存器将发送数据寄存器 TDR 输出的数据逐位移出，并从 TX 引脚输出。

（3）波特率控制器

这一部分位于图 4-5 的下部，主要由发送器波特率控制、接收器波特率控制、波特率寄存器 BRR 等几部分组成。波特率控制器的主要功能是，对串口的时钟源进行分频，生成用户所需的串口波特率，其中发送器与接收器的波特率相同。

3. 通用串行口的引脚

在 STM32 中，每个 USART 对外主要有 5 个引脚，分别为 TX、RX、SCLK、nCTS、nRTS。每个 UART 对外主要有 2 个引脚，分别为 TX、RX。在不同的串口中，这些引脚在不同的 GPIO 引脚上。STM32F103 各串口的引脚分布如表 4-1 所示。

表 4-1 STM32F103 各串口的引脚分布

引　脚	USART1	USART2	USART3	UART4	UART5
TX	PA9/PB6	PA2/PD5	PB10/PD8/PC10	PA0/PC10	PC12

续表

引　脚	USART1	USART2	USART3	UART4	UART5
RX	PA10/PB7	PA3/PD6	PB11/PD9/PC11	PA1/PC11	PD2
SCLK	PA8	PA4/PD7	PB12/PD10/PC12	-	-
nCTS	PA11	PA0/PD3	PB13/PD11	-	-
nRTS	PA12	PA1/PD4	PB14/PD12	-	-

4．双机通信电路

双机通信包括单片机与单片机之间的通信、单片机与其他计算机（如 PC）之间的通信。常用的双机通信电路有 TTL 电平的双机通信电路、RS-232C 规范的双机通信电路和 USB 接口的双机通信电路等几种。

（1）TTL 电平的双机通信电路

TTL 电平的双机通信电路是一种基本的串行通信电路。其特点是，单片机的串口不做电平转换，通信线路上传输信号的电平为单片机串口输出的 TTL 电平，通信传输距离最多不超过 1.5m。当两个单片机应用系统相距很近时常用这种通信电路，TTL 电平的双机通信电路如图 4-6 所示。

这种电路的连接方法是，收发双方的 TX、RX 引脚交叉连接，再将它们的 GND 引脚相接。

（2）RS-232C 规范的双机通信电路

RS-232C 是美国电子工业协会（EIA）公布的一种串行异步通信的总线标准，目前许多设备上的串口都采用这种标准与其他设备进行串行通信，例如计算机、PLC 等设备的串口就是采用 RS-232C 规范与其他设备进行串行通信的。RS-232C 规范的主要特点是，串行通信的距离可达到 15m，通信线上的电压为负逻辑关系，–5～–15V 为逻辑"1"，+5～+15V 为逻辑"0"，设备的串口一般用 DB-9 型连接器与外部通信线相接，其中 DB-9 型连接器的引脚排列如图 4-7 所示，各引脚的定义如表 4-2 所示。

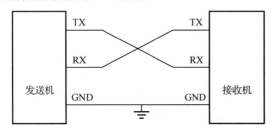

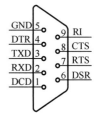

图 4-6　TTL 电平的双机通信连接电路　　　图 4-7　DB-9 型连接器的引脚排列

表 4-2　DB-9 型连接器的引脚定义

引　脚	电气符号	传输方向	功　能
1	DCD	输入	载波检测
2	RXD	输入	接收数据
3	TXD	输出	发送数据
4	DTR	输出	数据终端准备好

续表

引　　脚	电气符号	传　输　方　向	功　　能
5	GND		信号地线
6	DSR	输入	数据设备准备好
7	RTS	输出	请求发送
8	CTS	输入	清除发送
9	RI	输入	振铃指示

当两设备之间采用 RS-232C 规范进行简单的串行通信时，一般只需使用 DB-9 型连接器上的②脚（接收数据 RXD）、③脚（发送数据 TXD）和⑤脚（信号地 GND）这 3 个引脚，串行通信的连接电路如图 4-8 所示。

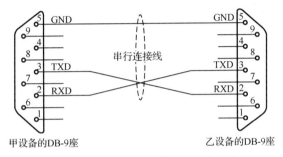

图 4-8　RS-232C 规范的串行通信电路

单片机串行口的输入、输出电平为 TTL 电平，并不是 RS-232C 规范的电平，当单片机与 RS-232 规范的串口进行串行通信时，需要将单片机的串口对外也设计成 RS-232 规范的串口。其方法是，在单片机的串口与串行连接线之间增加一个 TTL 电平与 RS-232C 电平的转换电路，其电路图如图 4-9 所示。其中，MAX232 是专用的 TTL 电平与 RS-232C 电平转换芯片，它内部逻辑图如图 4-10 所示。

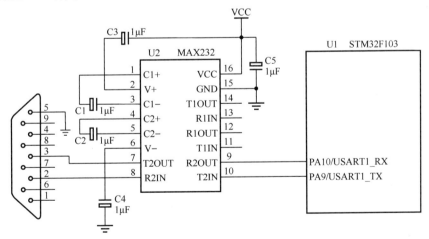

图 4-9　RS-232C 规范的串口

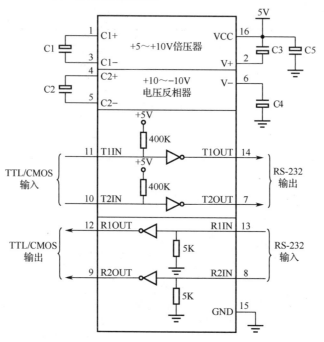

图 4-10　MAX232 内部逻辑图

图 4-10 中，上半部分为电源电压变换器，其作用是将输入的+5V 电源电压变换成 RS-232 输出电平所需的±10V 电压，C1、C2、C3、C4 是电源变换电路的外接电容，常选用 0.1～1.0μF 的钽电容。C5 为电源去耦电容，用来消除电源噪声影响，常选用 0.1μF 的电容。图中下半部分为发送和接收部分，T1IN 和 T2IN 接单片机的串行发送端 TXD，R1OUT 和 R2OUT 接单片机的接收端 RXD；T1OUT 和 T2OUT 接 RS-232 串口的接收端 RXD（2 脚），R1IN 和 R2IN 接 RS-232 串口的发送端 TXD（3 脚）。

（3）USB 接口的双机通信电路

USB 是 Universal Serial Bus 的缩写，是英特尔、康柏、IBM、Microsoft 等公司为了统一外设接口、方便用户使用而提出来的"通用的串行总线"。USB 口是目前计算机中标准的外设扩展口。它用一个 4 针的插头作为标准的插头，常用的 USB 连接器如图 4-11 所示，其引脚分布如图 4-12 所示，各引脚的定义如表 4-3 所示。

图 4-11　常用的 USB 连接器

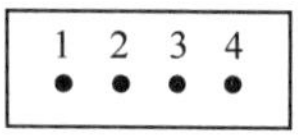

图 4-12　USB 连接器的引脚

表 4-3　USB 连接器的引脚功能

引　　脚	电 气 符 号	功　　能
1	VCC	+5V 电源
2	D-	数据-
3	D+	数据+
4	GND	电源地

　　STM32 的通用串行口不能直接挂接在计算机的 USB 口上与计算机进行串行通信。STM32 与计算机的 USB 口进行串行通信的一般方法是，先用 USB 线与计算机的 USB 口相接，USB 线的另一端接 CH340 等 USB 转串口芯片，将计算机的 USB 口转换成 TTL 电平的串口，然后按 TTL 电平的双机通信电路连接 CH340 与单片机的串口。单片机与计算机的 USB 口进行串行通信的连接电路如图 4-13 所示。

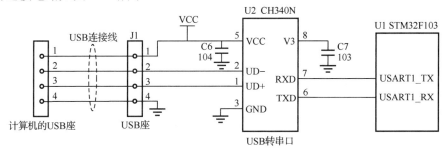

图 4-13　单片机与计算机的 USB 口进行串行通信的连接电路

　　图 4-13 中，CH340N 是南京沁恒电子有限公司生产的 USB 口转串口芯片，其引脚分布如图 4-14 所示，各引脚的功能如表 4-4 所示。

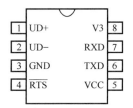

图 4-14　CH340N 引脚分布图

资源下载

扫一扫查看
CH340N 数据手册

表 4-4　CH340N 引脚功能

引 脚 号	符　号	类 型	功　　能
1	UD+	USB 信号	USB 信号引脚，直接接 USB 总线的 D+数据线
2	UD-	USB 信号	USB 信号引脚，直接接 USB 总线的 D-数据线
3	GND	电源	电源地，直接与 USB 总线的地相接
4	$\overline{RTS}$	输出	MODEM 联络输出信号，请求发送，低电平有效
5	VCC	电源	正电源端，需外接 0.1μF 的退耦电容
6	TXD	输出	串行数据输出端
7	RXD	输入	串行数据输入端
8	V3	电源	VCC 接 5V 电源时此引脚外接 0.01μF 的退耦电容

采用 CH340 将 USB 口转换成串口的电路非常简单，仅需使用 CH340 的 UD-、UD+、RXD、TXD、VCC、GND、V3 共 7 个引脚。其中，VCC、GND 引脚为 CH340 提供电源，当供电电压为 5V 时，V3 对地接一个 0.01μF 的退耦电容。UD+、UD-分别与 USB 口的 UD+、UD-相接，RXD、TXD 分别为转换后的串行接收引脚和发送引脚，分别与其他串行通信设备的 TXD 引脚和 RXD 引脚相接。

5．HAL 库中串行通信的常用函数

（1）HAL_UART_Transmit()函数

HAL_UART_Transmit()函数的用法说明如表 4-5 所示。

表 4-5　HAL_UART_Transmit()函数的用法说明

原型	HAL_StatusTypeDef HAL_UART_Transmit(UART_HandleTypeDef *huart, uint8_t *pData, uint16_t Size, uint32_t Timeout);
功能	用查询方式将指定缓冲区中若干数据发送出去
参数 1	huart：串口句柄，取值为 huartx，x 为串口的编号，取值为 1～5
参数 2	pData：发送数据缓冲区的地址
参数 3	Size：发送数据的长度
参数 4	Timeout：最长的发送时间，单位为 ms
返回值	HAL 状态
说明	该函数是一个阻塞函数，在执行该函数期间，STM32 不能做其他工作，如果在指定时间内 STM32 没有发送完指定的数据，则函数返回超时标志（HAL_TIMEOUT），数据发送结束，如果数据发送实际用时小于指定的时间，则函数提前结束

例如，用 USART1 将 aRxBuf[]中的 1 字节数据发送出去，其程序如下：

HAL_UART_Transmit(&huart1,aRxBuf,1,0xff);

【说明】

在 HAL 库中还有 2 个串口发送数据函数 HAL_UART_Transmit_IT ()函数、HAL_UART_Transmit_DMA ()函数，它们的功能分别是以中断方式发送数据、以 DMA 方式发送数据，它们的定义位于 stm32f1xx_hal_uart.c 文件中。

在串行通信中，一般使用 HAL_UART_Transmit()发送数据。

（2）HAL_UART_Receive()函数

HAL_UART_Receive()函数的用法说明如表 4-6 所示。

表 4-6　HAL_UART_Receive()函数的用法说明

原型	HAL_StatusTypeDef HAL_UART_Receive(UART_HandleTypeDef *huart, uint8_t *pData, uint16_t Size, uint32_t Timeout);
功能	用查询方式接收若干数据并存放至指定的缓冲区中
参数 1	huart：串口句柄，取值为 huartx，x 为串口的编号，取值为 1～5
参数 2	pData：数据接收缓冲区的地址
参数 3	Size：接收数据的长度

参数 4	Timeout：查询等待的最长时间，单位为 ms
返回值	HAL 状态
说明	该函数是一个阻塞函数，在执行该函数期间，STM32 不能做其他工作，如果在指定时间内 STM32 没有完成指定数据的接收，则函数返回超时标志（HAL_TIMEOUT），数据接收结束

例如，USART2 用查询方式在 100ms 内接收 20 字节数据，并存入无符号字符型数组 rBuf[] 中，其程序如下：

HAL_UART_Receive(&huart2, rBuf, 20, 100);

【说明】

在串行通信中，由于 STM32 并不知道外部何时有输入数据到达，如果采用查询方式接收数据，其效率非常低下，故串行接收数据一般采用中断方式或者 DMA 方式。在实际应用中，很少使用 HAL_UART_Receive() 函数接收数据。

（3）HAL_UART_Receive_IT() 函数

HAL_UART_Receive_IT() 函数的用法说明如表 4-7 所示。

表 4-7　HAL_UART_Receive_IT() 函数的用法说明

原型	HAL_StatusTypeDef HAL_UART_Receive_IT(UART_HandleTypeDef *huart, uint8_t *pData, uint16_t Size);
功能	指定串口接收缓冲区、接收数据的长度，并使能串口接收中断
参数 1	huart：串口句柄，取值为 huartx，x 为串口的编号，取值为 1～5
参数 2	pData：数据接收缓冲区的地址
参数 3	Size：接收数据的长度
返回值	HAL 状态
说明	该函数并不实现数据接收，仅仅只是对串口接收中断进行初始化

例如，若 USART1 需用中断方式接收 1 字节数据，并将接收的数据存入无符号字符型数组 aRxBuf[] 中，初始化程序如下：

HAL_UART_Receive_IT(&huart1,aRxBuf,1);

【说明】

在 HAL 库中还有 1 个类似的接收初始化函数，该函数是 HAL_UART_Receive_DMA () 函数，它们的功能是以 DMA 方式接收数据初始化，其用法与 HAL_UART_Receive_IT() 函数相似，其定义位于 stm32f1xx_hal_uart.c 文件中。

（4）HAL_UART_RxCpltCallback() 函数

HAL_UART_RxCpltCallback() 函数的用法说明如表 4-8 所示。

表 4-8　HAL_UART_RxCpltCallback() 函数的用法说明

原型	__weak void HAL_UART_RxCpltCallback(UART_HandleTypeDef *huart);
功能	串口接收中断的回调函数。 若使能了串行接收中断，则串口接收完 HAL_UART_Receive_IT 函数中指定个数的数据后，STM32 就会执行此函数。 该函数的定义位于 stm32f1xx_hal_uart.c 文件中

参数	huart: 串口句柄，取值为 huartx，x 为串口的编号，取值为 1~5
返回值	无

在 HAL 中，HAL_UART_RxCpltCallback()函数为弱函数，内部无操作，需用户重新定义。重定义的内容为串口接收到数据后 STM32 所要处理的工作，重定义函数的框架结构如下：

```
1   void  HAL_UART_RxCpltCallback(UART_HandleTypeDef *huart)
2   {
3       if(huart==&huartx)          //判断是否为串口 x 接收到数据
4       {
5           /*串口 x 接收到数据的处理*/
6           HAL_UART_Receive_IT(&huartx,pBuf ,n);  /*重新定义串口接收缓冲区、接收数据的个数，
    并再次使能接收中断*/
7       }
8   }
```

用 HAL 库函数编程时，STM32 进入串口接收中断服务函数中后会关闭串口接收中断，所以，在用户自定义的串口接收中断的回调函数中，必须在函数的最后用 HAL_UART_Receive_IT()函数重新使能串口接收中断（详见框架结构中的第 7 行代码），否则串口接收中断服务函数执行后，串口将不能用中断方式接收数据。

例如，USART1 采用中断方式接收数据，每次接收 1 字节数据，并存入数组 aRxBuf[]中，再将该数据发送至计算机中，则用户重定义的串口接收中断的回调函数如下：

```
void  HAL_UART_RxCpltCallback(UART_HandleTypeDef *huart)
{
    if(huart==&huart1)          /*判断是否为 USART1 接收到数据*/
    {
        HAL_UART_Transmit(&huart1,aRxBuf ,1,0xff);/*发送所接收到的数据*/
        HAL_UART_Receive_IT(&huart1,aRxBuf ,1);/*使能 USART1 的接收中断，指定接收缓冲区为
aRxBuf[]，每次接收 1 字节数据*/
    }
}
```

【说明】

重定义串口接收中断回调函数时，要求重定义的函数名、形参的类型、返回值的类型必须与原定义函数保持一致。

实现方法与步骤

1. 搭建电路

实现本任务的硬件电路如图 4-15 所示。

任务程序

扫一扫下载任务 9
的工程文件

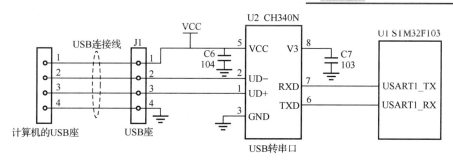

图 4-15 串行通信电路

学习视频

扫一扫观看配置
通用串口 1 视频

2. 生成串口 1 的初始化代码

步骤如下：

（1）首先启动 STM32CubeMX，然后新建 STM32CubeMX 工程，配置 SYS、RCC，其中，Debug 模式选择"Serial Wire"，HSE 选择外部晶振。

（2）配置通用串口 1（USART1）。

第 1 步：在窗口中单击"Pinout & Configuration"标签，在窗口左边的小窗口中单击"Categories"标签，在配置列表中选择"Connectivity"->"USART1"列表项，窗口的中间会显示如图 4-16 所示的串口配置窗口。

第 2 步：在 USART1 的配置窗口中单击 Mode 下拉列表框，从中选择"Asynchronous"（异步通信）列表项，Configuration 栏中会出现串行通信的一列参数设置项，包括串口的基本参数、相关引脚的配置、中断方式配置、DMA 方式配置等，如图 4-17 所示。

第 3 步：单击 Configuration 栏中的"Parameter Settings"标签，在窗口下面的列表项中将波特率设置成 115200bps（Bits/s），数位长度设为 8 位，无校验，1 位停止位，高级参数采用默认值，如图 4-17 所示。

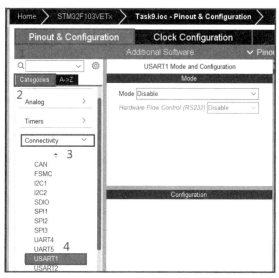

图 4-16 USART1 的配置窗口

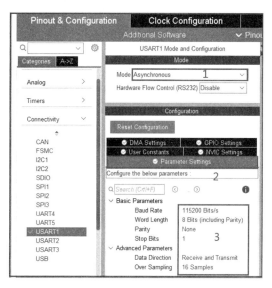

图 4-17 配置串口参数

第 4 步：开启串行接收中断。

① 在中间窗口中单击 Configuration 栏中的"NVIC Settings"标签，勾选"USART1 global interrupt"后面的复选框，如图 4-18 所示。

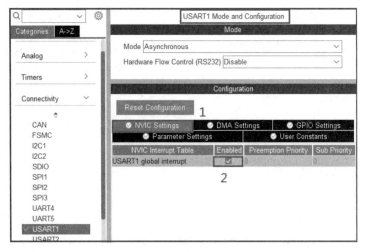

图 4-18　使能串行中断

② 在左边的窗口中单击"NVIC"列表项，在中间窗口的"NVIC"选项卡中选择"USART1 global interrupt"列表项，在"Preemption Priority"下拉列表框中为 USART1 设置中断的主优先级，在"Sub Priority"下拉列表框中为 USART1 设置中断的子优先级，如图 4-19 所示。

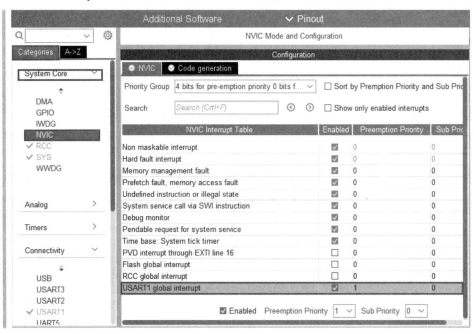

图 4-19　设置 USART1 的中断优先级

（3）配置时钟，结果如图 4-20 所示。

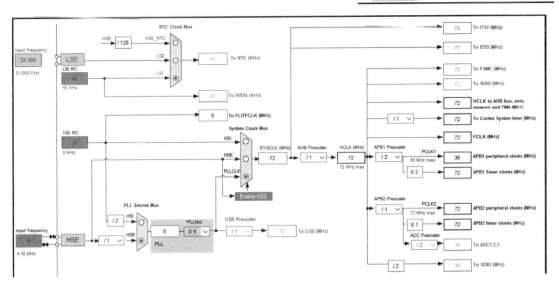

图 4-20　时钟配置

（4）配置工程。将工程名设置成 Task9，并设置保存工程的位置、所用的 IDE 以及代码生成器的相关选项，如图 4-21 所示。

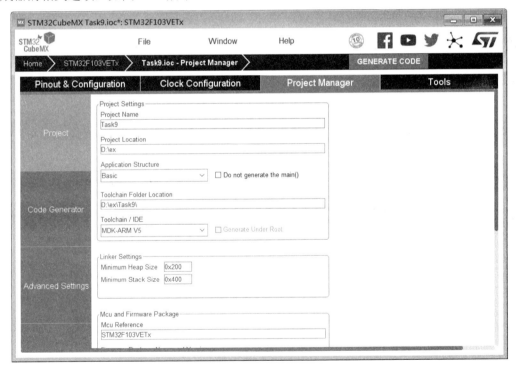

图 4-21　配置工程

（5）保存工程，生成 Keil 工程代码。

3．编写串行通信程序

实现步骤如下。

第 1 步：在 main.c 文件的"USER CODE BEGIN PV"处定义用户全局变量 aRxBuf，该

变量用来保存串口所接收到的数据，如图 4-22 所示。图中我们定义的是 1 个元素的数组，其目的是方便后面的指针使用。

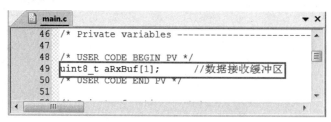

图 4-22　添加用户全局变量

第 2 步：在 main.c 文件的 USER CODE BEGIN 2 与 USER CODE END 2 之间（main()函数的初始化部分）添加串口接收中断初始化代码，如图 4-23 所示。

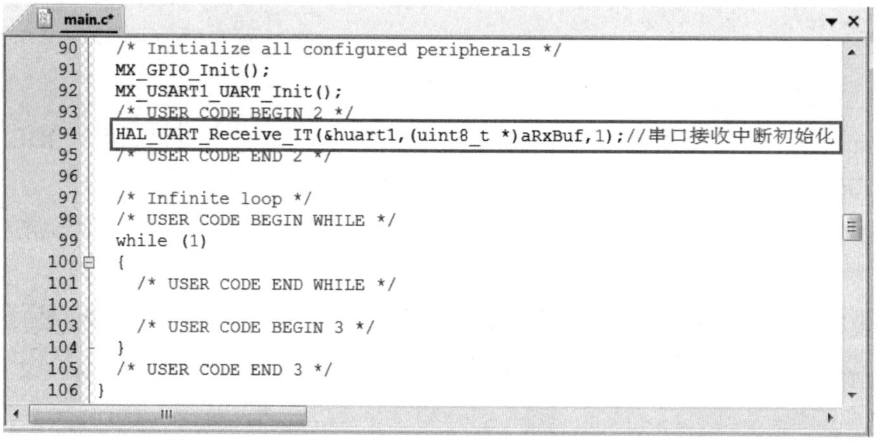

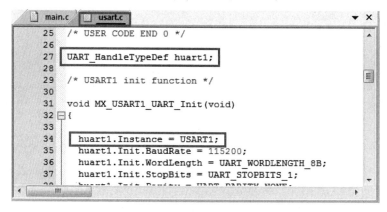

图 4-23　添加初始化代码

【说明】

图 4-23 中的 huart1 是用 STM32CubeMX 生成 Keil 工程时系统自动定义的全局变量，它代表串口 USART1，其定义位于 usart.c 文件中，如图 4-24 所示。

图 4-24　全局变量 huart1

在 main()函数的初始化部分，系统会调用 MX_USART1_UART_Init()函数（详见图 4-23 中第 92 行代码），将 huart1 设置成 USART1，其代码如图 4-24 所示。所以，在程序中我们可以通过引用变量 huart1 来访问串口 USART1。

基于 STM32CubeMX 编程时，我们在 STM32CubeMX 中使能了串口 i（i=1～5），STM32CubeMX 生成 Keil 工程时会自动地定义全局变量 huarti（i=1～5），在程序中我们可以通过引用全局变量 huarti 来访问串口 i。

第 3 步：在 main.c 文件的 USER CODE BEGIN 4 与 USER CODE END 4 之间（用户自定义函数区）重新定义串口接收回调函数，如图 4-25 所示。

```
main.c                                                              ▼ ×
145   /* USER CODE BEGIN 4 */
146  ┌/*****************************************************
147   │            重新定义串口接收中断回调函数
148   └*****************************************************/
149   void  HAL_UART_RxCpltCallback(UART_HandleTypeDef *huart)
150  ┌{
151   │  if(huart==&huart1)
152  ┌  {
153   │    HAL_UART_Transmit(&huart1,aRxBuf,1,0xff);
154   │    HAL_UART_Receive_IT(&huart1,aRxBuf,1);//使能串口1的接收中断，并指定接收缓冲区和接收长度
155   └  }
156   }
157   /* USER CODE END 4 */
```

图 4-25 重定义串口接收回调函数

第 4 步：配置 Keil 工程，并对程序进行编译、调试。

4．调试与下载程序

任务 9 中调试与下载程的步骤如下。

第 1 步：用 10P 排线连接开发板与仿真器，将仿真器插入计算机的 USB 口。

第 2 步：用一根 USB 线将开发板上的 USB 口与计算机的 USB 口相接。

第 3 步：按下电源开关 SW1，给开发板上电。

第 4 步：按照任务 1 中所介绍的方法查看 USB 转换串口所映射的串口号，如图 4-26 所示。

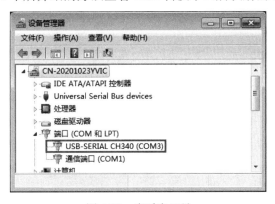

图 4-26 查看串口号

第 5 步：打开串口调试助手软件，在串口号下拉列表框中选择 USB 口所映射的串口号 COM3，将波特率设置为 115200，数据位设置成 8 位，停止位设为 1 位，校验位设为 None，流控制设为 None，如图 4-27 所示。

嵌入式技术及应用（STM32CubeMX 版）

图 4-27　串行通信参数

【说明】

图 4-27 中的计算机串口的通信参数是根据图 4-17 所示的 STM32 串口 1 的通信参数设置的。STM32 进行串行通信时与人们的日常交往一样，必须遵守约定，通信双方的波特率、帧格式等参数必须完全相同，否则通信就会失败。在图 4-17 所示的串口配置中，我们已将 STM32 的串口 1 配置成波特率为 115200bps、数据位为 8 位、停止位为 1 位、无校验位、不采用流控制，所以在串口调试助手中，我们应该把计算机的串口设置成图 4-27 所示的参数。

第 6 步：在 Keil 中单击 🔍 按钮，将程序下载至开发板上，并全速运行程序。

第 7 步：在串口调试助手的"字符输入框"中输入所要发送的字符串"STM32"，再单击"发送"按钮，计算机就会以 115200bps 的波特率将字符串"STM32"发送至 STM32 中，STM32 接收到计算机发来的数据后就会将所接收到的数据再发送到计算机中，并在串口调试助手的接收框中显示。本任务中串口调试助手中显示的接收的数据如图 4-27 所示。

 程序分析

串口接收中断分析

STM32F103xe 的中断向量表的定义位于 Application 组的 startup_stm32f103xe.s 文件中，其中，USART1 的中断向量定义如图 4-28 所示。

图 4-28　USART1 的中断向量定义

从图 4-28 中可看出，USART1 发生串行中断后就会执行 USART1_IRQHandler()函数。用 Go To Definition of 命令可以查看到该函数的定义如图 4-29 所示。

— 140 —

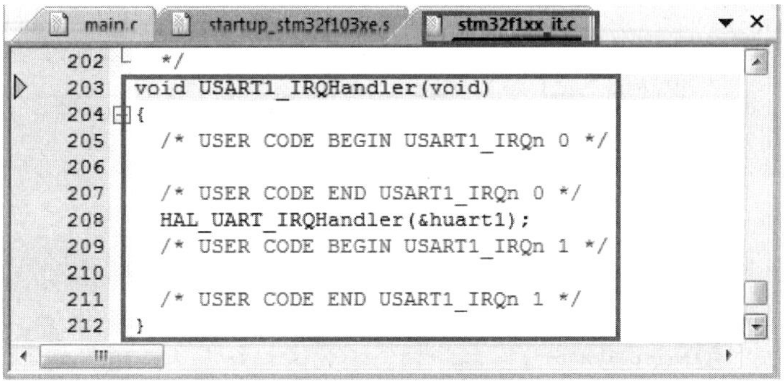

图 4-29　USART1_IRQHandler()函数的定义

从图 4-29 可以看出，USART1_IRQHandler()函数内只调用了 HAL_UART_IRQHandler()函数，用 Go To Definition of 命令查看该函数的定义，其定义如图 4-30 所示。

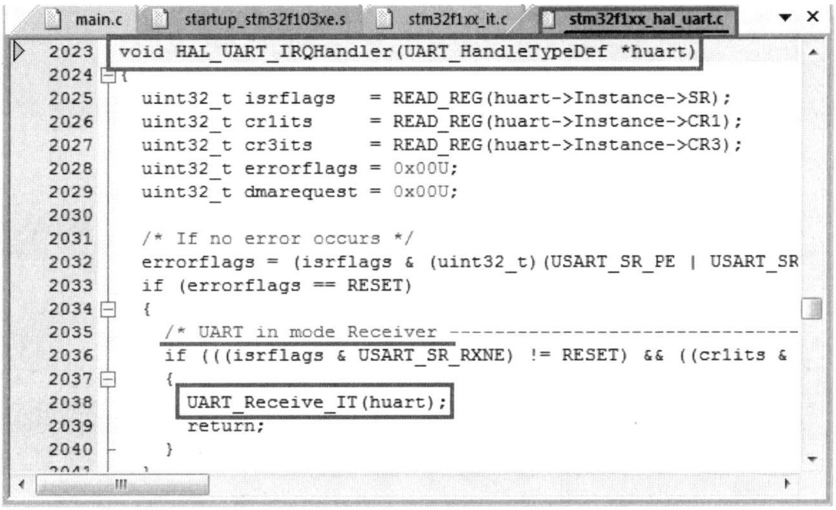

图 4-30　HAL_UART_IRQHandler()函数的定义

从图 4-30 可以看出，当串口发生接收中断时 STM32 会执行第 2038 行的"UART_Receive_IT(huart);"语句。用 Go To Definition of 命令查看该函数的定义，其定义位于 stm32f1xx_hal_uart.c 文件中，如图 4-31 所示。

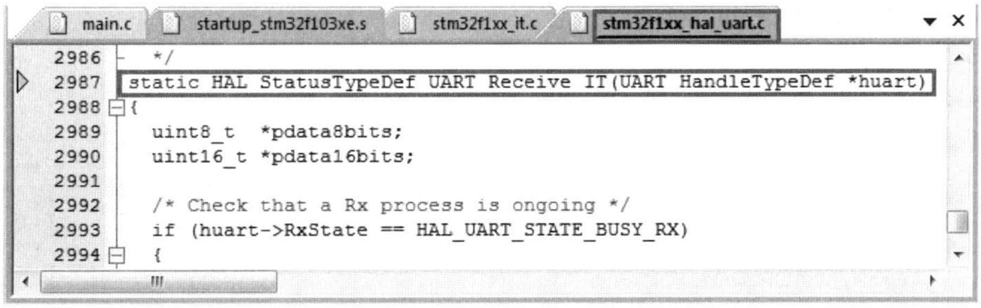

图 4-31　UART_Receive_IT()函数的定义

当串口接收完指定个数的数据（RxXferCount=0）时，STM32 所执行的代码如图 4-32 所示。

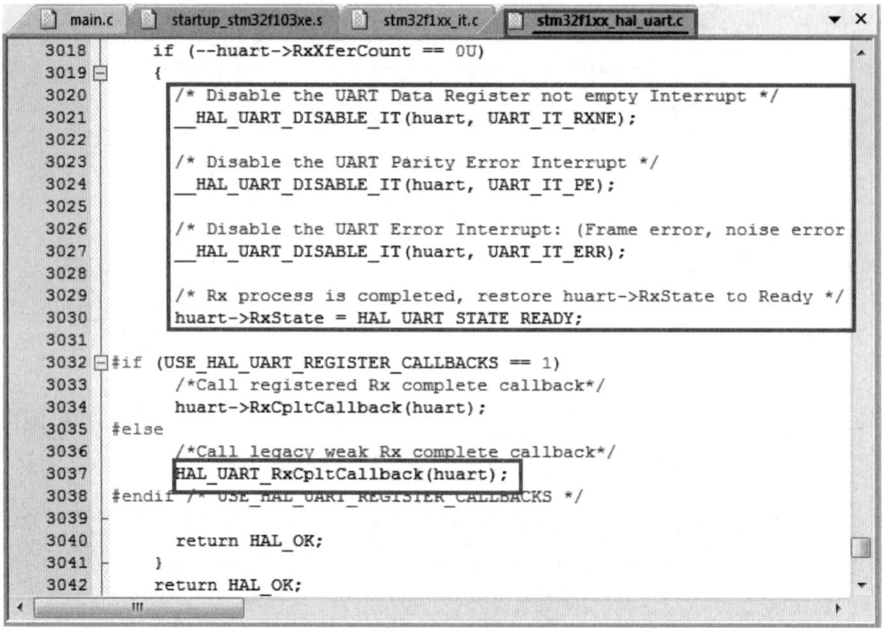

图 4-32　串口接收到指定个数数据时的代码

　　在图 4-32 中，用 Go To Definition of 命令查看 USE_HAL_UART_REGISTER_CALLBACKS（位于第 3032 行）的定义，其定义位于 stm32f1xx_hal_conf.h 文件中，它是一个宏，代表数值 0，如图 4-33 所示。

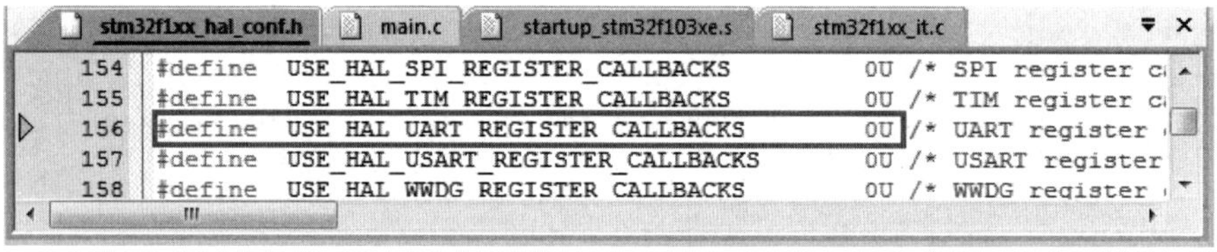

图 4-33　USE_HAL_UART_REGISTER_CALLBACKS 的定义

　　所以，在图 4-32 所示的代码中，STM32 执行的是第 3021～3030 行、第 3037、3040 行代码。串口接收到指定个数的数据后（RxXferCount=0），STM32 将禁止串口接收中断（第 3021 行代码），禁止串口校验出错中断，禁止串口帧错误、溢出错误中断，最后调用接收中断回调函数 HAL_UART_RxCpltCallback()。

　　在 HAL 中，HAL_UART_RxCpltCallback() 函数是一个弱函数，该函数无任何实质性操作，其定义如图 4-34 所示。

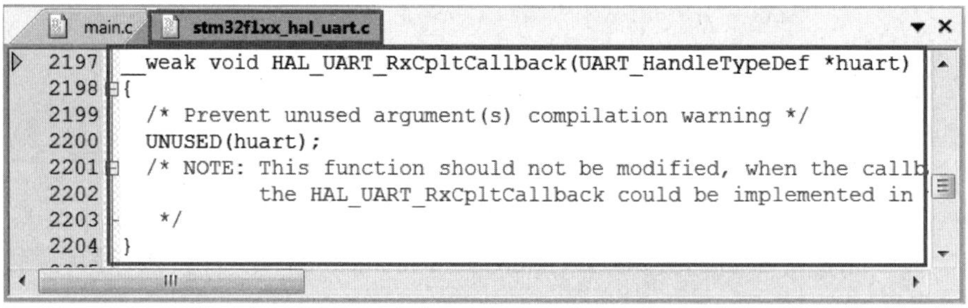

图 4-34　HAL 中的 HAL_UART_RxCpltCallback() 函数

因此，如果用户重新定义了接收中断回调函数 HAL_UART_RxCpltCallback()，则串口接收完指定个数的数据后 STM32 就执行该函数。

综上分析，我们可以看出：

（1）在程序中若用 HAL_UART_Receive_IT()函数使能了串口接收中断，则串口接收到数据后，STM32 在串口中断服务程序中就会用 UART_Receive_IT()函数处理接收数据。

（2）当接收数据的个数没达到指定个数时，UART_Receive_IT()函数只将当前所接收到的数据存入用户指定的区域中，并不关闭串口接收中断，也不会执行串口接收中断回调函数。

（3）串口接收到指定个数的数据后，UART_Receive_IT()函数会先关闭串口接收中断，然后调用串口接收中断回调函数进行接收数据处理。

（4）如果需要再次接收数据，就需要在串口接收中断回调函数中用 HAL_UART_Receive_IT()函数再次使能串口接收中断。

（5）回调函数 HAL_UART_RxCpltCallback()是串口接收中断服务程序中最后执行的部分。在这里一般放用户对串口所接收到的数据进行处理的代码。

实践总结与拓展

用 printf()函数格式化串口输出

printf()函数是 C 语言中常用的数据输出函数，其含义是向标准的输出设备格式化输出数据，其中标准的输出设备可以是显示器，也可以是某个串口等，默认状态下为显示器。所以在 C 语言中我们用 printf()函数输出一个数据时，显示器上就会显示所输出的数据。

如果将标准的输出设备指定为某个串口，我们就可以用 printf()函数格式化串口输出。其方法是，重新定义 fputc()函数，将 fputc()函数所要输出的数据写入串口发送数据寄存器，即用串口输出 fputc()函数中所要输出的数据。以串口 1 为例，重新定义 fputc()函数如下：

```
int    fputc(int    ch,FILE *f)
{
    HAL_UART_Transmit(&huart1 ,(uint8_t *)&ch,1,0xff);
    return ch;
}
```

使用 printf()函数格式化串口输出时要注意以下几点：

（1）fputc()函数可在工程的任意文件中重新定义,通常情况下是在一个单独的用户文件（例如，在 serial.c 文件）中重新定义 fputc()函数。为了简化问题，本节中我们在 main.c 文件中重新定义了 fputc()函数。在下一个任务中我们再介绍在 serial.c 文件中重新定义 fputc()函数的方法。

（2）printf()函数的原型说明位于 stdio.h 中，程序文件中若要使用 printf()函数，则需在程序文件的开头处用“#include   "stdio.h"”指令包含头文件 stdio.h。

例如，某应用程序中需每隔 0.5s 用串口 1 输出一串字符，字符串的内容为“第 i 次串口输出!”，其中 i 为串口 1 输出的计数值，则应用程序的结构如下：

...	...
1	#include "stdio.h"
...	...
2	int main(void)

```
3    {
4       uint8_t  cnt=1;        //串口输出计数器
...     ...
5       while(1)
6       {
7          printf("第%d 次串口输出！\r\n",cnt++);
8          HAL_Delay(500);
9       }
10   }
...  ...
11   //重新定义 fputc()函数
12   int    fputc(int    ch,FILE *f)
13   {
14        HAL_UART_Transmit(&huart1 ,(uint8_t *)&ch,1,0xff);
15        return ch;
16   }
```

　　按照本任务中介绍的方法配置好串口，并在 main.c 文件的对应地方添加上述代码，程序运行的结果如图 4-35 所示。

图 4-35　用 printf()函数格式化串口输出

习题 9

　　1. 同步通信中，发送器与接收器由＿＿＿＿＿＿＿＿控制，它们同步工作。

　　2. 异步通信中，发送器与接收器由＿＿＿＿＿＿＿＿控制，它们的工作不同步。

　　3. 采用异步通信时，发送端与接收端的波特率的误差一般要控制在＿＿＿＿＿以内。

　　4. STM32F103集成了＿＿＿＿个通用的串行口,其中通用的同步异步收发器有＿＿＿＿个,通用的异步收发器有＿＿＿＿＿个。

　　4. 通用的同步异步收发器的符号为＿＿＿＿＿，通用的异步收发器的符号为＿＿＿＿＿。

　　5. STM32 的通用串行口中，＿＿＿＿＿挂载在 APB1 上，＿＿＿＿＿挂载在 APB2 上。

　　6. 画出 TTL 电平传输的双机通信电路图。

7. 画出 TTL 电平与 RS-232C 电平的转换电路。

8. 请根据下列要求编写程序

（1）串口 2 用查询方式发送数组 aRxBuffer[]中的 10 字节数据。

（2）串口 1 用查询方式接收 10 字节数据至数组 aRxBuffer[]中。

（3）使能串口 2 的接收中断，串口接收缓冲区为 aRxBuf[]，接收数据为 1 字节。

9. 请写出用户重定义的串口接收中断回调函数的框架结构。

10. 以串口 1 为例简述在 STM32CubeMX 中配置串口的方法，并上机实践。

11. 简述串行通信的编程方法。

12. USART1 作异步通信口与计算机进行串行通信，每隔 1s 就将存放在数组 sdat[]中的社会主义核心价值观的内容发至计算机显示。请完成下列任务：

（1）串口 1 为异步通信口，波特率 BR=115200bps，数据位 8 位，停止位 1 位。首先请在 STM32CubeMX 中完成相关配置，将工程命名为 Task9_ex12，并保存至 "D:\练习" 文件夹中，然后将 USART1 的配置截图，并保存到 "学号_姓名_Task9_ex12.doc" 文件中，其中题注为 "串口配置"，再将此文件保存至文件夹 "D:\练习" 中。

（2）在 main.c 文件中编写串行通信程序，将通信程序的代码截图，并保存至 "学号_姓名_Task9_ex12.doc" 文件中，题注为 "串行通信程序"。

（3）编译连接程序，将输出窗口截图保存至 "学号_姓名_Task9_ex12.doc" 文件中，题注为 "编译连接程序"。

（4）运行程序，查看串口调试助手是否显示社会主义核心价值观的内容，将串口调试助手显示信息截图，并保存至 "学号_姓名_Task9_ex12.doc" 文件中，题注为 "程序运行结果"。

13. USART2 作异步通信口，与计算机进行串行通信，计算机用串口调试助手向 STM32 发送数据，STM32 接收到数据后再将此数据用串口 2 发送至计算机中显示。其中，串口的波特率 BR=57600bps，数据位 8 位，停止位 1 位。请编写程序实现上述要求。

习题解答　　　　　习题解答

扫一扫下载习题工程　　　扫一扫查看习题答案

任务 10　用空闲中断处理串口接收数据

课件

扫一扫下载课件

任务要求

STM32 的 PE0～PE7 引脚上接有 8 只发光二极管控制电路，发光二极管采用低电平有效控制，编号为 LED1～LED8。串口 1 作异步通信口，与计算机进行串行通信，计算机通过串口调试助手向 STM32 发送控制命令，控制发光二极管的点亮、闪烁和熄灭，STM32 接收到控制命令后需用串口向计算机发送反馈信息，以便能在串口调试助手中显示相关信息。串口的波特率 BR=115200bps，数据位 8 位，停止位 1 位。计算机的串口发送的控制命令以及串口调试助手中显示的数据如表 4-9 所示，要求首先用 STM23CubeMX 生成初始化程序，然后在

Keil 中编程实现上述功能。

表 4-9　控制命令及回显数据

命　　令	功　　能	串口调试助手显示的数据
55 AA 01 5A	LED1 亮，其他发光二极管熄灭	执行命令 1，LED1 亮
55 AA 02 5A	LED1 闪烁，其他发光二极管熄灭	执行命令 2，LED1 闪烁
55 AA 03 5A	LED2 亮，其他发光二极管熄灭	执行命令 3，LED2 亮
55 AA 04 val 5A	点亮所有发光二极管	执行命令 4，收到数据 val

表中，命令数据为十六进制数，55 AA 为数据头，5A 为数据尾，val 表示用户输入的某个十六进制数，例如，STM32 的串口接收到 0x55AA04055A，就需要用串口向计算机发送"执行命令 4，收到数据 05"。

 知识储备

1．串口的空闲中断

STM32 的串口支持多种中断，与串口接收相关的中断有 8 种，其中在串口接收中断中最常用的是串口接收数据寄存器不为空（RXNE）中断和检测到空闲线路（IDLE）中断。

串口接收数据寄存器不为空中断习惯上叫作串口接收中断。它的发生条件是，串口接收到了新的数据。因此，该中断发生后，STM32 就可以从串口接收寄存器中读取新接收到的数据。

检测到空闲线路中断也叫作空闲中断。它的发生条件是，串口接收完 1 字节数据后，数据线保持高电平（空闲）的时间超过传输 1 字节数据所用的时间。

例如，计算机用串口向 STM32 发送字符串"STM32"时，这 5 个字符是连续发送的，STM32 接收这 5 个字符数据时也是连续接收的，STM32 每接收到一个字符就会产生一次串口接收（RXNE）中断，但不产生 IDLE 中断，当这 5 个字符接收完毕后，接收数据线将在一个较长的时间内呈高电平状态，就会产生空闲（IDLE）中断。所以，IDLE 中断的发生标志着一批连接数据接收完毕，如果我们把串口接收数据保存到某个缓冲区中，当 IDLE 中断发生后，我们就可以从缓冲区读取连接接收的一批数据。

2．HAL 库中操作空闲中断的宏

（1）__HAL_UART_GET_FLAG(__HANDLE__,__FLAG__)宏

__HAL_UART_GET_FLAG(__HANDLE__,__FLAG__)宏的用法说明如表 4-10 所示。

表 4-10　__HAL_UART_GET_FLAG(__HANDLE__,__FLAG__)宏的用法说明

宏	__HAL_UART_GET_FLAG(__HANDLE__,__FLAG__)
功能	检测指定的串口中断标志是否置位
参数 1	__HANDLE__：串口的句柄，取值为变量 huartx 的地址，其中 x 为串口编号，值为 1～5
参数 2	__FLAG__：所要检测的中断标志位，取值如表 4-11 所示
返回值	所检测标志位的状态。 值为 SET 或者 RESET

表 4-11   中断标志位

中断源取值	含　义
UART_FLAG_CTS	CTS 改变标志
UART_FLAG_LBD	检测到 LIN 断路标志
UART_FLAG_TXE	发送数据寄存器为空标志
UART_FLAG_TC	发送完成标志
UART_FLAG_RXNE	接收数据寄存器非空标志
UART_FLAG_IDLE	空闲线路标志
UART_FLAG_ORE	溢出错误标志
UART_FLAG_NE	噪声错误标志
UART_FLAG_FE	帧错误标志
UART_FLAG_PE	奇偶校验错误标志

例如，判断串口 1 的 RXNE 中断标志的值的程序如下：

if(__HAL_UART_GET_FLAG(&huart1 ,UART_FLAG_RXNE))

{　…

}

（2）__HAL_UART_CLEAR_IDLEFLAG(__HANDLE__)宏

__HAL_UART_CLEAR_IDLEFLAG(__HANDLE__)宏的用法说明如表 4-12 所示。

表 4-12　__HAL_UART_CLEAR_IDLEFLAG(__HANDLE__)宏的用法说明

宏	__HAL_UART_CLEAR_IDLEFLAG(__HANDLE__)
功能	清除指定串口的空闲中断请求标志位
参数	__HANDLE__：串口的句柄，取值为变量 huartx 的地址，其中 x 为串口编号，值为 1～5
返回值	无

例如，清除串口 1 的空闲中断请求标志的程序如下：

__HAL_UART_CLEAR_IDLEFLAG(&huart1);

【说明】

在 HAL 库中，宏__HAL_UART_CLEAR_FLAG(__HANDLE__,__FLAG__)也用于清除串口中断请求标志位，但该宏只能清除 CTS、LIN、TC、RXNE 等 4 个串口中断请求标志位，不能清除 IDLE、ORE、NE、FE、PE 等几个串口中断请求标志位。

3. 空闲中断的编程方法

空闲中断可以采用中断方式编程，也可以采用查询方式编程，但都需要与 RXNE 中断一起编程，在实际应用中通常采用查询方式编程。采用查询方式的编程方法是，用变量 aRxBuf 作串口缓冲器，用来存放 RXNE 中断发生后串口所接收到的数据；用数组 UserRxBuf[]作串口接收缓冲区，用来存放串口所接收到的一批数据；用变量 UserRxCnt 作接收数据计数器，用来记录所接收的数据个数，这个变量也是新接收到的数据在数组 UserRxBuf[]中存放的位置。在 RXNE 中断中串口只负责接收数据，并将数据存放在数组 UserRxBuf[]中，在应用程序中则查阅

IDLE 中断请求标志位是否置位，若已置位，则表明空闲中断已发生，就进行接收数据处理，数据处理结束后再将 IDLE 中断请求标志位清 0，表示本轮数据处理结束，禁止再进行数据处理。

具体的步骤如下：

（1）在 main()函数的初始化部分的最后用 HAL_UART_Receive_IT()函数使能串口接收中断，并指定接收缓冲区和接收数据的长度。

（2）在串口接收中断回调函数 HAL_UART_RxCpltCallback()中读取串口所接收的数据，并保存至用户串口缓冲区 UserRxBuf[]中。

（3）在 main()函数的 while(1)死循环中用 __HAL_UART_GET_FLAG()宏读取 IDLE 中断请求标志，并判断其状态，若为复位状态，则结束串口接收数据处理工作；若为置位状态，则根据应用的需要对 UserRxBuf[]中的数据进行对应的处理，处理结束后再用 __HAL_UART_CLEAR_IDLEFLAG()宏清除 IDLE 中断请求标志。

程序的框架结构如下：

```
1    #define      USER_RX_BUF_LEN 128
2    uint8_t UserRxCnt=0; /*串口接收计数器*/
3    uint8_t UserRxBuf[USER_RX_BUF_LEN]; /*串口接收缓冲区，保存所接收的一批数据*/
4    uint8_t aRxBuf;              /*串口接收缓冲器，存放 RXNE 中断发生后串口所接收到的数据*/
5    /*  main()函数   */
6    int    main(void)
7    {
8         …          /* 其他软硬件初始化 */
9         HAL_UART_Receive_IT(&huart1, &aRxBuf,1);   /*使能串口 1 接收中断，并指定接收缓冲区和
     接收数据长度*/
10        while(1)
11        {
12            if(__HAL_UART_GET_FLAG(&huart1 ,UART_FLAG_IDLE )!= RESET)        /*判断是否是
     空闲中断(IDLE)发生*/
13            {
14              /*此处添加对接收缓冲区中的数据(UserRxBuf[]中的数据)进行处理的代码*/
15              memset(UserRxBuf,0,UserRxCnt);
16              UserRxCnt=0;       /*串口接收计数值清 0*/
17              __HAL_UART_CLEAR_IDLEFLAG(&huart1); /*清除 IDLE 中断请求标志*/
18            }
19            …  /* 其他事务处理 */
20        }
21   }
22   /*  串口接收中断回调函数   */
23   void HAL_UART_RxCpltCallback(UART_HandleTypeDef *huart)
24   {
25       if(huart==&huart1)             //判断是否是串口 1
26       {
27           UserRxBuf[UserRxCnt++]=aRxBuf;   //持续接收数据
28           UserRxCnt %= USER_RX_BUF_LEN;    //防超界处理
29           HAL_UART_Receive_IT(&huart1, &aRxBuf,1);   //使能串口 1 接收中断，并指定接收缓冲
     区和接收数据长度
30       }
31   }
```

4．常用的串操作函数

（1）strstr()函数

strstr()函数的用法说明如表 4-13 所示。

表 4-13　strstr()函数用法说明

原型	char *strstr(const char * str1, const char * str2);
原型的位置	在 string.h 文件中
功能	求串 str2 在串 str1 中首次出现的地址
参数 1	被查找的目标串
参数 2	str2：所要查找的串
返回值	若 str2 是串 str1 的子串，则返回 str2 在 str1 首次出现的地址。 若 str2 不是 str1 的子串，则返回 NULL

例如：

```
1   uint8_t UserRxBuf[10];
2   uint8_t ComStr[4]={0x55,0xaa,0x04};
3   char  * fp;
4   fp=strstr((const char *)UserRxBuf,(const char *)ComStr);
5   if(fp != NULL)
6   {
7       printf("接收数据为%d!\r\n",*(fp+3));
8   }
```

若 UserRxBuf[10]={0x03,0x55,0xaa,0x04,0x08,0xef}，第 4 行代码执行后，指针变量 fp 的值是数组 UserRxBuf[]中首次出现 0x55aa04（数组 ComStr[]的内容）时的地址，即数组 UserRxBuf[]中第 1 个元素（值为 0x55 的元素）的地址。

fp+3 是数组 UserRxBuf[]中第 4 个元素（值为 0x08 的元素）的地址，*(fp+3)的值为 0x08，因此程序输出的结果是"接收数据为 8!"。

（2）memset()函数

memset()函数的用法说明如表 4-14 所示。

表 4-14　memset()函数的用法说明

原型	void *memset(void *buf, int val, int len);
原型的位置	在 string.h 文件中
功能	将存储区的内容设置成指定值
参数 1	buf：所要设置存储区的首地址
参数 2	val：所要设置的值
参数 3	len：所要设置存储区的长度
返回值	函数的返回值为所设置存储区的首地址

例如，将数组 Buf[]中前 10 字节的内容设置为 0xff 的程序段如下：

memset(Buf,0xff,10);

（3）strlen()函数

strlen()函数的用法说明如表 4-15 所示。

表 4-15　strlen()函数的用法说明

原型	unsigned int strlen(const char * str);
原型的位置	在 string.h 文件中
功能	计算串的长度
参数	str：串的首地址
返回值	串中的字符个数

例如，语句"len=strlen("STM32");"执行后，len 的值为 5。

（4）sprintf()函数

sprintf()函数的用法说明如表 4-16 所示。

表 4-16　sprintf()函数的用法说明

原型	int　sprintf(char *buf,const char *format,[argument]);
原型的位置	在 stdio.h 文件中
功能	将格式化数据保存至指定的缓冲区中
参数 1	buf：指向存放格式化数据的缓冲区的指针，即缓冲区的首地址
参数 2	format：格式化字符串 格式化字符串可以是需要原样输出的正常字符串，也可以是以%开头的格式规定字符，如%d、%s、%f、%x 等。format 参数的用法和要求与 printf()函数中的 format 参数的用法和要求完全相同
参数 3	argument：所需输出的参数。 该参数是一个可选的系列参数，参数的个数、顺序必须与 format 参数中的格式规定字符的个数、顺序相同，且各参数之间需用","符号分开。argument 参数的用法和要求与 printf()函数中的 argument 参数的用法和要求完全相同
返回值	若写入成功，则返回实际写入缓冲区的字符个数。 若写入失败，则返回-1
说明	（1）sprintf()函数的功能和用法与 printf()函数非常相似，两者的差别是，printf()函数是向标准的输出设备（显示器）输出格式字符串，而 sprintf()函数则是向指定的缓冲区（数组）输出格式字符串。 （2）若程序中使用了 sprintf()函数，则需在程序文件的开头处包含头文件 stdio.h

实现方法与步骤

任务程序

扫一扫下载任务 10
的工程文件

1．搭建电路

与任务 9 相比，任务 10 的硬件电路增加了 8 只发光二极管控制电路，其电路如图 4-36 所示。

2．生成硬件初始化代码

相对于任务 9 而言，任务 10 中增加了 PE0～PE7，其初始化代码可在任务 9 的基础上产生，其生成过程如下：

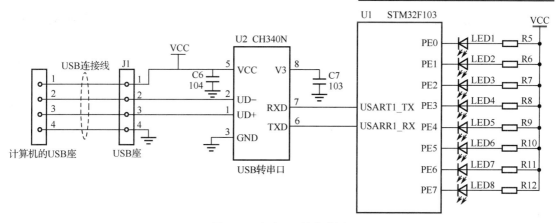

图 4-36　任务 10 的电路图

（1）在"D:\ex"文件夹中新建 Task10 子文件夹。

（2）将任务 9 的 STM32CubeMX 工程文件 Task9.ioc（位于"D:\ex\Task9"文件夹中）复制到 Task10 文件夹中，并将其改名为 Task10.ioc。

（3）双击 Task10.ioc 文件图标，打开任务 10 的 STM32CubeMX 工程文件。

（4）按照任务 2 中介绍的方法将 PE0～PE7 设置为输出口，输出电平为高电平、推挽输出、既无上拉电阻也无下拉电阻、高速输出、无用户标签。

（5）保存 STM32CubeMX 工程文件，在工程窗口中单击"GENERATE CODE"按钮，STM32CubeMX 就会生成任务 10 的初始化代码。

3．编写数据接收程序

本任务中，我们将数据接收程序放在自定义文件 Serial.c 中，其实现步骤如下：

（1）在"D:\ex\Task10"文件夹中新建 User 子文件夹，用来保存用户程序文件。

（2）打开"D:\ex\Task10\MDK-ARM"文件夹，双击文件夹中的 Keil 工程文件 Task10.uvprojx，打开任务 10 的 Keil 工程。若任务 10 的 Keil 工程已打开，则跳过此步。

（3）在 Keil 工程中新建 User 工程组，其方法如下。

第 1 步：在"Project"窗口中单击"Project:Task10"前面的"+"号，将工程展开。

第 2 步：用鼠标右键单击"Task10"，在弹出的快捷菜单中选择"Add Group"菜单项，如图 4-37 所示。Project 窗口就会增加一个"New Group"组，如图 4-38 所示。

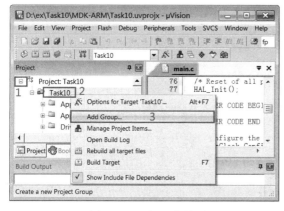

图 4-37　添加组菜单项

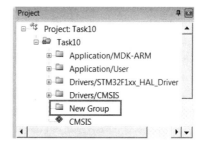

图 4-38　新增组

第 3 步：分 2 次用鼠标单击"New Group"组名（注意：不是双击），将光标移至组名中，再将组名修改为"User"，然后用鼠标单击窗口的任意地方。

（4）在 Keil 中新建 Serial.c 文件和 Serial.h 文件，并保存至 D:\ex\Task10\User 文件夹中。

（5）在 Serial.c 文件中定义串口接收缓冲区数组 UserRxBuf[]、接收数据计数器 UserRxCnt、串口接收缓冲器 aRxBuf，并重定义 fputc() 函数和串口接收中断回调函数 HAL_UART_RxCpltCallback()。Serial.c 文件的内容如下：

```
1   /***********************************************************
2                      文件名：Serial.c
3   功  能：扩展串口
4   ***********************************************************/
5   #include    "stdio.h"
6   #include    "usart.h"
7   /***********************************************************
8       全局变量定义
9   ***********************************************************/
10  #define    USER_RX_BUF_LEN 128
11  uint8_t UserRxCnt=0; /*串口接收计数器*/
12  uint8_t UserRxBuf[USER_RX_BUF_LEN];  /*串口接收缓冲区，保存所接收的一批数据*/
13  uint8_t aRxBuf; /*串口接收缓冲器，存放 RXNE 中断发生后串口所接收到的数据*/
14  /***********************************************************
15                  HAL_UART_RxCpltCallback()函数
16  功能：串口接收中断回调函数
17  参数：
18  huart:串口句柄
19  返回值：无
20  ***********************************************************/
21  void HAL_UART_RxCpltCallback(UART_HandleTypeDef *huart)
22  {
23      if(huart==&huart1)              //判断是否是串口 1
24      {
25          UserRxBuf[UserRxCnt++]=aRxBuf;    //将串口接收的数据存入串口缓冲区中
26          UserRxCnt %= USER_RX_BUF_LEN; //防超界处理
27          HAL_UART_Receive_IT(&huart1, &aRxBuf,1);   /*使能串口 1 接收中断，并指定接收缓冲
    区和接收数据长度*/
28      }
29  }
30
31  /***********************************************************
32      重定义 fputc()函数
33  ***********************************************************/
34  int    fputc(int    ch,FILE *f)
35  {
36      HAL_UART_Transmit(&huart1 ,(uint8_t *)&ch,1,0xff);
37      return ch;
38  }
39
```

【说明】

Keil规定,每个文件的末尾必须至少有一空行,否则程序编译时会出现"last line of file ends without a newline"的警告指示。所以,上述程序文件中我们在第39行处留有一个空行。为了节省篇幅,我们在后续的程序文件的尾部不再留有空行,请读者实践时自动加上尾部的空行。

(6)在Serial.h文件中添加3个全局变量UserRxBuf[]、UserRxCnt、aRxBuf的说明。Serial.h文件的内容如下:

```
1   /*********************************************
2                   文件名:Serial.h
3   功  能:Serila.c 的接口文件
4   *********************************************/
5   #ifndef      __SERIAL_H__
6   #define      __SERIAL_H__
7   #include     "stdint.h"
8   extern       uint8_t UserRxBuf[];  /*串口接收缓冲区,保存所接收的一批数据*/
9   extern       uint8_t UserRxCnt;    /*串口接收计数器*/
10  extern       uint8_t aRxBuf;       /*串口接收缓冲器,保存每次接收的1字节数据*/
11
12  #endif
```

(7)将Serial.c文件添加至User组中,其方法如下。

第1步:在Project窗口中用鼠标右键单击"User"组名,在弹出的快捷菜单中选择如图4-39所示的"Add Existing Files to Group 'User'"菜单项,打开如图4-40所示的添加文件对话框。

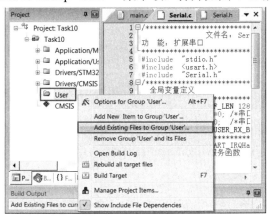

图4-39　添加文件菜单

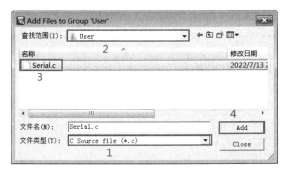

图4-40　添加文件对话框

第 2 步：在添加文件对话框中单击"文件类型(T)"下拉列表框，从中选择"C Source file (*.c)"列表项，在"查找范围(I)"下拉列表框中选择 Serial.c 文件存放的文件夹"D:\ex\Task10\User"，"查找范围(I)"下面的列表框中就会显示 Serial.c 文件，参考图 4-40。

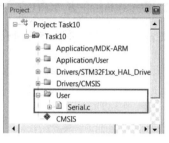

第 3 步：在添加文件对话框中单击 Serial.c 文件（图 4-40 中的第 3 处），对话框的"文件名(N)"文本框中就会出现我们所选择的文件，单击"Add"按钮，将 Serial.c 文件添加至 User 组中，此时 User 组的前面会出现"+"加号。

第 4 步：关闭添加文件对话框。

第 5 步：在 Project 窗口中单击"User"组名前的"+"号，就可以看到 Serial.c 文件位于 User 组中，表明 Serial.c 文件添加成功，如图 4-41 所示。

图 4-41　文件添加的结果

4．编写数据处理程序

本任务中，接收数据处理程序位于 main.c 文件中，其代码结构如下：

```
1    ...
2    #include    "stdio.h"
3    #include    "string.h"
4    #include    "Serial.h"
5    ...
6    uint8_t     ComStr1[5]={0x55,0xaa,0x01,0x5a};//命令 1
7    uint8_t     ComStr2[5]={0x55,0xaa,0x02,0x5a};//命令 2
8    uint8_t     ComStr3[5]={0x55,0xaa,0x03,0x5a};//命令 3
9    uint8_t     ComStr4[4]={0x55,0xaa,0x04};//命令 4 部分代码
10   ...
11   int main(void)
12   {
13      char     * fp;
14      uint8_t enflash=0;          //允许 LED1 闪烁      0:禁止
15      ...
16      HAL_UART_Receive_IT(&huart1, &aRxBuf,1); /*使能串口 1 接收中断，并指定接收缓冲区和接收数
     据长度*/
17      while (1)
18      {
19        if(__HAL_UART_GET_FLAG(&huart1 ,UART_FLAG_IDLE )!= RESET)        /*判断是否是空闲
     中断(IDLE)发生*/
20        {
21   /******************************************************/
22            if(strstr((const char *)UserRxBuf,(const    char      *)ComStr1) != NULL)
23            {   //收到 0x55 aa 01 5a 命令   LED1 亮，其他 LED 熄灭
24                enflash =0;                //禁止 LED1 闪烁
25                HAL_GPIO_WritePin(GPIOE,0xff,GPIO_PIN_SET);      /*熄灭所有 LED*/
26                HAL_GPIO_WritePin(GPIOE,GPIO_PIN_0,GPIO_PIN_RESET);//点亮 LED1
27                printf("执行命令 1，LED1 亮\r\n");
28            }
29            else if(strstr((const char *)UserRxBuf,(const char *)ComStr2) != NULL)
```

```
30        {   //收到 0x55 aa 02 5a 命令  LED1 闪烁，其他发光二极管熄灭
31            HAL_GPIO_WritePin(GPIOE,0xff,GPIO_PIN_SET);      /*熄灭所有 LED*/
32            enflash =1;              //允许 LED1 闪烁
33            printf("执行命令 2，LED1 闪烁\r\n");
34        }
35        else if(strstr((const char *)UserRxBuf,(const char    *)ComStr3)!= NULL)
36        {   //收到 0x55 aa 03 5a 命令  LED2 亮，其他发光二极管熄灭
37            enflash =0;              /*禁止 LED1 闪烁*/
38            HAL_GPIO_WritePin(GPIOE,0xff,GPIO_PIN_SET);          //熄灭所有 LED
39            HAL_GPIO_WritePin(GPIOE,GPIO_PIN_1,GPIO_PIN_RESET);  //点亮 LED2
40            printf("执行命令 3，LED2 亮\r\n");
41        }
42        else if((fp=strstr((const char *)UserRxBuf,(const char *)ComStr4))!= NULL)
43        {   //收到 0x55 aa 04 val 5a 命令     点亮所有发光二极管
44            if(*(fp+4)==0x5a)        //检查是否收到了命令数据尾 0x5a
45            {   //收到了帧尾 0x5a
46                enflash =0;                  //禁止 LED1 闪烁
47                HAL_GPIO_WritePin(GPIOE,0xff,GPIO_PIN_RESET);//点亮所有 LED
48                printf("执行命令 4，收到数据%d\r\n",*(fp+3));
49            }
50        }
51 /**************************************************************/
52        memset(UserRxBuf,0,UserRxCnt);
53        UserRxCnt=0;   //串口接收计数值清 0
54        __HAL_UART_CLEAR_IDLEFLAG(&huart1);     /*清除 IDLE 中断请求标志*/
55    }
56    if(enflash)
57    {
58        HAL_GPIO_TogglePin(GPIOE,GPIO_PIN_0);       //LED1 的状态翻转
59        HAL_Delay(500);
60    }
61  }
62 }
```

将上述代码按照程序编写规范的要求添加至 main.c 文件的对应处，我们可以发现以下现象：

（1）在"#include "Serial.h""语句前有一个"X"符号，将鼠标指针移至该符号处会出现"fatal error: 'Serial.h' file not found"的提示，如图 4-42 所示。

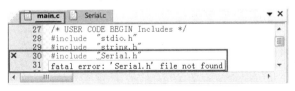

图 4-42　输入错误提示

（2）编译程序时输出窗口中会出现如图 4-43 所示的错误提示。

上述提示的含义是，没找到头文件 Serial.h。其原因是，Serial.h 文件所在的文件夹"D:\ex\Task10\User"并不是工程的头文件所在文件夹，解决问题的方法是，在 Keil 工程的 include 目录中增加 Serial.h 文件所在文件夹。

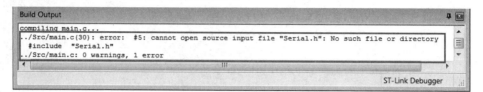

图 4-43　输出窗口

5. 增加 include 目录

步骤如下：

第 1 步：在 Keil 窗口中单击图标工具按钮""，打开如图 4-44 所示
"Options for Target 'Task10'"对话框。

学习视频

扫一扫观看增加
include 目录视频

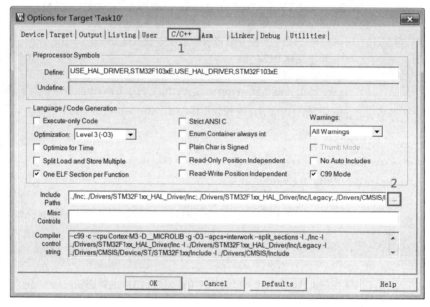

图 4-44　"Options for Target 'Task10'"对话框

第 2 步：在图 4-44 所示对话框中单击"C/C++"标签，再单击"Include Paths"后面的"…"
按钮，打开如图 4-45 所示的"Folder Setup"对话框。

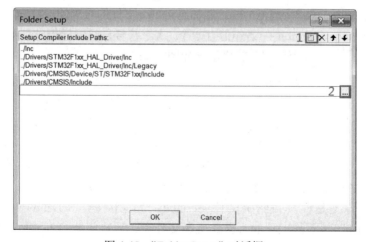

图 4-45　"Folder Setup"对话框

第 3 步：在 "Folder Setup" 对话框中单击插入图标按钮 "█"，在列表框中插入一个空白行，再单击空白行后面的 "**...**" 按钮，打开如图 4-46 所示的 "选择文件夹" 对话框。

图 4-46　"选择文件夹" 对话框

第 4 步：在 "选择文件夹" 对话框的地址栏中选择文件夹 "D:\ex\Task10"（参考图 4-46），对话框的列表框中就会显示 "D:\ex\Task10" 文件夹中的内容，在列表框中单击 "User" 文件夹名（图 4-46 中第 2 处），单击 "选择文件夹" 按钮，返回至图 4-45 所示对话框中。

第 5 步：在图 4-45 所示对话框中单击 "OK" 按钮，返回图 4-44 所示的 "Options for Target 'Task10'" 对话框中。

第 6 步：在 "Options for Target 'Task10'" 对话框中单击 "OK" 按钮，完成 include 目录的添加。

6. 调试与下载程序

本任务中的调试和下载程序的方法与前面任务中的方法相同，其主要步骤如下：

（1）按照前面任务中介绍的方法编译连接程序，并调试程序直至程序正确无误。

（2）将程序下载至开发板中，并运行程序。

（3）打开串口调试助手，并按图 4-47 所示设置好串行通信参数，其中数据按 HEX 发送。

图 4-47　串行通信参数

（4）在串口调试助手的 "字符串输入框" 中输入所要发送的控制命令 "55 aa 01 5a"，单击 "发送" 按钮，开发板上的 LED1 就会点亮，输入其他控制命令，开发板上的 LED 就会按照表 4-9 所示的要求动作，串口调试助手的接收框中会显示计算机所接收到的提示信息，如图 4-47 所示。

程序分析

任务 10 中的应用程序主要位于 Serial.c、Serial.h 和 main.c 文件中。

（1）Serial.c 文件中的代码分析

Serial.c 文件由头文件包含、全局变量定义、回调函数 HAL_UART_RxCpltCallback()的定义和 fputc()函数定义等几部分组成。文件中各行代码的含义如下。

第 5 行：包含头文件 stdio.h。程序中第 34 行使用了 FILE 类型变量，FILE 类型的定义位于 stdio.h 中。C 语言规定，变量、函数、宏、自定义的数据类型必须先定义后使用。因此必须在程序的开头处用"#include"指令将这些数据类型、宏定义所在的头文件以及全局变量、函数说明所在的头文件包含至文件中。

第 6 行：包含头文件 usart.h。程序中第 23 行使用了变量 huart1，该变量的说明位于 usart.h 中，所以需要包含头文件 usart.h。

第 10 行：定义符号 USER_RX_BUF_LEN，它代表数值 128，其含义是串口接收缓冲区数组的长度，修改其值可以改变串口接收缓冲区的大小。

第 11 行～第 13 行：定义全局变量 UserRxCnt、UserRxBuf[]和 aRxBuf。这 3 个变量的作用详见空闲中断的编程方法部分。

第 21 行～第 29 行：重定义串口接收中断回调函数 HAL_UART_RxCpltCallback()。该函数的功能、结构等详见任务 9。

第 34 行～第 38 行：重定义 fputc()函数。

（2）Serial.h 文件中的代码分析

Serial.h 文件是 Serial.c 文件对应的头文件，是 Serial.c 文件对其他程序模块的接口文件，其作用是对 Serial.c 文件中所用的部分宏进行定义，同时对 Serial.c 文件中的部分全局变量、函数进行说明，以便其他模块文件中可以使用这些宏、全局变量和函数。Serial.h 文件中各代码的功能如下：

第 5 行与第 12 行是一对条件编译指令，其含义是，如果程序中没有定义符号__ SERIAL_H__，则对第 6 行至第 11 行代码进行编译处理。

第 6 行：定义符号__ SERIAL_H__。这里所定义的符号与第 5 行中所提及的符号为同一个符号。

在头文件中，一般采用以下结构控制代码的编译：

```
L1    #ifndef XXX
L2    #define XXX
L3    头文件中的文件包含、宏定义、类型定义、全局变量和函数说明等
L4    #endif
```

其中，XXX 为用户定义的标识符。为了避免多个头文件中的标识符相互重复的问题，标识符常用以下方式设置：以下画线开头和结尾，中间字符为文件名的大写字母。

这种结构的含义是，如果没有定义符号 XXX，则定义符号 XXX，然后再对 L3 行的代码进行编译。采用这种结构后，如果这个头文件被某个文件多次包含，则 L3 行的代码只编译一

次，这样可以避免出现同一个宏或者数据类型被多次定义的错误。

第 8 行~第 10 行：对 Serial.c 中所定义的全局变量进行说明。其中，extern 为关键字，用来说明所申明的函数或变量是其他模块文件中所定义的。

（3）main.c 文件中的代码分析

main.c 文件的结构固定，其中绝大部分代码都是 STM32CubeMX 生成的，在此我们只分析用户编写的程序部分，即编写数据处理程序时我们所列出的程序代码。

第 2 行~第 4 行：头文件包含。程序中，我们在第 27 行使用了 printf()函数，该函数的原型说明位于 stdio.h 中；第 22 行中使用了 strstr()函数，该函数的原型说明位于 string.h 中；第 22 行还使用了全局变量 UserRxBuf[]，其说明位于 Serial.h 文件中。所以在程序的开头处需要包含头文件 stdio.h、string.h 和 Serial.h。

第 6 行~第 9 行：定义数组 ComStr1[]~ComStr4[]。这 4 个数组分别用来存放 4 个控制命令串，以便于用 strstr()函数查找串口是否接收到了控制命令。需要注意的是，由于 strstr()函数中的参数为串，而不是字符数组。所以命令数组的长度要比存放在数组中的命令要长，以保证其最后的一个元素的值为 0，即数组中存放的是命令串。

第 13 行：定义指针变量 fp。该变量用来存放用 strstr()函数查找串时子串的地址。

第 14 行：定义变量 enflash。该变量用来控制 LED1 是否闪烁。

第 16 行：用 HAL_UART_Receive_IT()函数使能串口 1 的接收中断，并指定接收缓冲器为 aRxBuf 变量，每次接收数据的长度为 1 字节。第 16 行代码执行后，若发生串行接收中断，系统就将串口接收到的数据存放在指定的变量 aRxBuf 中，因此在串口接收中断中用户可以直接从变量 aRxBuf 中读取串口新接收到的数据，详见 Serial.c 文件中第 25 行代码。

第 19 行：用宏__HAL_UART_GET_FLAG()获取 IDLE 中断请求标志位的状态，并判断其是否置位，若置位，表明一批数据接收完毕，则执行第 20 行~第 55 行代码，对串口接收数据进行处理。

第 22 行：判断数组 ComStr1[]中的串是不是接收缓冲区数组 UserRxBuf[]中的子串，即接收数据中是否包含命令 1，若是，则执行第 23 行~第 28 行代码。第 23 行~第 28 行代码的功能是，禁止 LED1 闪烁，熄灭所有 LED，最后点亮 LED1，然后输出"执行命令 1，LED1 亮"的提示信息。

由于 strstr()函数的 2 个形参均为 const char *型，所以在第 22 行代码中，我们在 UserRxBuf 和 ComStr1 前面用(const char *)将其类型进行了强制转换。如果去掉这 2 处的强制转换，程序编译时就会报错。

第 29 行~第 34 行：判断是否接收到命令 2，若接收到命令 2，则熄灭所有 LED，允许 LED1 闪烁，最后输出"执行命令 2，LED1 闪烁"的提示信息。

第 35 行~第 41 行：判断是否接收到命令 3，若接收到命令 3，则禁止 LED1 闪烁，熄灭所有 LED 后再点亮 LED2，最后输出"执行命令 3，LED2 亮"的提示信息。

第 42 行~第 50 行：判断是否接收到命令"55AA04val5A"，若是，则禁止 LED1 闪烁，点亮所有 LED，然后找到 val 的地址，并用串口输出 val 的值。

第 42 行：这一行代码比较长，它等价于以下 2 行代码：

1	fp=strstr((const char *)UserRxBuf,(const char *)ComStr4);/*求串 ComStr4 在串 UserRxBuf 中首次出现的地址，并赋给指针变量 fp，若 ComStr4 不是 UserRxBuf 的子串，则 fp=NULL*/
2	else if(fp!= NULL) { }/*UserRxBuf 中包含有 ComStr4，则执行{}中的代码*/

数组 ComStr4[]中存放的是命令 4 前 3 字节的内容，即 0x55aa04。所以第 42 行的功能是，判断接收数据中是否包含命令 4 前 3 字节的内容 0x55aa04，并求其在接收数据中的地址，这一行代码执行后，fp 的值为命令 4 前 3 字节的内容 0x55aa04 在接收数据中首次出现的地址。例如，UserRxBuf={0x34,0x55,0xaa,0x04,0x07,0x5a,0x08, …}，第 42 行代码执行后：

fp=UserRxBuf+1，即值为 0x55 的这个元素的地址，*fp 的值为 0x55，

fp+1 为值为 0xaa 的这个元素的地址，*(fp+1)的值为 0xaa，

fp+2 为值为 0x04 的这个元素的地址，*(fp+2)的值为 0x04，

fp+3 为值为 0x07 的这个元素的地址，*(fp+3)的值为 0x07，即 val 的值，

fp+4 为值为 0x5a 的这个元素的地址，*(fp+4)的值为 0x5a，

所以，第 44 行的功能就是检查是否收到命令数据尾 0x5a。仅当命令头（0x55aa04）和命令尾（0x5a）都正确，才执行第 45 行～第 49 行的命令 4 解析代码。

第 48 行：输出 val 的值，其中 fp+3 为 val 的地址。

第 52 行：将接收数组中的数据清 0。这一句不能省略，否则在下列情况下会出错：

前一次接收的数据为 0x55aa04075a，即正确的命令 4，现在接收到的是 0x55aa，即不完整的命令，则接收数组中的数据仍为 0x55aa04075a，此时命令解析就会出错。

第 53 行：串口接收计数值清 0。

第 54 行：清除 IDLE 中断请求标志。

第 56 行～第 60 行：判断当前是否允许 LED1 闪烁状态，若是，则翻转 LED1 的状态，再延时 0.5 秒，即实现 LED1 每秒闪烁 1 次的显示。

本例中，我们主要是训练空闲中断的应用，为了使问题简单化，我们采用软件延时的办法来控制 LED1 翻转的时间。实际上，采用这种方式编程会出现以下问题：

向 STM32 发送命令 2（LED1 闪烁命令）后再发送其他命令时，STM32 执行其他命令会有一定的延迟。其原因是，进入 LED1 闪烁状态后，需经过 0.5s 后才能再次检测空闲中断是否发生并进行命令解析处理。解决问题的方法是，用定时器控制 LED1 闪烁。

实践总结与拓展

空闲中断是 STM32 中常用的一种串口接收中断，当串口接收完 1 字节数据后，数据线保持高电平（空闲）的时间超过传输 1 字节数据所用的时间时，STM32 就将空闲中断请求标志位置位，空闲中断请求标志位实际上标识着串口是否接收完一批数据。利用这一特性，我们可以在应用程序中通过查询空闲标志位是否置位来获知串口是否接收完一批数据。

在 HAL 库中，获取空闲中断请求标志位状态的宏为__HAL_UART_GET_FLAG(__HANDLE__, __FLAG__)，这个宏也可以获取 RXNE 等其他几个串行中断标志位的状态。清除空闲中断请求标志位的宏为__HAL_UART_CLEAR_IDLEFLAG(__HANDLE__)。这 2 个宏是编写空闲中断程序时常用的 2 个宏，需要牢牢掌握。

空闲中断常与 RXNE 中断联合起来进行串口接收数据处理，其方法是，①在 main()函数中，在硬件初始化的尾部用 HAL_UART_Receive_IT()函数使能串口接收中断并指定串口接收变量；②重新定义串口接收中断回调函数 HAL_UART_RxCpltCallback()，并在回调函数中将串口接收数据存放到接收数组 UserRxBuf[]中，然后再次使用 HAL_UART_Receive_IT()函数

使能串口接收中断；③在应用程序中判断空闲中断请求标志位是否置位，若已置位，则对串口接收数组 UserRxBuf[]中的数据进行处理，最后清除已处理了的数据和空闲中断标志。

在编制串口应用程序时经常会用一些 C 语言的库函数，如 strstr()、sprintf()、strlen()、memset()等，需要读者熟练掌握这些函数的用法。

习题 10

1．空闲中断发生的条件是_____，若空闲中断请求标志位处于置位状态，则表明串口_____。

2．RXNE 中断发生的条件是_____。

3．指出下列函数或宏的功能。

（1）__HAL_UART_GET_FLAG(__HANDLE__, __FLAG__)

（2）__HAL_UART_CLEAR_IDLEFLAG(__HANDLE__)

（3）strstr()

（4）memset()

（5）strlen()

（6）sprintf()

（7）printf()

4．请按要求编写程序段。

（1）判断串口 1 的 IDLE 中断请求标志位的状态，若置位，则将 PE1 置为低电平，并清除串口 1 的 IDLE 中断请求标志。

（2）求串 str2 在 str1 中首次出现的地址，并将其地址赋给指针变量 fp。

（3）将 uint8_t 型数组 buf[]的前 5 个元素的值设置为 0x5a。

（4）求数组 buf[]中字符串的长度。

（5）以十进制数的形式输出变量 val 的值，输出格式为"变量 val 的值为 xx"，其中 xx 为 val 的值。要求分别用 sprintf()函数和 printf()函数实现。

5．简述用 IDLE 中断和 RXNE 中断联合编写串口接收数据程序和处理数据程序的编程方法。

6．在本任务中，向 STM32 发送命令 2（LED1 闪烁命令）后再发送其他命令时，STM32 执行其他命令会有一定的延迟，其原因是，在数据处理程序的第 59 行中有一句延时 0.5s 的代码，STM32 执行命令 2 后，进入 LED1 闪烁状态，需经过 0.5s 后才能再次检测空闲中断是否发生并进行命令解析处理。解决问题的方法是，用定时器控制 LED1 闪烁。请按上述思路修改本任务的程序，实现用定时器 T6 控制 LED1 闪烁。

7．STM32 的 PE0～PE7 引脚上接有 8 只发光二极管控制电路，发光二极管采用低电平有效控制，编号为 LED1～LED8。串口 1 作异步通信口，与计算机进行串行通信，计算机通过串口调试助手向 STM32 发送控制命令，使发光二极管分别呈流水灯、跑马灯、单只 LED 闪烁等方式显示。STM32 接收到控制命令后需用串口向计算机发送反馈信息，以便能在串口调试助手中显示相关信息。计算机的串口发送的控制命令以及调试助手中显示的数据如表 4-17 所示。

表 4-17　控制命令及回显数据

序　号	命　令	功　能	串口调试助手显示的数据
1	FC 01 FD 55	8 只 LED 呈跑马灯方式显示	输入命令 1，跑马灯显示
2	FC 02 FD 55	8 只 LED 呈流水灯方式显示	输入命令 2，流水灯显示
3	FC 03 vh vl FD 55	LED1 按 1Hz 频率闪烁	输入数据为 0xvhvl
4	其他	LED 的状态不变	命令非法，请重新输入命令！

表中，命令数据为十六进制数，FC 为数据头，FD55 为数据尾，vh 表示用户输入的某个十六进制数的高字节内容，vl 为十六进制数的低字节内容。例如，FC031214FD55 就表示输入命令为命令 3，输入数据为 0x1214，此时 STM32 应控制 LED1 按 1Hz 的频率闪烁，同时用串口向计算机发送"输入数据为 0x1214"。

（1）上电后 8 只发光二极管呈熄灭状态，串口 1 为异步通信口，波特率 BR=9600bps，数据位为 8 位，停止位为 1 位。请在 STM32CubeMX 中完成相关配置，将工程命名为 Task10_ex7，并保存至"D:\练习"文件夹中，将 USART1 的配置截图，并保存到"学号_姓名_Task10_ex7.doc"文件中，其中题注为"串口配置"，将此文件保存至文件夹"D:\练习"中。

（2）跑马灯、流水灯和 LED1 闪烁均用定时器 T6 控制，用户编写的定时器程序存放在 tim.c 和 time.h 文件中，要求在 Keil 工程中新建 User 组，并将 time.c 文件添加至 User 组中。首先请在 Project 窗口中将 User 组展开，并将 Project 窗口截图、time.c 文件截图、time.h 文件截图，然后保存至"学号_姓名_Task10_ex7.doc"文件中，题注分别为"添加组"、"time.c 文件"和"time.h 文件"。

（3）在 Serial.c 文件中重新定义串口接收中断回调函数，请将回调函数的代码截图，并保存至"学号_姓名_Task10_ex7.doc"文件中，题注为"串口接收数据程序"。

（4）在 main.c 文件中编写串口接收数据处理程序，并将其代码截图后保存至"学号_姓名_Task10_ex7.doc"文件中，题注为"接收数据处理"。

（5）编译连接程序，将输出窗口截图并保存至"学号_姓名_Task10_ex7.doc"文件中，题注为"编译连接程序"。

（6）运行程序，用串口调试助手分别发送表 4-17 中的 4 条命令（含非法命令），查看开发板上发光二极管的运行状态是否正确，将串口调试助手显示信息截图后并保存至"学号_姓名_Task10_ex7.doc"文件中，题注为"程序运行结果"。

习题解答　　　　　　　　习题解答

扫一扫下载习题工程　　　扫一扫查看习题答案

项目 5

显示与键盘的应用设计

**学习目标**

【德育目标】
- 培养精益求精的工匠精神
- 培养认真仔细的习惯
- 培养爱国、敬业、诚信、友善的社会主义价值观

【知识技能目标】
- 熟悉数码管显示原理
- 会搭建数码管显示电路，会编写数码管显示程序
- 掌握键盘处理流程
- 能搭建键盘电路，会编写键盘处理程序
- 了解 OLED 的显示原理，会搭建 4 线制 SPI 接口的 OLED 显示电路
- 会移植 OLED 显示程序，会编写显示字符、汉字、数值和图片的程序

思政活页

吴德馨：耄耋之年为芯片
研究奔走的女院士

任务 11   制作数码管显示的秒表

课件

扫一扫下载课件

任务要求

　　STM32 的 GPIOB 口外接 2 只共阳极数码管电路，PB0～PB7 作数码管的段选口，用来输出数码管的段选码，PB14、PB15 作数码管的位选口，用来控制数码管的点亮与熄灭。定时器 T6 作基准时间定时器，用来控制数码管扫描显示和秒时间的产生。上电后系统从 0 秒开始计时，2 只数码管分别显示计时时间的秒个位和秒十位。

知识储备

1. 数码管的显示原理

数码管具有显示亮度亮、响应速度快的特点，是单片机应用系统中常用的显示器件之一。常用的数码管为七段式数码管，它由七个条形发光二极管和一个圆点形发光二极管组成。七段式数码管的实物如图 5-1 所示，其引脚排列如图 5-2 所示。

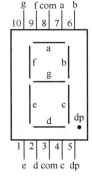

图 5-1　七段式数码管实物图　　图 5-2　七段式数码管引脚分布图

在引脚分布图中，com 脚为 8 个发光二极管的公共引脚，a～g 以及 dp 脚为 7 个条形发光二极管和圆点形发光二极管的另一端引脚。按照公共端的形成方式，数码管分共阳极数码管和共阴极数码管两种，它们的内部结构如图 5-3、图 5-4 所示。

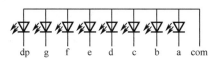
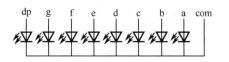

图 5-3　共阳极数码管内部结构图　　图 5-4　共阴极数码管内部结构图

在共阳极数码管中，各发光二极管的阴极引出，分别为数码管的 a～dp 脚，发光二极管的阳极接在一起，由 com 脚引出。

在共阴极数码管中，各发光二极管的阳极引出，分别为数码管的 a～dp 脚，发光二极管的阴极接在一起，由 com 脚引出。

在数码管中，a～dp 脚的输入信号控制着该位数码管中各笔段的显示，这 8 个引脚叫作数码管的笔段选择引脚，简称为段选脚，与这 8 个引脚相接的控制端口叫段选口。com 引脚的输入信号控制着该位数码管是否被点亮，该引脚叫作位选脚，与数码管 com 脚相接的控制端口叫位选口。

共阳极数码管的公共端接正电源，其他各端输入不同的电平，数码管就显示不同的字符。例如，b、c 端输入低电平 0，笔段 b、c 就亮，数码管就显示字符"1"。共阳极数码管的显示笔型码如表 5-1 所示。

表 5-1　共阳极数码管显示笔型码

字　　符	dp	g	f	e	d	c	b	a	十六进制代码
0	1	1	0	0	0	0	0	0	0xC0

续表

字　　符	dp	g	f	e	d	c	b	a	十六进制代码
1	1	1	1	1	1	0	0	1	0xF9
2	1	0	1	0	0	1	0	0	0xA4
3	1	0	1	1	0	0	0	0	0xB0
4	1	0	0	1	1	0	0	1	0x99
5	1	0	0	1	0	0	1	0	0x92
6	1	0	0	0	0	0	1	0	0x82
7	1	1	1	1	1	0	0	0	0xF8
8	1	0	0	0	0	0	0	0	0x80
9	1	0	0	1	0	0	0	0	0x90
A	1	0	0	0	1	0	0	0	0x88
b	1	0	0	0	0	0	1	1	0x83
c	1	0	1	0	0	1	1	1	0xA7
d	1	0	1	0	0	0	0	1	0xA1
E	1	0	0	0	0	1	1	0	0x86
F	1	0	0	0	1	1	1	0	0x8E
-	1	0	1	1	1	1	1	1	0xBF

共阴极数码管显示字符时，公共引脚 com 接地，显示字符的笔型码为共阳极管的显示笔型码的反码。

2．数码管的静态显示

用 PB 口控制两位共阳极数码管的显示接口电路如图 5-5 所示。

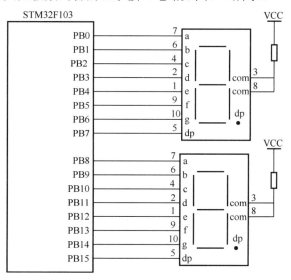

图 5-5　静态显示电路

由图 5-5 可以看出，静态显示电路的连接方法是，每位数码管用一个带有输出锁存功能的 8 位输出口控制，数码管的 a～dp 这 8 个段选引脚分别与 8 位输出口的各口线相接，数码管的位选引脚 com 接地或者接+5V 电源。其中，共阴极数码管的位选脚接地，共阳极数码管的位选脚接正电源。这种电路的特点是，单片机一次输出显示后，显示就能保持下来，直到下次送来新的显示数据为止。其优点是占用机时少，显示可靠，缺点是每位数码管需要用一个 8 位的并行输出口控制，硬件成本高。

静态显示程序的编写方法是，用无符号字符型数组建立一个字符显示的笔型码表，进行字符显示时查表获取待显示字符的笔型码，然后送数码管显示控制口显示。

建立笔型码表时，一般是数组的第 0 个元素存放 0 的笔型码，第 1 个元素存放 1 的笔型码，……，第 9 个元素存放 9 的笔型码，其他字符的笔型码存放在第 9 个元素之后。这样安排后，数字字符的笔型码在表中的位置与数字一致，可以方便编程。共阳极数码管的字符笔型码表定义如下：

```
const uint8_t    SegTab[]={0xc0,0xf9,0xa4,0xb0,0x99,0x92,0x82,0xf8,0x80,0x90};
```

设 2 位十进制数的个位数为 gw，十位数为 sw，图 5-5 所示电路中上面的数码管为显示个位数的数码管，用图 5-5 所示电路显示 2 位十进制数的程序有 2 种方式。方式一是用 HAL_GPIO_WritePin()函数实现，其程序如下：

```
void  display(uint8_t sw,uint8_t gw)
{
    HAL_GPIO_WritePin (GPIOB ,0xff,GPIO_PIN_SET );              //熄灭个位管的所有笔段
    HAL_GPIO_WritePin (GPIOB ,~SegTab[gw],GPIO_PIN_RESET );     //显示个位数的笔段
    HAL_GPIO_WritePin (GPIOB ,0xff00,GPIO_PIN_SET );            //熄灭十位管的所有笔段
    HAL_GPIO_WritePin (GPIOB ,(unit16_t)(~SegTab[sw])<<8,GPIO_PIN_RESET );     //显示十位
数的笔段
}
```

方式二是通过写 ODR 寄存器实现，其程序如下：

```
void  display(uint8_t sw,uint8_t gw)
{
    uint16_t odr=0;
    odr = SegTab[gw];                      //个位数的笔型码写入 odr 的低 8 位
    odr |= (uint16_t )SegTab[sw]<<8;        //十位数的笔型码写入 odr 的高 8 位
    GPIOB ->ODR = odr;                     //odr 中的笔型码写入输出数据寄存器，显示个位、十位数
}
```

3. 数码管的动态扫描显示

（1）接口电路

由 PB 口控制的 2 位数码管动态显示的接口电路如图 5-6 所示，图中 Q1、Q2 起驱动作用。

由图 5-6 可以看出，电路的连接方法是，每位数码管的段选脚（a～dp 脚）并联在一起，然后与一个带有输出锁存功能的 8 位输出口相接，各位数码管的位选脚（com 脚）接至其他带有锁存功能的输出口上，这种电路使用硬件少，成本低，但占用机时多。

在图 5-6 所示电路中，当 PB15=1 时，Q2 截止，数码管 U2 熄灭，因此 PB15=0 时，数码管 U2 处于点亮状态，否则该电路就没意义。PB15=0 时，Q2 饱和导通，数码管 U2 的公共引脚 com 接正电源 VCC，此时数码管处于点亮状态，因此该数码管为共阳极数码管。

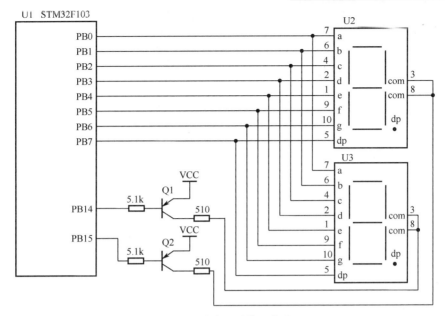

图 5-6 动态显示接口电路

【说明】

为了方便电路板的制作，现在的数码管厂商一般是将多位数码管组合在一起制作成多位一体的数码管。在多位一体的数码管中，各个数码管的段选脚并联在一起，作为多位一体数码管的段选脚，各个数码管的位选脚单独引出来，作为多位一体数码管的位选脚。以 4 位一体的共阳极数码管为例，4 位一体数码管的外形图如图 5-7 所示，其引脚分布图如图 5-8 所示，其结构原理图如图 5-9 所示。

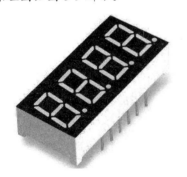

图 5-7 4 位一体数码管的外形

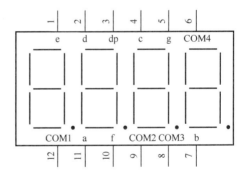

图 5-8 4 位一体数码管的引脚分布

（2）显示程序

扫描显示的原理是，单片机分时地对各位数码管进行扫描输出，t_0 时间只点亮 0 号数码管，并进行显示输出，t_1 时间只点亮 1 号数码管，并进行显示输出，……，t_i 时间只点亮 i 号数码管，并进行显示输出，……，当所有数码管点亮显示完毕，再从第 0 号数码管开始依次点亮各数码管并进行显示输出。对于第 i 号数码管而言，只有 t_i 时间是点亮显示的，其他时间是熄灭的，也就是说，数码管是闪烁显示的。由于人眼存在着视觉暂留特性，只要闪烁足够快，人眼就感觉不到数码管闪烁了，看到的是各位数码管在"同时"显示。

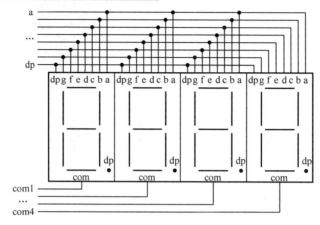

图 5-9　4 位一体数码管的结构原理

在图 5-6 所示电路中，设 U3 为显示十位数的数码管，U2 为显示个位数的数码管，按照动态扫描显示的原理，图 5-6 所示电路中显示数值 12 的程序如下：

```
1   const uint8_t      SegTab[]={0xc0,0xf9,0xa4,0xb0,
2                     0x99,0x92,0x82,0xf8,0x80,0x90};/*共阳极数码管显示笔型码*/
3   void  display(uint8_t sw,uint8_t gw);          //函数说明
4   int main(void)
5   {
6     while (1)
7     {
8           display(1,2);                          //显示数值 12
9     }
10  }
11  /********************************************************************
12                      函数 display(uint8_t sw,uint8_t gw)
13  功能：显示 2 位数
14  参数：
15  sw：显示的十位数
16  gw：显示的个位数
17  返回值：无
18  ********************************************************************/
19  void  display(uint8_t sw,uint8_t gw)
20  {
21      /*段选口输出十位数的笔型码*/
22      HAL_GPIO_WritePin(GPIOB ,0xff,GPIO_PIN_SET );         /*灭所有笔段，段选全部设为 1*/
23      HAL_GPIO_WritePin(GPIOB,~SegTab[sw],GPIO_PIN_RESET);        /*显示十位数的笔型段*/
24      /*位选口输出：点亮十位数码管*/
25      HAL_GPIO_WritePin(GPIOB ,1<<15|1<<14,GPIO_PIN_SET );       /*熄灭所有数码管*/
26      HAL_GPIO_WritePin(GPIOB ,1<<14,GPIO_PIN_RESET );          /*点亮十位数码管*/
27      HAL_Delay(10);   //延时
28
29      /*段选口输出个位数的笔型码*/
30      HAL_GPIO_WritePin(GPIOB,0xff,GPIO_PIN_SET );             /*灭所有笔段*/
31      HAL_GPIO_WritePin(GPIOB,~SegTab[gw],GPIO_PIN_RESET);         /*显示个位数的笔型段*/
```

32	/*位选口输出：点亮个位数码管*/	
33	HAL_GPIO_WritePin(GPIOB ,1<<15|1<<14,GPIO_PIN_SET);	/*熄灭所有数码管*/
34	HAL_GPIO_WritePin(GPIOB ,1<<15,GPIO_PIN_RESET);	/*点亮个位数码管*/
35	HAL_Delay(10); //延时	
36	}	

将程序下载至开发板中，我们可以看到 2 个数码管会稳定地显示数值 12，但各数码管中存在显示"拖尾"的现象，个位数码管中除高亮度地显示数值 2 之外，还会显示十位数 1，只是 1 比较暗而已，十位数码管的显示也是如此。在产品中这样的显示用户是不能接受的，这就需要我们发扬精益求精的工匠精神，找出显示"拖尾"的原因，修改显示程序，直至消除显示"拖尾"现象。

产生显示"拖尾"的原因是，段选数据和位选数据不是同时输出的。STM32 执行第 26 行代码后，十位数码管点亮并显示当前段选口输出的笔型码（第 23 行输出的笔型码），即显示数值 1。执行第 31 行代码时当前段选口输出的是个位数的笔型码，即数值 2 的笔型码，所以十位数码管就会显示数值 2，执行第 33 行代码后十位数码管熄灭，执行第 34 行代码后个位数码管显示当前段选口输出的笔型码，即个位显示数值 2。十位数码管显示个位数值的时间只有一条语句执行的时间，时间短，因而其亮度较暗。

消除显示"拖尾"的思路是，在熄灭数码管期间变化段选数据。其实现方法是，将第 25 行代码放在第 22 行代码前，将第 33 行代码放在第 30 行代码前，修改后的显示程序如下：

1	void display(uint8_t sw,uint8_t gw)	
2	{	
3	HAL_GPIO_WritePin(GPIOB ,1<<15|1<<14,GPIO_PIN_SET);	/*熄灭所有数码管*/
4	/*段选口输出十位数的笔型码*/	
5	HAL_GPIO_WritePin(GPIOB ,0xff,GPIO_PIN_SET);	/*灭所有笔段*/
6	HAL_GPIO_WritePin(GPIOB,~SegTab[sw],GPIO_PIN_RESET);	/*显示十位数的笔型段*/
7	/*位选口输出：点亮十位数码管*/	
8	HAL_GPIO_WritePin(GPIOB ,1<<14,GPIO_PIN_RESET);	/*点亮十位数码管*/
9	HAL_Delay(10); //延时	
10		
11	HAL_GPIO_WritePin(GPIOB ,1<<15|1<<14,GPIO_PIN_SET);	/*熄灭所有数码管*/
12	/*段选口输出个位数的笔型码*/	
13	HAL_GPIO_WritePin(GPIOB,0xff,GPIO_PIN_SET);	/*灭所有笔段，段选全部设为1*/
14	HAL_GPIO_WritePin(GPIOB,~SegTab[gw],GPIO_PIN_RESET);	/*显示个位数的笔型段*/
15	/*位选口输出：点亮个位数码管*/	
16	HAL_GPIO_WritePin(GPIOB ,1<<15,GPIO_PIN_RESET);	/*点亮个位数码管*/
17	HAL_Delay(10); //延时	
18	}	

再将程序下载至开发板中，我们可以看到显示"拖尾"的现象消失了。

从这个例子中我们可以看出，在做嵌入式应用系统设计时，我们要有一种精益求精的精神，平时就要养成认真仔细的习惯，只有这样，才能设计出用户满意的产品。

在实际应用中，有时需要把数码管扫描显示处理放在定时中断服务函数中，利用定时中断实现数码管扫描延时，这样可以减轻 CPU 的负担。此时需要对显示函数 display()进行适当改造，其思路是，每次调用 display()函数时只点亮一位数码管显示，其中，第 i 次（i=0，1，

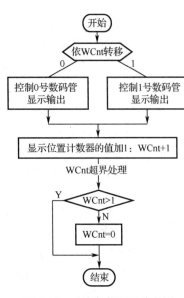

图 5-10 动态扫描显示流程图

2，…）调用 display()函数时只点亮第 *i* 号数码管，通过多次调用 display()函数来实现对所有数码管的点亮显示。实现上述思路的方法如下：

① 用变量 WCnt 作显示位置计数器，用来保存当前所要点亮数码管的编号，其初值为 0，即单片机上电后所要点亮显示的数码管是 0 号数码管。变量 WCnt 可以是全局变量，也可以是静态的局部变量。

② 进行扫描显示时，根据变量 WCnt 的值决定当前对哪一位数码管进行显示控制。若 WCnt=0 时，则控制 0 号数码管显示输出，即执行上述代码中的第 3～8 行代码，WCnt=1 时，就控制 1 号数码管显示输出，即执行上述代码中的第 11～16 行代码。控制 *i* 号数码管（*i*=0，1，…）显示输出后再调整 WCnt 的值，使其为下一个要点亮显示的数码管的编号。以 2 位数码管扫描显示为例，改造后的数码管扫描显示的流程图如图 5-10 所示。

改造后的显示程序如下：

```
1    void  display(uint8_t sw,uint8_t gw)
2    {
3      static uint8_t wcnt=0;
4      switch(wcnt)
5      {
6        case  0:
7          HAL_GPIO_WritePin(GPIOB ,1<<15|1<<14,GPIO_PIN_SET );        /*熄灭所有数码管*/
8          /*段选口输出十位数的笔型码*/
9          HAL_GPIO_WritePin(GPIOB,0xff,GPIO_PIN_SET );                /*灭所有笔段*/
10         HAL_GPIO_WritePin(GPIOB,~SegTab[sw],GPIO_PIN_RESET);        //显示十位数的笔型段
11         /*位选口输出：点亮十位数码管*/
12         HAL_GPIO_WritePin(GPIOB ,1<<14,GPIO_PIN_RESET );            /*点亮十位数码管*/
13         break;
14
15       case  1:
16         HAL_GPIO_WritePin(GPIOB ,1<<15|1<<14,GPIO_PIN_SET );        /*熄灭所有数码管*/
17         /*段选口输出个位数的笔型码*/
18         HAL_GPIO_WritePin(GPIOB,0xff,GPIO_PIN_SET );               /*灭所有笔段*/
19         HAL_GPIO_WritePin(GPIOB,~SegTab[gw],GPIO_PIN_RESET);        //显示个位数的笔型段
20         /*位选口输出：点亮个位数码管*/
21         HAL_GPIO_WritePin(GPIOB ,1<<15,GPIO_PIN_RESET );            /*点亮个位数码管*/
22         break;
23       }
24       wcnt++;
25       if(wcnt>1)     wcnt=0;
26    }
```

【说明】

上述代码中，第 16～18 行代码与第 7～9 行代码相同，它们可以合并。其方法是，将第

7~9 行代码填写在第 3 行之后，然后去掉第 7~9、16~18 行代码。

用定时器实现数码管扫描延时，图 5-6 所示电路中显示数值 12（U2 显示 1，U3 显示 2）的程序如下：

```
1    …
2    const uint8_t SegTab[] = { 0xc0,0xf9,0xa4,0xb0,0x99,
3    0x92,0x82,0xf8,0x80,0x90};                  /*共阳极数码管显示笔型码*/
4    …
5    void  display(uint8_t sw,uint8_t gw);       //函数说明
6    …
7    int main(void)
8    {
9      …
10     HAL_TIM_Base_Start_IT(&htim6);            //启动定时器 T6，并使能定时中断(时间：10ms)
11     while(1)
12     {;
13     }
14   }
15   …
16   //扫描显示函数
17   void  display(uint8_t sw,uint8_t gw)
18   {
18       static uint8_t wcnt=0;
20       HAL_GPIO_WritePin(GPIOB ,1<<15|1<<14,GPIO_PIN_SET );           //熄灭所有数码管
21       HAL_GPIO_WritePin(GPIOB ,0xff,GPIO_PIN_SET );                 //灭所有笔段
22       switch(wcnt)
23       {
24         case    0:
25           HAL_GPIO_WritePin(GPIOB ,~SegTab[gw],GPIO_PIN_RESET );    /*显示个位数的笔型段*/
26           HAL_GPIO_WritePin(GPIOB ,1<<15,GPIO_PIN_RESET );          //点亮个位数码管
27           break;
28         case    1:
29           HAL_GPIO_WritePin(GPIOB ,~SegTab[sw],GPIO_PIN_RESET );    /*显示十位数的笔型段*/
30           HAL_GPIO_WritePin(GPIOB ,1<<14,GPIO_PIN_RESET );          //点亮十位数码管
31           break;
32       }
33       wcnt++;
34       if(wcnt>1) wcnt=0;
35   }
36   //10ms 定时中断回调函数
37   void HAL_TIM_PeriodElapsedCallback(TIM_HandleTypeDef *htim)
38   {
39       if(htim==&htim6)
40       {
41           display(1,2);
42       }
43   }
```

（3）数码管点亮时间的计算

设有 n 个数码管扫描显示，在一轮扫描显示中，各个数码管点亮时间均为 t，则每个数码管熄灭时间为 $(n-1)t$，数码管闪烁频率为

$$f = \frac{1}{(n-1)t+t} = \frac{1}{nt}$$

人眼要感觉到数码管"稳定"显示，则 $f \geqslant 48\text{Hz}$，所以

$$t \leqslant \frac{1}{48n}$$

例如，用单片机控制 4 位数码管扫描显示时，在一轮扫描显示中，每位数码管点亮的时间 $t \leqslant 1/(48 \times 4) = 5.21\text{ms}$，可取数码管点亮时间 $t = 5\text{ms}$。

任务程序

扫一扫下载任务 11
的工程文件

实现方法与步骤

1. 搭建电路

开发板上数码管显示电路如图 5-11 所示，任务 11 中我们只选用其中 2 位数码管，个位选择 COM4 数码管，十位选择 COM3 数码管。

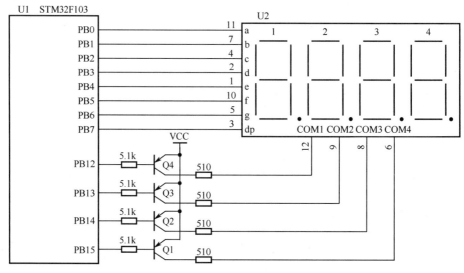

图 5-11　开发板上数码管显示电路

2. 生成硬件初始化代码

任务 11 中生成硬件初始化代码的操作方法与任务 7 中的操作方法相同，为了节省篇幅在此我们只列出其实施步骤和要求，其操作方法请读者查阅任务 7 中对应部分。产生硬件初始化代码的步骤如下：

（1）首先启动 STM32CubeMX，然后新建 STM32CubeMX 工程，配置 SYS、RCC，其中，Debug 模式选择"Serial Wire"，HSE 选择外部晶振。

（2）将 PB0～PB7、PB14、PB15 引脚配置成 GPIO 输出口，输出电平为高电平、推挽输出、既无上拉电阻也无下拉电阻、高速输出、无用户标签。

（3）配置时钟，其配置结果与任务 7 中对应的部分完全相同。

（4）将定时器 T6 配置成定时时长为 10ms 的定时器，其中预分频系数 Prescaler=99，计数值为 7199，计数模式为向上计数。然后使能 T6 中断，并将其主优先级设为 1，子优先级设为 0。

【说明】

任务 11 中，我们用 2 只数码管分别显示秒的个位值和十位值，数码管采用动态扫描显示，每只数码管点亮的时间 $t \leqslant 1/(48 \times 2)$s，可取 $t=10$ms。我们将数码管扫描显示程序放在 T6 的定时中断服务函数中，用 T6 实现数码管扫描延时，则 T6 的定时时长应取 10ms。

（5）配置 STM32CubeMX 工程。其中，工程名为 Task11，其他配置项与任务 7 中的配置相同。

（6）保存工程，生成 Keil 工程代码。

3．编写数码管显示程序

任务 11 中，我们将数码管显示程序放在用户程序文件 Display.c 中，其实现步骤与任务 10 中编写数据接收程序相同，为了节省篇幅，在此我们只列出其实施步骤和要求，相关操作请读者查阅任务 10 中编写数据接收程序部分。编写数码管显示程序的步骤如下：

（1）在"D:\ex\Task11"文件夹中新建 User 子文件夹。

（2）打开任务 11 的 Keil 工程，并新建 User 工程组。

（3）新建 Display.c 文件和 Display.h 文件，并保存至 D:\ex\Task11\User 文件夹中。

（4）在 Display.c 文件中定义数码管的笔型码表和数据显示函数。Display.c 文件的内容如下：

```
1    #include "main.h"
2
3    const uint8_t SegTab[] = { 0xc0,0xf9,0xa4,0xb0,0x99,
4    0x92,0x82,0xf8,0x80,0x90};/*共阳极数码管显示笔型码*/
5
6    void  display(uint8_t sw,uint8_t gw)
7    {
8      static uint8_t wcnt=0;
9      HAL_GPIO_WritePin(GPIOB ,1<<15|1<<14,GPIO_PIN_SET );         /*熄灭所有数码管*/
10     HAL_GPIO_WritePin(GPIOB ,0xff,GPIO_PIN_SET );               /*熄灭所有笔段*/
11     switch(wcnt)
12     {
13       case  0:    /*0 号(个位)数码管*/
14            HAL_GPIO_WritePin(GPIOB,~SegTab[gw],GPIO_PIN_RESET );   /*显示个位数的笔型段*/
15            HAL_GPIO_WritePin(GPIOB,1<<15,GPIO_PIN_RESET );        /*点亮个位数码管*/
16            break;
17       case  1:
18            HAL_GPIO_WritePin(GPIOB,~SegTab[sw],GPIO_PIN_RESET );   /*显示十位数的笔型段*/
19            HAL_GPIO_WritePin(GPIOB,1<<14,GPIO_PIN_RESET );        /*点亮十位数码管*/
20            break;
21     }
22     wcnt++;
23     if(wcnt>1)    wcnt=0;
24   }
```

（5）在 Display.h 文件中添加 display()函数原型说明。Display.h 文件的内容如下：

1	#ifndef __DISPLAY_H__
2	#define __DISPLAY_H__
3	
4	extern void display(uint8_t sw,uint8_t gw);
5	
6	#endif

（6）保存 Display.c 文件和 Display.h 文件，再将 Display.c 文件添加至 User 组中。

（7）按照任务 10 中介绍的方法，将 User 文件夹添加到 include 目录中。

4．编写秒表应用程序

任务 11 中，定时器 T6 既是 2 只数码管扫描显示的延时定时器，也是秒表的基准时间定时器，其定时时长为 10ms，秒时间的产生和数码管的扫描显示控制都放在定时器的溢出中断回调函数中。我们用变量 sec 记录秒时间，用 timcnt 记录 10ms 定时中断的次数，则 timcnt 计满 100 次所对应的时间为 100×10ms=1s，此时可将 sec 加 1，从而实现秒计数。

由于 timcnt、sec 都是定时中断中的软件计数器，保存的是前次中断服务程序运行的计数值，这 2 个变量需要定义成全局变量或者静态的局部变量，不能定义成自动变量。任务 11 中，这 2 个变量只是在 T6 定时中断回调函数中使用，我们将其定义成静态的局部变量。

任务 11 中，秒表的应用程序位于 main.c 文件中，其代码结构如下：

```
1    ...
2    #include    "Display.h"
3    ...
4    int main(void)
5    {
6      ...
7      HAL_TIM_Base_Start_IT(&htim6);
8      while(1)
9      {
10     }
11   }
12   ...
13   void HAL_TIM_PeriodElapsedCallback(TIM_HandleTypeDef *htim)
14   {
15       static uint8_t sec=0;
16       static   uint8_t timcnt=0;
17       if(htim==&htim6)
18       {
19           timcnt++;
20           if(timcnt>99)
21           {   timcnt=0;
22               sec++;
23               if(sec>59) sec=0;
24           }
25           display(sec/10,sec%10);
26       }
27   }
```

首先将上述代码按照程序编写规范的要求添加至 main.c 文件的对应位置处，然后按照前面任务中所介绍的方法对程序进行编译、调试直至程序正确无误，再将程序下载至开发板中并运行程序，我们可以看到数码管中所显示的数据每隔 1 秒就自动加 1，自动地显示开机时间。

实践总结与拓展

任务程序

扫一扫下载用 HC595 扩展数码管扫描显示的工程文件

用移位芯片扩展数码管扫描显示

在单片机应用系统开发中，有时为了节省单片机的 I/O 端口，常用 HC595、74LS164 或者 CD4094 这类串入并出的移位芯片扩展数码管扫描显示，这些芯片的扩展方法相似，我们以 HC595 为例介绍用移位芯片扩展数码管扫描显示的方法。

（1）HC595 的应用特性

HC595 为串入并/串出的移位芯片，内部有一个 8 位的移位寄存器和一个 8 位的锁存器，可以同时实现串入并出和串入串出，HC595 共 16 个引脚，其引脚分布如图 5-12 所示，芯片的内部结构如图 5-13 所示，各引脚的功能如表 5-2 所示。

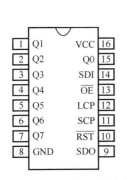

图 5-12 HC595 的引脚分布

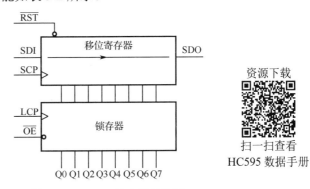

图 5-13 HC595 的内部结构图

资源下载

扫一扫查看
HC595 数据手册

表 5-2 HC595 的引脚功能

引　　脚	符　　号	功　　能
1	Q1	并行输出的 D1 位
2	Q2	并行输出的 D2 位
3	Q3	并行输出的 D3 位
4	Q4	并行输出的 D4 位
5	Q5	并行输出的 D5 位
6	Q6	并行输出的 D6 位
7	Q7	并行输出的 D7 位
8	GND	电源地
9	SDO	串行输出引脚
10	$\overline{RST}$	复位脚，低电平有效。该引脚为低电平时，内部移位寄存器的内容和 SDO 清 0，但内部锁存器的内容不变，Q0～Q7 的输出不变
11	SCP	移位时钟信号输入脚。SCP 的上升沿时 HC595 将 SDI 引脚上的数据移入内部移位寄存器

引　脚	符　号	功　　能
12	LCP	锁存时钟信号输入脚。LCP 的上升沿时 HC595 将移位寄存器的内容移入内部锁存器
13	$\overline{OE}$	输出使能引脚，低电平有效。$\overline{OE}$ 为 0 时，Q0～Q7 输出锁存器的内容，$\overline{OE}$ 为 1 时，Q0～Q7 为高阻态，但串行输出不受影响
14	SDI	串行数据输入脚。数据移位的方向为高位在先，低位在后
15	Q0	并行输出的 D0 位
16	VCC	正电源引脚

（2）HC595 扩展数码管扫描显示的电路

用 2 片 HC595 扩展 4 位数码管扫描显示的电路如图 5-14 所示。

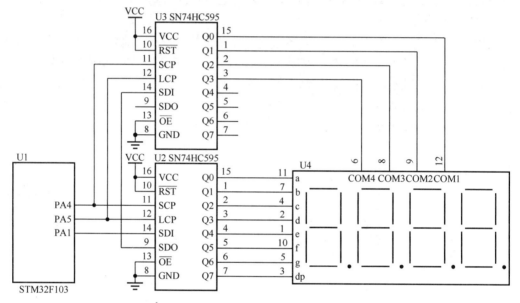

图 5-14　HC595 扩展数码管扫描显示电路

图中，U4 为 4 位一体数码管，U1 为 STM32，用来产生串行时钟信号和锁存时钟信号，并向 HC595 发送数据，U2、U3 为 HC595，分别向数码管输出段选数据和位选数据。其中，U2 的并行输出脚 Q0～Q7 与数码管的段选脚相连，U2 为段选移位控制芯片，U3 的并行输出脚与数码管的位选脚相连，U3 为位选移位控制芯片。图 5-14 中，我们只使用了 4 位数码管，所以，U3 的并行输出脚中只使用了 Q0～Q3 共 4 个引脚。

在图 5-14 中，U2、U3 的串行时钟脚 SCP 相并联，然后接在 STM32 的 PA4 引脚上；U2、U3 的锁存时钟引脚 LCP 相并联，然后接在 STM32 的 PA5 引脚上；U2 的串行数据输出脚 SDO 与 U3 的串行数据输入脚 SDI 相接，U2、U3 级联后形成一个 16 位的串入并出的移位寄存器，可以同时输出 16 位的数据。位选移位寄存器 U3 输出高字节数据，段选移位寄存器 U2 输出低字节数据，U2 的 SDI 引脚为 16 位移位寄存器的串行数据输入端。

在图 5-14 中，U2、U3 的 $\overline{RST}$ 脚接电源 VCC，复位无效，U2、U3 内部寄存器的内容取决于其 SDI 引脚输入的内容。$\overline{OE}$ 脚接地，写入锁存器的数据直接从 Q0～Q7 引脚输出。

（3）用 HC595 扩展数码管扫描显示的程序

用 HC595 扩展数码管扫描显示的程序主要由写数据函数 WriteHc595()、显示数据函数

DisDat()和扫描显示函数 Display()组成，其中 WriteHc595()是按照 HC595 的工作时序编写的，DisDat()函数是按照 HC595 的工作原理和扫描显示电路特点编写的，Display()函数是按照数码管扫描显示原理编写的。编写 WriteHc595()函数要注意以下几点：

（1）在串行时钟 SCP 的上升沿，HC595 将 SDI 引脚上的数据移入内部移位寄存器的最低位，同时将移位寄存器中的最高位移至 SDO 引脚上。因此，需要先将串行数据写入 SDI 脚，再产生 SCP 的上升沿。

（2）移位寄存器的移位方向是，高位在先，低位在后（参考图 5-13），向 HC595 发送字节数据时，应先发送字节数据的最高位，然后将数据左移一位。

（3）在图 5-14 中，U2、U3 级联后形成一个 16 位的移位寄存器，U3 输出的是 16 位数据的高字节，U2 输出的是 16 位数据的低字节。因此，向 HC595 发送数码管控制数据时应先发送位选数据，再发送段选数据。

我们将 HC595 扩展数码管扫描显示的程序放在用户程序文件 HC595_LED.c 中，其接口文件为 HC595_LED.h。HC595_LED.c 文件的内容如下：

```
1    /************************************************
2    文件名：HC595_LED.c
3    功能：用 HC595 扩展 8 位数码扫描显示程序
4    ************************************************/
5    #include    "main.h"
6    /************************************************
7    端口定义
8    ************************************************/
9    #define SDI_GPIO_Port    GPIOA            //数据线 SDI 所在端口
10   #define SCP_GPIO_Port    GPIOA            //时钟线 SCP 所在端口
11   #define LCP_GPIO_Port    GPIOA            //锁存线 LCP 所在端口
12
13   #define SDI_Pin      GPIO_PIN_1           //数据线 SDI 所在引脚
14   #define SCP_Pin      GPIO_PIN_4           //时钟线 SCP 所在引脚
15   #define LCP_Pin      GPIO_PIN_5           //锁存线 LCP 所在引脚
16
17   //端口操作定义
18   #define HC595_SDI_SET()   HAL_GPIO_WritePin(SDI_GPIO_Port,SDI_Pin,GPIO_PIN_SET)
     //数据线置 1
19   #define HC595_SDI_CLR()   HAL_GPIO_WritePin(SDI_GPIO_Port,SDI_Pin,GPIO_PIN_RESET)
     //数据线清 0
20
21   #define HC595_SCP_SET() HAL_GPIO_WritePin(SCP_GPIO_Port,SCP_Pin,GPIO_PIN_SET)
     //时钟线置 1
22   #define HC595_SCP_CLR()   HAL_GPIO_WritePin(SCP_GPIO_Port,SCP_Pin,GPIO_PIN_RESET)
     //时钟线清 0
23
24   #define HC595_LCP_SET()   HAL_GPIO_WritePin(LCP_GPIO_Port,LCP_Pin,GPIO_PIN_SET)
     //锁存线置 1
25   #define HC595_LCP_CLR()   HAL_GPIO_WritePin(LCP_GPIO_Port,LCP_Pin,GPIO_PIN_RESET)
     //锁存线清 0
26
27   const uint8_t     ComTab[] = {0x01,0x02,0x04,0x08,0x10,0x20,0x40,0x80};    //共阳极数码管位选码
```

```
28
29    const uint8_t SegTab[] = { 0xc0,0xf9,0xa4,0xb0,0x99,0x92,0x82,0xf8,0x80,0x90};/*共阳极数码管显示
      笔型码*/
30    /**********************************************************
31    void  WriteHc595(uint8_t    dat)
32    功能：向 HC595 写入 1 字节的数据
33    参数：
34    dat：待写入的字节数据
35    返回值：无
36    **********************************************************/
37    void  WriteHc595(uint8_t    dat)
38    {
39        uint8_t    i,j;
40        for(i=0;i<8;i++)
41        {
42            if(dat & 0x80)
43            {//高位为 1，发送 1
44                HC595_SDI_SET();
45            }
46            else
47            {//高位为 0，发送 0
48                HC595_SDI_CLR();
49            }
50            HC595_SCP_SET();        //产生时钟上升沿，数据写入移位寄存器
51            for(j=0;j<30;j++);      //延时，对应时钟高电平期
52            HC595_SCP_CLR();        //产生时钟下降沿
53            dat <<=1;               //左移一位，准备发送下一位数
54        }
55    }
56    /**********************************************************
57        void  DisDat(uint8_t dat,uint8_t n)
58    功能：控制某位数码管显示 1 个数
59    参数：
60    dat：待显示的数
61    n：所控制的数码管的编号
62    返回值：无
63    **********************************************************/
64    //显示数据函数 DisDat()
65    void  DisDat(uint8_t    dat,uint8_t n)
66    {
67        uint8_t i;
68        WriteHc595(ComTab[n]);      //发送位选数据
69        WriteHc595(SegTab[dat]);    //发送段选数据
70        HC595_LCP_SET();            //产生锁存时钟上升沿，2 片 595 输出
71        for(i=0;i<30;i++);          //延时，对应时钟高电平期
72        HC595_LCP_CLR();            //产生锁存时钟下降沿，时钟复位
73    }
74    /**********************************************************
```

```
75          void  Display(uint8_t qw,uint8_t bw,uint8_t sw,uint8_t gw)
76      功能：控制 4 位数码管扫描显示
77      参数：
78      qw：所要显示的千位数
79      bw：所要显示的百位数
80      sw：所要显示的十位数
81      gw：所要显示的个位数
82      返回值：无
83      ************************************************************/
84      void  Display(uint8_t qw,uint8_t bw,uint8_t sw,uint8_t gw)
85      {
86          static uint8_t wcnt=0;
87          switch(wcnt)
88          {
89              case  0:
90                  DisDat(qw,0);
91                  break;
92              case  1:
93                  DisDat(bw,1);
94                  break;
95              case  2:
96                  DisDat(sw,2);
97                  break;
98              case  3:
99                  DisDat(gw,3);
100                 break;
101         }
102         wcnt++;
103         wcnt %=4;
104     }
```

HC595_LED.h 文件的内容如下：

```
1   /************************************************************
2   文件名：HC595_LED.h
3   功能：用 HC595 扩展 8 位数码管扫描显示程序
4   ************************************************************/
5   #ifndef    __HC595_LED_H__
6   #define    __HC595_LED_H__
7
8   extern     void  Display(uint8_t qw,uint8_t bw,uint8_t sw,uint8_t gw);//显示个十百千位数
9
10  #endif
```

习题 11

1. 画出 2 只共阴极数码管采用静态显示方式显示时与 STM32 的接口电路，并写出用这

两只数码管显示数字 12 的程序。

2．在 STM32 应用系统中，要用 GPIOB 口控制 4 只共阴极数码管进行扫描显示，试画出其控制接口电路，并写出用这 4 只数码管显示数字 1234 的程序。

3．STM32 应用系统中需要控制 N 个数码管扫描显示，为了使数码管"稳定"显示，则一轮扫描期内，各数码管点亮的时间 $t \leqslant$ _____s。

4．STM32 外接 2 位数码管显示电路，如图 5-15 所示。

（1）该电路中数码管是动态扫描显示的，还是静态显示的？

（2）该电路中数码管是共阴极数码管，还是共阳极数码管？

（3）请编写程序使 2 位数码管显示数字 12，其中 U3 显示十位，U4 显示个位。给定数码管的显示笔型码表如下：

```
unsigned  char code  ledcode[10]= {
0x3f,0x06,0x5b,0x4f,0x66,0x6d,0x7d,0x07,0x7f,0x6f };
```

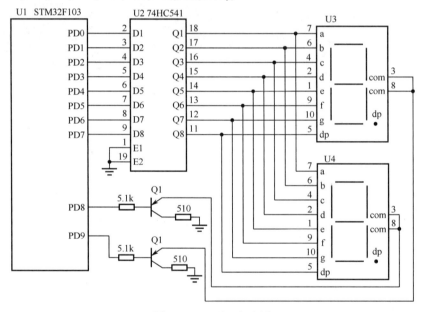

图 5-15　习题 4 电路图

5．用 STM32 的 T6 制作一个数字钟，用来对秒和分进行计时。用 PB 口控制一只 4 位一体共阳极数码管扫描显示，4 位一体数码管从左至右的编号依次为 0～3，依次显示分的十位数、分的个位数、秒的十位数和秒的个位数。串口 1 作异步通信口，与计算机进行串行通信，计算机通过串口调试助手向 STM32 发送控制命令，控制数字钟的启动、暂停、清 0 以及时间的设置。STM32 接收到控制命令后需要用串口向计算机发送反馈信息，以便能在串口调试助手中显示相关信息。计算机的串口发送的控制命令以及串口调试助手中显示的数据如表 5-3 所示。

表 5-3　控制命令及回显数据

命　　令	功　　能	串口调试助手显示的数据
55 AA 01 FC	启动数字钟	启动数字钟
55 AA 02 FC	暂停数字钟	暂停数字钟
55 AA 03 FC	时间清 0	时间清 0

续表

命　令	功　能	串口调试助手显示的数据
55 AA 04 val FC	设置秒，val 为 BCD 码的设置值	秒值为 val
55 AA 05 val FC	设置分，val 为 BCD 码的设置值	分值为 val

表中，命令数据为十六进制数，55AA 为数据头，FC 为数据尾，val 表示用户输入的某个 BCD 码的设置值。例如，55AA0423FC 就表示输入命令为命令 4，即设置秒，输入数据为 23，此时 STM32 应将数字钟的秒值设为 23，同时用串口向计算机发送"秒值为 23"。

（1）上电后数字钟呈暂停状态，4 只数码管的显示数为 0000，数码管扫描显示时间由 T6 控制，串口 1 为异步通信口，波特率 BR=115200bps，数据位为 8 位，停止位为 1 位。请在 STM32CubeMX 中完成相关配置，将工程命名为 Task11_ex5，并保存至"D:\练习"文件夹中，然后将 GPIO 口的配置、定时器 T6 的配置和串口 1 的配置截图，并保存到"学号_姓名_Task11_ex5.doc"文件中，题注分别为"GPIO 口配置""定时器 T6 的配置"和"串口 1 的配置"，最后将此文件保存至文件夹"D:\练习"中。

（2）请画出实践中 STM32 控制数码管扫描显示的电路，并将电路图截图后保存到"学号_姓名_Task11_ex5.doc"文件中，题注为"STM32 控制数码管扫描显示的电路"。

（3）请在 time.c 文件中编写定时器的相关程序，然后将程序代码截图，并保存至"学号_姓名_Task11_ex5.doc"文件中，题注为"定时器程序"。

（4）在 Serial.c 文件中重新定义串口接收中断回调函数，请将回调函数的代码截图，并保存至"学号_姓名_Task11_ex5.doc"文件中，题注为"串口接收数据程序"。

（5）在 Display.c 文件中定义数码管扫描显示的相关变量和函数，请将扫描显示函数截图，并保存至"学号_姓名_Task11_ex5.doc"文件中，题注为"数码管扫描显示程序"。

（6）在 main.c 文件中编写串口接收数据处理程序，并将其代码截图后保存至"学号_姓名_Task11_ex5.doc"文件中，题注为"接收数据处理"。

（7）编译连接程序，将输出窗口截图保存至"学号_姓名_Task11_ex5.doc"文件中，题注为"编译连接程序"。

（8）运行程序，然后将时间设置为 45 分 20 秒，并启动数字钟走时，请将数码管的显示值拍照后保存至"学号_姓名_Task11_ex5.doc"文件中，题注为"数码管显示值"。将串口调试助手显示信息截图后保存至"学号_姓名_Task11_ex5.doc"文件中，题注为"程序运行结果"。

习题解答
扫一扫下载习题工程

习题解答
扫一扫查看习题答案

任务 12　用键盘控制秒表的运行

课件
扫一扫下载课件

任务要求

在任务 11 的基础上增加 S0、S1 两个按键。S0 键作启动/停止键，奇数次按 S0 键，启动秒表走时，秒表在当前显示秒数的基础上计时。例如，当前数码管显示的是 05，第 1 次或者第 3 次按 S0 键后，秒表在 5 秒的基础上计时，依次显示 06，07…偶数次按 S0 键，秒表停止走时，显示时间一直保持不变。S1 键为清 0 键，按 S1 键，秒表停止走时，显示数值为 0。上电时，秒表停止计时，数码管显示 0 秒。

学习视频

扫一扫观看键盘处理流程图视频

知识储备

1. 键盘处理流程

单片机系统中所用的键盘有独立式键盘和矩阵式键盘两种。键盘接口的基本任务主要有

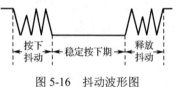

图 5-16　抖动波形图

4 个方面：①判断是否有键被按下；②去抖动；③确定所按下键的键值，即确定是何键被按下；④对按键功能进行解释。

在一次按键操作中，由于按键的机械特性的原因，键被按下或释放都有一个弹跳的抖动过程，抖动的时间一般为 5～15ms，其波形图如图 5-16 所示。

按键抖动必须消除，否则会引起按键识别错误。去抖动的方法有硬件去抖动和软件去抖动两种方法。硬件去抖动的方法是，在按键两端并联一个小电容，或者用 R-S 触发器组成的锁存电路来去抖动，其电路我们已在任务 5 中作了介绍，在此不再赘述。软件去抖动的方法是采取延时的方法来回避抖动期，其具体的做法是，检测到有键按下或者有键释放后，延时 5～15ms 的时间，再去读按键输入情况，此时抖动期已过，所读的按键输入是按键稳定按下或释放状态。键盘处理的一般流程如图 5-17 所示。

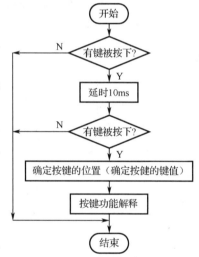

图 5-17　键盘处理的一般流程

2. 独立式键盘接口

（1）独立式键盘的接口电路

独立式键盘的接口电路我们在任务 5 中已经接触过，其电路如图 5-18 所示，其中，图 a 为所有按键接在同一个 GPIO 口上的键盘电路，图（b）为按键接在不同的 GPIO 口上的键盘电路。图中，K1～K4 为按键，R1～R4 为上拉电阻，其作用是，将按键被按下与释放的机械动作转换成单片机可识别的高低电平，例如，在图（b）中，K1 按下后，PC13=0，K1 释放后，PC13=1。电容 C1～C4 为去抖动滤波电容，它们分别与各按键并联。从图 5-18 可以看出，独立键盘电路的特点是，按键的一端接地，另一端接并行口的某一根 I/O 口线，I/O 口线外接上拉电阻。若并行口内部有上拉电阻，可不接上拉电阻。

在单片机应用系统中，若按键数不超过 8 个，一般采用独立式键盘。在独立式键盘中，按键数大于 3 个时，一般是将这些按键接在同一个 GPIO 口上，以方便键盘处理程序的编写。按键数不足 4 个时，可将这些按键接在不同的 GPIO 口上。

（2）独立式键盘的处理程序

键盘处理程序的执行时间一般不足 1ms，而一次按键按下的时间一般为几十毫秒乃至上百毫秒。键盘处理需要注意的问题是，要防止一次按键按下被多次解释执行（连击键除外）。

键盘处理可以放在 main 函数中，也可以放在 10ms 定时中断服务函数中。

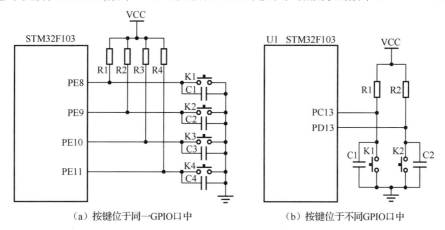

（a）按键位于同一GPIO口中　　　（b）按键位于不同GPIO口中

图 5-18　独立式键盘接口电路

　　键盘的处理方法是，用位变量 keytreated 标识键按下是否已处理，该变量可以是全局变量，也可以是静态的局部变量。keytreated=0 表示键按下未处理，keytreated=1 表示键按下已处理。用 keytreated 标志位与按键是否按下来控制按键解释程序的执行，延时去抖动后，如果无键按下或者是键按下已处理（keytreated=1），则不进行按键功能的解释处理。如果检测到有键按下，并且键按下未处理（keytreated=0），则确定按键的位置后再对按键进行解释处理，按键解释处理结束后再将 keytreated 位置 1，以阻止下一次循环时，对同一键按下进行重复解释。另外，为了保证下次有键按下时程序能正常处理，按键释放后，还需要将 keytreated 清 0。按键处理的流程如图 5-19 所示。

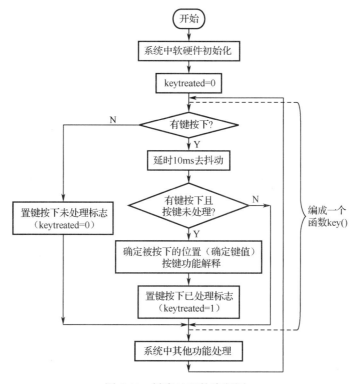

图 5-19　键盘处理的流程图

不同的电路实现上述流程图的代码略有不同，其差别在于判断是否有键按下、确定按键的位置以及按键功能解释的方法不同。按键位于同一个 GPIO 口时，一般是先读 GPIO 口的输入，然后判断输入值中按键所在位是否为 1 来确定是否有键按下，再用 switch-case 语句确定是何键按下并进行按键功能解释。

以图 5-18（a）所示的电路为例，在 main 函数中进行键盘处理时，main 函数的框架结构如下：

```
1    …
2    void  key(void);                     //按键处理函数
3    uint16_t    scan(void);              //键盘扫描函数
4    void  explain(uint16_t m);           //按键功能解释函数
5    …
6    /*********************************************
7    main()函数
8    *********************************************/
9    int main(void)
10   {    /*软硬件初始化*/
11        while(1)
12        {    key();
13             /*此处添加系统中其他处理程序*/
14        }
15   }
16   /*********************************************
17   键盘处理函数 key()
18   *********************************************/
19   void  key(void)
20   {
21        static uint8_t keytreated=0;         //键已处理 0:未处理
22        uint16_t keyval;                     //按键的键值
23        keyval=GPIOE->IDR | 0xf0ff;          /*读按键输入,并将无效位置 1*/
24        if(keyval != 0xffff)                 //判断是否有键按下
25        {   //有键被按下
26             HAL_Delay(10);                  //延时 10ms 去抖动
27             keyval=GPIOE->IDR | 0xf0ff;     /*再次读按键输入,并将无效位置 1*/
28             if((keyval != 0xffff)&&(keytreated ==0))
29             {//有键按下且键没处理
30                  keyval=scan();             /*扫描键盘,获取按键的位置(键值) , 按键位于同一 GPIO
     口时，按键输入中包含按键位置信息，此句可省略*/
31                  explain(keyval);           /*对按键进行解释处理*/
32                  keytreated =1;             /*置键按下已处理标志,阻止按键被重复处理*/
33             }
34        }
35        else
36        {   //第 1 次检测到无键按下
37             keytreated =0;                  /*置键未处理标志*/
38        }
39   }
```

```
40  /*****************************************
41  扫描键盘函数 scan()
42  *****************************************/
43  uint16_t    scan(void)
44  {    uint16_t    m;
45       /*此处添加键盘扫的具体代码(与电路有关),并将所获取的键值存入 m 中*/
46       return      m;
47  }
48  /*****************************************
49  按键解释函数 explain()
50  *****************************************/
51  void  explain(uint16_t m)
52  {
53       switch(m)
54       {
55            case  0xfeff:      //1111 1110 1111 1111 K1 的键值
56                 /*K1 的功能解释*/
57                 break;
58            case  0xfdff:      //1111 1101 1111 1111 K2 的键值
59                 /*K2 的功能解释*/
60                 break;
61            case  0xfbff:      //1111 1011 1111 1111 K1 的键值
62                 /*K3 的功能解释*/
63                 break;
64            case  0xf7ff:      //1111 0111 1111 1111 K2 的键值
65                 /*K4 的功能解释*/
66                 break;
67            …
68       }
69  }
```

【说明】

① 本程序也适合于后面介绍的矩阵式键盘处理。不同的键盘其获取键值的方法不同,在实际使用中需要根据具体情况做适当变换。

② 在 key()函数中,第 23 行代码的功能是,读 PE 口的输入,并消除 PE0~PE7、PE12~PE15 的输入影响。本例中,读按键输入读的是 PE 口的输入,由于 PE0~PE7、PE12~PE15 并不是有效的按键输入引脚,它们的输入是不确定的(与其外接电路有关),为了方便后续的分析判断,我们必须将这些不确定的无效位设置成 0 或者 1,本例中,我们将其设置成 1。

③ 对于按键位于同一 GPIO 口的独立式键盘而言,按键的输入值中包含了按键的键值信息,即按键的输入值实际上就是按键的编码值。输入值的某位为 0,则表示对应的按键被按下。对于图 5-18(a)所示电路,按键接在 PE8~PE11 引脚上,在 PE 口的输入值中,D0~D7、D12~D15 为无效位。无效输入位置 1 后,若 PE 口输入值为 1111 1010 1111 1111B,则是 K1、K3 键被按下。程序中可以不单独使用 scan()函数获取键值。

【例】STM32 的 PE 口外接 3 只按键,PD 口外接一位数码管显示电路,如图 5-20 所示。编写程序实现以下功能:上电时数码管显示 0,按 S1 键显示数据加 1,按 S2 键显示数据减 1,

按 S3 键显示数据清 0。

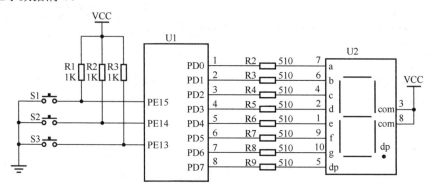

图 5-20　例题中电路图

【解】电路中，数码管的位选脚（com 脚）接正电源 VCC，因此数码管为共阳极数码管。实现本例功能的思路是，用全局变量 num 保存数码管的显示值，在键盘处理程序中依据按键的功能对 num 分别进行加 1、减 1 或清 0 处理，然后在数码管显示程序中对 num 中的数进行显示，这样就可以使用按键调整数码管的显示值。本例的程序如下：

1	...
2	void key(void);　　　　　　//按键处理函数
3	//uint16_t scan(void);　　　//键盘扫描函数
4	void explain(uint16_t m);　　//按键功能解释函数
5	void display(uint8_t m);
6	
7	uint8_t　　　num=0;　　　　　//显示数
8	const uint8_t　　　SegTab[]={0xc0,0xf9,0xa4,0xb0,0x99,//共阳极数码管的笔型码
9	0x92,0x82,0xf8,0x80,0x90};
10	...
11	/************************************
12	main()函数
13	************************************/
14	int main(void)
15	{
16	while(1)
17	{　key();　　　　　　　//按键处理
18	**display(num);**　　　//显示数据
18	}
19	}
20	/************************************
21	键盘处理函数 key()
22	************************************/
23	void key(void)
24	{
25	static uint8_t keytreated=0;　　　　　　//键已处理标志　　　0:未处理
26	uint16_t keyval;　　　　　　　　　　//按键的键值
27	keyval=GPIOE->IDR	0x1fff;　　　　　/*读按键输入，并将无效位置 1*/
28	if(keyval != 0xffff)　　　　　　　　//判断是否有键被按下

29	{　//有键按下
30	HAL_Delay(10);　　　　　　　　　　　//延时 10ms 去抖动
31	keyval=GPIOE->IDR | 0x1fff;　　　　　/*读按键输入，并将无效位置 1*/
32	if((keyval != 0xffff)&&(keytreated ==0))
33	{//有键按下且键没处理
34	//　keyval=scan();
35	explain(keyval);　　　　　　　　/*对按键进行解释处理*/
36	keytreated =1;　　　　　　　　　/*置键按下已处理标志,阻止按键被重复处理*/
37	}
38	}
39	else
40	{　//第 1 次检测到无键按下
41	keytreated =0;　　　　　　　　　　　/*置键未处理标志*/
42	}
43	}
44	/*************************************
45	按键解释函数 explain()
46	**************************************/
47	void explain(uint16_t m)
48	{
49	switch(m)
50	{
51	case 0x7fff:　　//0111 1111 1111 S1 的键值
52	num++;　/*S1 按下，显示值加 1*/
53	break;
54	case 0xbfff:　　//1011 1111 1111 S2 的键值
55	num--;　/*S2 按下，显示值减 1*/
56	break;
57	case 0xdfff:　　//1101 1111 1111 S3 的键值
58	num=0;　/*S3 按下，显示值清 0*/
59	break;
60	}
61	}
62	/*************************************
63	显示一位数函数 display(uint8_t m)
64	**************************************/
65	void display(uint8_t m)
66	{
67	HAL_GPIO_WritePin (GPIOD ,0xff,GPIO_PIN_SET);　　　　　　　　　//熄灭数码管的所有笔段
68	HAL_GPIO_WritePin (GPIOD ,~SegTab[num%10],GPIO_PIN_RESET);　　//显示个位数
69	}

　　按键位于不同 GPIO 口时，一般先用 if 语句直接判断各按键是否被按下，再用 if-else 语句确定是何键被按下并进行按键功能解释。以图 5-18（b）所示的电路为例，键盘处理程序的框架结构如下：

1	void key(void)
2	{
3	static uint8_t keytreated=0;//键已处理　0:未处理

4	if(K1 按下 ‖ K2 按下)
5	{//有键按下
6	HAL_Delay(10);//延时 10ms 去抖动
7	if(K1 按下 && (keytreated==0))
8	{ /*此处添加 K1 功能解释代码*/
9	keytreated=1;
10	}
11	else if(K2 按下 && (keytreated==0))
12	{ /*此处添加 K2 功能解释代码*/
13	keytreated=1;
14	}
15	}
16	else
17	{//无键按下
18	keytreated=0;/*置键未处理标志*/
19	}
20	}

其中，if(K1 按下 && (keytreated==0))可表示为if((HAL_GPIO_ReadPin(GPIOC,GPIO_PIN_13) == GPIO_PIN_RESET) && (keytreated==0))。

3. 矩阵式键盘接口

（1）矩阵式键盘的接口电路

由 PE8～PE11、PE12～PE15 口线与外部 16 个按键构成的矩阵式键盘电路如图 5-21 所示。由图可以看出，矩阵式键盘采用行列电路结构，行线为输入口(图中 PE8～PE11 口线)，外接上拉电阻，列线为输出口，按键位于行线与列线的交叉处，一端接行线，另一端接列线。

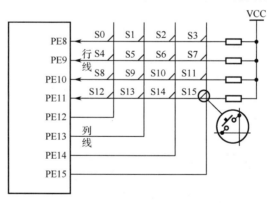

图 5-21　矩阵式键盘接口电路

任务程序

用串口显示矩阵式按键的编号

（2）矩阵式键盘的处理程序

矩阵式键盘的处理流程与独立式键盘的框架结构一样，只是判断是否有键按下、确定按键的位置的方法不同而已。

① 判断是否有键按下。判断矩阵式键盘是否有键按下的方法是，将列线全部输出 0 后再读行线输入，若行线输入为全 1，则无键按下，否则有键按下。例如，在图 5-21 的矩阵式键盘中，若 S5 按下，PE12～PE15 全部输出 0（即二进制数 0000）后读 PE8～PE11 的输入。这时，第 1 行与第 1 列因 S5 按下而导通，第 1 行被拉至低电平，PE9=0，行线 PE8～PE11 的输

入就不再是全 1 了。必须注意的是，若 PE9=0，并不能确定是 S5 键被按下，因为 S4、S5、S6、S7 任意一键被按下都会导致 PE9=0。判断是否有键按下的程序段如下：

```
1   uint16_t     tmp;
2   HAL_GPIO_WritePin(GPIOE ,0xf000,GPIO_PIN_RESET );//4 根列线（PE12～PE15）输出 0
3   tmp=GPIOE->IDR | 0xf0ff;  //读 4 根行线(PE8～PE11)的输入，并将无效位置 1
4   if(tmp != 0xffff)           //判断是否有键按下
5   {    //有键按下时的处理
6   }
7   else
8   {    //无键按下时的处理
9   }
```

　　② 确定按键的位置。对于图 5-21 所示的矩阵键接口电路，确定按键位置的方法是，先将第 0 列输出低电平，其他列输出高电平，读行线输入，这时检查的是 S0、S4、S8、S12 这 4 个按键的状态。若读得的行输入为全 1，则表示与第 0 列相接的 4 个键无键按下。再将第 1 列输出低电平，其他各列输出高电平，读行线输入，这时检查的是 S1、S5、S9、S13 这 4 个按键的状态。若读得的行输入仍为全 1,则表示与第 1 列相接的 4 个键无键按下。依此类推，再查下一列，直到所有列检查完毕，则必有一列输出低电平时，行输入不为全 1。若第 j 列输出低电平，其他列输出高电平时，读行线输入不是全 1，则表示按键位于第 j 列，此时应退出循环，再查看是哪一根行线为低电平，如果是第 i 根行线为低电平，则按键位于第 i 行，按键的键值 keyval=i×每行按键数+j。

　　上述方法可以概括为，列线逐列输出低电平，然后检查行线输入，若行线输入为全 1，则继续下一列输出。若第 j 列输出 0 时，行输入不为全 1，则查输入为 0 的行线号。确定按键位置的流程图如图 5-22 所示。

　　确定按键位置的程序如下：

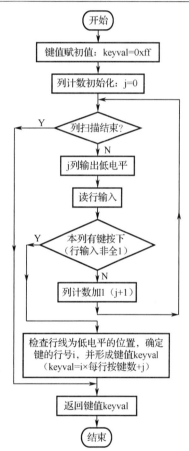

图 5-22　确定按键位置程序流程图

```
1   /*********************************************
2   键盘扫描函数 scan()
3   功能：确定按键的位置
4   返回值：按键的键值（大于 251 为无键按下）
5   *********************************************/
6   uint8_t scan(void)
7   {
8       uint8_t i,j,keyval;                //i:行号,j:列号,keyval:键值
```

9	uint16_t tmp;	//临时变量
10	keyval=0xff;	//键值赋初值：无键被按下
11	for(j=0;j<4;j++)	
12	{ //逐列处理	
13	HAL_GPIO_WritePin(GPIOE,0xf000,GPIO_PIN_SET);//列线（PE12～PE15）恢复高电平	
14	HAL_GPIO_WritePin(GPIOE,1<<(12+j),GPIO_PIN_RESET);//第 j 列输出低电平	
15	tmp=GPIOE->IDR	0xf0ff;	//读行线(PE8～PE11)输入，并将无效位置 1
16	if(tmp != 0xffff)	//判断是否有键按下
17	{ //j 列有键按下	
18	switch(tmp)	//确定按键的行号
19	{	
20	case 0xfeff:	//1111 1110 1111 1111 PE8=0
21	i=0;break;	//行号为 0
22	case 0xfdff:	//1111 1101 1111 1111 PE9=0
23	i=1;break;	//行号为 1
24	case 0xfbff:	//1111 1011 1111 1111 PE10=0
25	i=2;break;	//行号为 2
26	case 0xf7ff:	//1111 0111 1111 1111 PE11=0
27	i=3;break;	//行号为 3
28	default:	//无效值，行号设为 63
29	i=63;break;	
30	}	
31	keyval=4*i+j;	//根据行列号形成键值
32	break;	//跳出循环
33	}	//if 语句结束
34	}	//for 循环体结束
35	return keyval ;	//返回键值
36	}	

【说明】

第 15 行～第 33 行的功能是，检查第 j 列是否有键被按下，并确定按键所在的行号。这部分代码也可以用逐根行线判断的方式来实现，其代码如下：

1	uint8_t scan(void)	
2	{	
3	uint8_t i,j,keyval=0xff;	
4	for(j=0;j<4;j++)	
5	{	
6	HAL_GPIO_WritePin(GPIOE,0xf000,GPIO_PIN_SET);	//列线（PE12～PE15）恢复高电平
7	HAL_GPIO_WritePin(GPIOE,1<<(12+j),GPIO_PIN_RESET);	//第 j 列输出低电平
8	for(i=0;i<4;i++)	
9	{	
10	if(HAL_GPIO_ReadPin(GPIOE,1<<(8+i))==GPIO_PIN_RESET)	//第 i 行是否为低电平
11	{//第 i 行为低电平，则形成键值后跳出内层循环	
12	keyval=4*i+j; break;	
13	}	
14	}	
15	if(i<4) break;//j 列有键被按下，则跳出列扫描检查（外层循环），否则再查下一列	

16	}
17	return　　　keyval;
18	}

实现方法与步骤

任务程序

扫一扫下载任务 12
的工程文件

1．搭建电路

任务 12 的电路如图 5-23 所示。

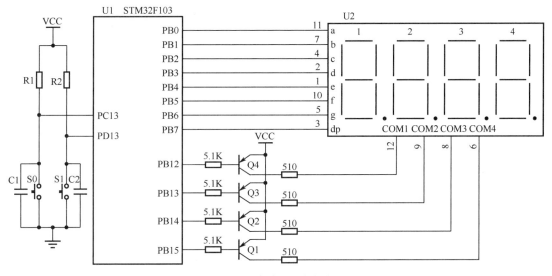

图 5-23　任务 12 的电路图

2．生成硬件初始化代码

任务 12 只是在任务 11 的基础上添加了 2 个按键电路，其硬件初始化代码可通过修改任务 11 的硬件初始化代码而成，其生成过程如下：

（1）在"D:\ex"文件夹中新建 Task12 子文件夹。

（2）将任务 11 的 STM32CubeMX 工程文件 Task11.ioc（位于"D:\ex\Task11"文件夹中）复制到 Task12 文件夹中，并将其改名为 Task12.ioc。

（3）首先双击 Task12.ioc 文件图标，打开任务 12 的 STM32CubeMX 工程文件，然后按照任务 5 中介绍的方法，在 STM32CubeMX 工程文件中将 PC13、PD13 配置成输入引脚，并将其设置为上拉输入模式。

（4）保存 STM32CubeMX 工程文件，单击"GENERATE CODE"按钮，STM32CubeMX 就会生成任务 12 的初始化代码。

3．修改秒表程序

任务 12 需要控制秒表的启动、停止以及清 0。其编程思路是，用变量 sec 保存秒表的秒时间，用变量 entim 控制秒表的运行，entim=0 时，秒表停止运行，entim=1 时，秒表走时。在其他模块中，我们只需要控制 entim、sec 的值，就可以实现秒表的启动、停止和清 0。由于 entim 和 sec 这 2 个变量需要在多个模块中使用，程序中要将这 2 个变量定义成全局变量。

在任务 12 中，我们仍然在 main.c 文件中编写秒表程序，其修改后的程序如下：

```
1    ...
2    #include    "Display.h"
3    ...
4    uint8_t entim=0;           //是否允许秒表走时，0：禁止
5    uint8_t sec=0;             //秒值
6    ...
7    int main(void)
8    {
9      ...
10     HAL_TIM_Base_Start_IT(&htim6);
11     while(1)
12     {;
13     }
14   }
15   ...
16   void HAL_TIM_PeriodElapsedCallback(TIM_HandleTypeDef *htim)
17   {
18       static    uint8_t timcnt=0;
19       if(htim==&htim6)
20       {
21           if(entim)                        //判断是否允许走时
22           {   //允许走时
23               timcnt++;                    //10ms 计时加 1
24               if(timcnt>99)                //判断是否计满 1s
25               {   //满 1s
26                   timcnt=0;                //10ms 计时清 0
27                   sec++;                   //秒计时加 1
28                   if(sec>59)  sec=0;       //计满 1 分，则秒清 0
29               }
30           }
31           display(sec/10,sec%10);//显示秒
32       }
33   }
```

其中，第 4～5 行、第 21～22 行、第 30 行为修改部分。

修改秒表程序的步骤如下：

（1）将 D:\ex\Task11 文件夹中的 User 子文件夹以及文件夹中的文件（任务 11 中的显示程序文件）复制到 D:\ex\Task12 文件夹中。

（2）按照任务 11 中介绍的方法在任务 12 的 Keil 工程中新建 User 组，并将 User 文件夹中的 Display.c 文件添加至 User 组中。

（3）将 User 文件夹添加到 include 目录中。

（4）按照程序编写规范的要求将上述程序代码添加至 main.c 文件的对应位置处。再将程序下载至开发板中并运行程序，我们可以看到数码管显示的是 00，秒表处于停止状态，如果将程序中第 4 行代码改为 "uint8_t entim=1;"，则秒表与任务 11 一样可以正常计时。

4. 添加键盘处理程序

在任务 12 中，S1 键为清 0 键，它只有一种功能，可以直接按照前面介绍的方法编写程序。S0 键为启动/停止键，它有 2 种功能，与 S0 键按下的次数有关。其编程思路是，用变量 keycnt 记录 S0 键被按下的次数，当 S0 被按下且没处理过时，就将 keycnt 的值加 1，然后对 keycnt 的值进行判断，若为奇数，则启动秒表走时，若为偶数，就停止秒表走时。其中，判断 keycnt 的值是否为奇数的方法可以是，判断 keycnt 的最低位是否为 1。

用 key.c 文件保存按键处理程序，其接口文件为 key.h。按照上述思路，key.c 文件的内容如下：

```
1   /***************************************************
2                        文件名：key.c
3   功  能：键盘处理程序
4   ***************************************************/
5   #include    "main.h"
6   extern      uint8_t entim;          //entim 变量说明      是否允许秒表走时，0：禁止
7   extern      uint8_t sec;            //sec 变量说明        秒值
8
9   void  key(void)
10  {
11       static uint8_t keytreated=0;  //键已处理      0:未处理
12       static uint8_t keycnt=0;       //S0 被按下的次数
13       if( (HAL_GPIO_ReadPin (GPIOC,GPIO_PIN_13) == GPIO_PIN_RESET)
14       || (HAL_GPIO_ReadPin (GPIOD,GPIO_PIN_13) == GPIO_PIN_RESET))      /*判断 S0 或 S1 是
    否被按下*/
15       {   //有键被按下
16           HAL_Delay(10);   //延时 10ms 去抖动
17           if( (HAL_GPIO_ReadPin (GPIOD,GPIO_PIN_13) == GPIO_PIN_RESET)
18           && (keytreated==0)  )   //S1 是否被按下且没处理
19           {   //S1 按下且没处理：秒清 0
20               sec=0;          //秒清 0
21               entim=0;        //禁止秒走时
22               keycnt=0;            //S0 键被按下次数设为偶数，以便按 S0 键时秒走时
23               keytreated=1;
24           }
25           else if((HAL_GPIO_ReadPin(GPIOC,GPIO_PIN_13) == GPIO_PIN_RESET)
26           && (keytreated==0)  ) //S0 是否被按下且没处理
27           {   //S0 被按下且没处理过
28               keycnt++;
29               if(keycnt & 0x01)
30               {   //奇被次按下
31                   entim=1;        //允许秒走时
32               }
33               else
34               {   //偶被次按下
35                   entim=0;        //禁止秒走时
36               }
```

37	keytreated=1; //置键已处理标志
38	}
39	}
40	else
41	{//无键被按下
42	keytreated=0;/*置键未处理标志*/
43	}
44	}

【思考】

去掉第 21 行代码会有什么结果？去掉第 22 行代码会有什么结果？去掉第 21、22 行代码又有什么结果？请先分析再上机实践。

key.h 文件的内容如下：

1	/***
2	文件名：key.h
3	功　能：key.c 的接口文件
4	***/
5	#ifndef　　__KEY_H__
6	#define　　__KEY_H__
7	
8	extern　　void key(void); //键盘处理
9	
10	#endif

添加键盘处理程序的步骤如下：

（1）新建 key.c 和 key.h 文件，并将其保存至 D:\ex\Task12\User 文件夹中，在 key.c 和 key.h 文件中添加上述程序代码。

（2）将 key.c 文件添加至 User 组中。

（3）在 main.c 文件中添加调用键盘处理函数 key() 的相关代码，添加代码后 main.c 文件的结构如下：

1	…
2	#include　　"Display.h"
3	#include　　**"key.h"**
4	…
5	int main(void)
6	{
7	…
8	while (1)
9	{
10	**key();**
11	}
12	}

其中，第 3 行、第 10 行为 main.c 文件中新增加的代码。

（4）编译连接程序，并对程序进行调试，直至程序正确无误。

（5）将程序下载至开发板中运行，我们可以看到，上电后秒表处于停止状态，奇数次按 S0 键，秒表走时，偶数次按 S0 键，秒表停止走时，按 S1 键，秒值清 0 且秒表停止走时。

实践总结与拓展

键盘是嵌入式系统中常用的输入设备，常用的键盘接口电路有独立式键盘和矩阵式键盘。独立式键盘和矩阵式键盘的处理流程一样。

键盘处理程序主要包括判断是否有键被按下、去抖动、确定按键的位置和对按键功能进行解释 4 个部分。其中，去抖动常用延时回避抖动期的办法来处理。

除连击键以外，一次按键一般只能解释一次。防止一次按键被多次解释的方法是，在程序中引入一个标志位 keytreated，用来标识按键按下后其功能是否被解释处理过，只有按键按下并且键未被解释过才进行按键解释处理。按键解释完毕，还要将 keytreated 标志位置 1，用来阻止下一个 10ms 扫描期内按键被重复解释。另外还要注意在按键释放期内要将 keytreated 标志位清 0，以便于以后有按键按下时能正常处理。

独立式键盘的输入值中包含了按键的位置信息，用 switch/case 语句对按键的输入值进行判断处理就可以实现对按键功能的解释处理。在矩阵式键盘中，常用"逐列输出低电平，检查行输入"的方法确定按键的位置。

习题 12

1．简述独立式键盘接口电路的特点，如果想用 PB0～PB3 设计 4 键的独立式键盘，请画出其电路图。

2．STM32 的 PC 口外接 3 只按键，PE 口外接 2 只发光二极管控制电路，如图 5-24 所示。请解答下列问题：

（1）R1、R4 的功能各是什么？

（2）编写程序实现 3 只按键控制 2 只发光二极管的亮与灭，其控制关系是，按 S1 键后 LED1 亮，按 S2 键后 LED2 亮，按 S3 键后 LED1、LED2 都熄灭。

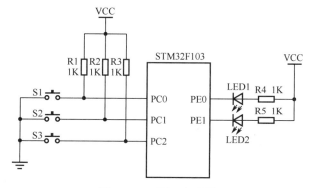

图 5-24　习题 2 电路图

3．简述矩阵式键盘接口电路的特点，如果用 PB0～PB7 设计一个 4×4 的矩阵式键盘，请画出其电路图。

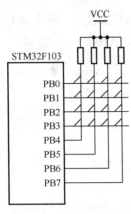

图 5-25　习题 5 电路图

4. 键盘处理时一般要防止一次按键被多次解释，请画出在 main 函数中处理键盘的流程图。如果想对 PC 口外接的独立键盘进行处理，请写出键盘处理程序的框架结构。

5. 用 PB 口设计的 4×4 矩阵式键盘电路如图 5-25 所示，请写出识别按键按下的程序段。

6. 电路图如上题所示，请画出识别按键位置的流程图，并写出对应的程序（函数名为 scan，函数的返回值为键值）。

7. STM32 的 PC13 引脚上接有按键 S0，PD13 引脚上接有按键 S1。PB0~PB2 引脚上接有由 2 片 HC595 扩展的 4 位一体共阳极数码显示电路，上电时数码管显示数据为 00，其中 4 位数码管中高低 2 位数码管熄灭。S0 键为加 1 键，每按一次 S0 键，显示数据加 1，当显示数据为 99 时，若按 S0 键，则显示数据变为 00，S1 键为减 1 键，每按一次 S1 键，显示数据减 1，当显示数据为 00 时，若按 S1 键，则显示数据变为 99。请设计电路，并编写程序。

习题解答　　　　习题解答

扫一扫下载习题工程　　扫一扫查看习题答案

任务 13　用 OLED 屏显示字符

资源下载　　　　课件

扫一扫查看 SSD1306 数据手册　扫一扫下载 OLED 软件包　扫一扫下载课件

任务要求

OLED 屏的控制芯片为 SSD1306，接口形式为 4 线制 SPI 接口，STM32F103 用 PB12、PB13、PB14、PB15 这 4 根 GPIO 口线与 OLED 屏相接，要求用 STM32CubeMX 对 STM32F103 进行适当配置，然后生成 Keil 工程，再将给定的 OLED 软件包移植至 Keil 工程中，并在 Keil 中进行编程，使 OLED 屏显示以下信息：

（1）第 1 行显示"OLED 测试程序"。

（2）第 2 行显示"Cnt:XXX"，其中，XXX 为 3 位数的 while(1)循环体执行的次数。

知识储备

OLED 是 Organic Light Emitting Diode 的缩写，含义是有机发光二极管。用 OLED 制作的显示屏（OLED 屏）具有自发光、对比度高、厚度薄、视角广、显示速度快、使用温度范围宽等特点。目前 OLED 屏已经模块化了，包括 OLED 显示片、控制芯片 SSD1306 等，比较常见的是 128×64 点阵的 0.96 寸的 OLED 屏。研究 OLED 屏的应用设计主要是研究其控制器的应用设计。

1. OLED 屏与 STM32 的接口电路

SSD1306 提供了 6800 并行口、8080 并行口、4 线制的 SPI 口、3 线制的 SPI 口、I^2C 接口等 5 种与 MCU 连接的接口，以适用于不同的 MCU 访问 SSD1306，SSD1306 控制的 OLED

屏采用何种接口与 MCU 连接取决于 SSD1306 的 3 引脚 BS2、BS1、BS0 的状态，OLED 屏接口形式如表 5-4 所示。

表 5-4　OLED 屏接口形式

SSD1306 引脚	4 线制 SPI	3 线制 SPI	I²C 接口	6800 并行	8080 并行
BS0	0	1	0	0	0
BS1	0	0	1	0	1
BS2	0	0	0	1	1

目前市面上比较流行的 OLED 屏主要是 SPI 接口的 OLED 屏，这种屏采用 SIP7 针接口，其引脚分布如图 5-26 所示，各引脚的功能如表 5-5 所示。

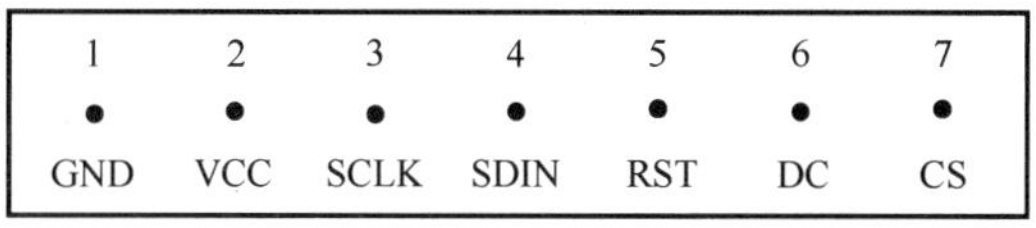

```
  1    2    3    4    5    6    7
  ●    ●    ●    ●    ●    ●    ●
 GND  VCC SCLK SDIN RST   DC   CS
```

图 5-26　SPI 接口的 OLED 屏引脚分布

表 5-5　SPI 接口的 OLED 屏中各引脚的功能

编　号	符　号	功　能
1	GND	电源地
2	VCC	正电源，接 3.3V 电源
3	SCLK	串行时钟输入
4	SDIN	数据输入
5	RST	复位脚，RST=0：SSD1306 复位，RST=1：SSD1306 正常工作
6	DC	数据/命令选择脚，DC=1：输入数据，DC=0：输入命令
7	CS	片选脚，低电平有效

根据 OLED 屏各引脚的功能，STM32 与 OLED 屏接口电路如图 5-27 所示。

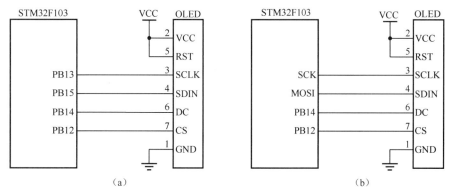

图 5-27　STM32 与 OLED 屏的接口电路

图（a）为 GPIO 口扩展 OLED 屏的接口电路，这种电路的连接方法是，STM32 用 4 根 I/O 线分别与 OLED 屏的 SCLK、SDIN、DC、CS 脚相接，这 4 根 I/O 线分别输出时钟信号、数据信号、数据/命令选择控制信号和片选信号。采用这种接口电路时，SPI 接口时序由软件模拟产生，编程时需要弄清楚 OLED 的操作时序，然后根据时序编写 OLED 的访问程序。

图（b）为硬件 SPI 口扩展 OLED 屏的接口电路，这种电路的连接方法是，STM32 用 2
根 I/O 线分别与 OLED 屏的 DC、CS 脚相接，用硬件 SPI 接口的 SCK 脚和 MOSI 脚分别与
OLED 屏的 SCLK 和 SDIN 脚相接。采用这种接口电路时，SPI 接口时序由硬件电路产生，用
户只需要做一些简单的配置，然后调用相关函数就可以访问 SPI 接口，其相关内容我们在任
务 17 中再进行详细介绍。

2. SSD1306 的显存

SSD1306 片内集成有 128×64bit 静态 RAM，这些静态 RAM 用来存放液晶显示屏所要显
示的数据，也叫显示屏的显存。显存的位与液晶屏上的点是一一对应的，正常显示时，显存
的某位为 1，则显示屏上的对应点就点亮，反之就不亮。在 SSD1306 中，128×64bit 的显存分
为 8 页，每页 128 字节，其结构如图 5-28 所示。

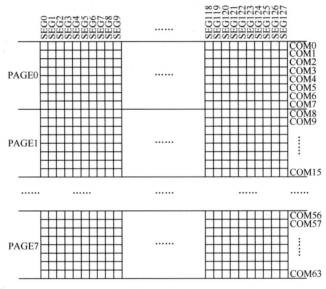

图 5-28　SSD1306 的显存页面结构

SSD1306 只能按字节访问，1 字节的数据写入显存后，该数据将填充当前列同一页的 8
行图像数据，其中字节数据的 D0 位写入顶层，数据的 D7 位写入底层。例如，向显存的第 2
页（PAGE2）第 4 字节写入字节的数据，该数据就会填充显示屏上的第 2 页第 4 列的 8 行数
据，且数据的 D0 位对应最顶层，如图 5-29 所示。

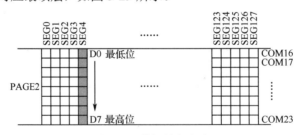

图 5-29　数据填充方式

以屏幕左上角为坐标原点，水平方向为 x 轴方向，纵向为 y 轴方向，设第 i 页的第 j 列数
据的第 k 位与显示屏上的 P(x,y) 点对应，则 x=j，y=i*8+k。

3. SSD1306 的地址模式

在 SSD1306 内部有页地址计数器和列地址计数器，分别用来存放当前访问的页地址和列的地址，这 2 个计数器也叫地址指针，都有自动加 1 功能，在不同地址模式下这 2 个计数器的自动加 1 方式不同。SSD1306 主要有页地址模式、水平地址模式和垂直地址模式等 3 种地址模式，由命令 0x20 来设置。

（1）页面地址模式

页面地址模式的特点是，读/写显示 RAM 后，列地址指针自动增加 1，当列地址指针达到列结束地址时，列地址指针重置为列开始地址，页地址指针不变，用户必须设置新的页和列地址才能访问下一页 RAM 内容。页面地址模式中页和列地址点的移动顺序如图 5-30 所示。

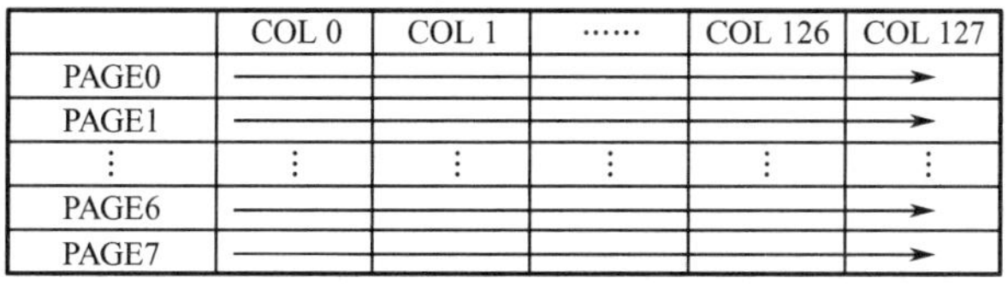

	COL 0	COL 1	......	COL 126	COL 127
PAGE0					
PAGE1					
⋮	⋮	⋮	⋮	⋮	⋮
PAGE6					
PAGE7					

图 5-30　页面地址模式

（2）水平地址模式

水平地址模式的特点是，在读/写显示 RAM 之后，列地址指针自动加 1，当列地址指针到达列结束地址时，列地址指针重置为列起始地址、页地址指针增加 1。当页地址指针到达结束地址时，列地址指针被重置为列起始地址、页地址指针被重置为页起始地址。水平地址模式中页和列地址点的移动顺序如图 5-31 所示。

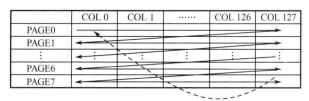

图 5-31　水平地址模式

（3）垂直地址模式

垂直地址模式的特点是，读/写显示 RAM 后，页地址指针自动加 1，当页地址指针到达页结束地址时，列地址指针增加 1、页地址指针重置为页起始地址。当页地址和列地址都达到结束地址时，指针被重置为列起始地址和页起始地址，如图 5-32 所示。

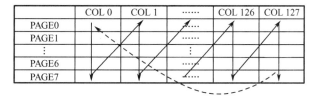

图 5-32　垂直地址模式

【说明】

在 OLED 软件包中，OLED 初始化函数中所选择的 SSD1306 寻址方式为页面地址模式。

4．OLED 的访问程序

OLED 的访问程序需要根据 SSD1306 的控制原理和字符显示原理来编写，这些函数比较复杂，编写的难度也比较大。对于绝大多数应用开发者而言，我们只需要学会移植他人编写的 OLED 访问程序，能用 OLED 访问函数编写能满足应用需要的应用显示程序。为了方便读者的使用，我们已将 OLED 的访问程序制作成了一个软件包，存放在随书的资源包中，其文件夹为 OLED。OLED 文件夹中包括 oled.c、oled.h、oledfont.h 这 3 个文件，其中，oled.c 是 OLED 访问程序的源程序文件，oled.h 是 oled.c 文件的接口文件，oledfont.h 为字库文件。

在 oled.c 文件中用户常用的函数主要是 OLED_Init()、OLED_Clear、OLED_ShowString()、OLED_ShowCHinese()、OLED_ShowNum()等几个函数，常用的宏定义是 OLED 的端口引脚定义以及这个引脚的置 1、清 0 操作定义。

（1）OLED_Init()函数

OLED_Init()函数的用法说明如表 5-6 所示。

表 5-6　OLED_Init()函数的用法说明

原型	void OLED_Init(void);
功能	根据显示的需要设置 SSD1306 的硬件参数，如显示帧频、驱动路数、显示的对比度、显存的地址模式等
参数	无
返回值	无

【说明】

OLED_Init()函数的编写方法是，先按照厂家推荐的参数进行设置，然后根据需要进行微调，如调整对比度、水平或垂直方向是否反向显示等。

执行初始化函数后，SSD1306 的显存地址模式为页面模式（初始化函数的第 30 行代码）；屏幕显示时左右方向正常显示，无反置（初始化函数的第 32 行代码）；上下方向也正常显示，也无反置（初始化函数的第 34 行代码）；数据显示为正常显示，显存中某位为 1，OLED 屏上对应点被点亮，即数据是按图 5-29 所示的方式填充的，这种填充方式是后续介绍的字符取模方式和字符显示程序编写的依据。

初始化 SSD1306 的函数如下：

```
1   /***********************************************************
2                   void OLED_Init(void)
3   功能：初始化 SSD1306
4   参数：无
5   ***********************************************************/
6   void OLED_Init(void)
7   {
8       OLED_WR_Byte(0xAE,OLED_CMD);        //关闭显示
9       //设置显示起始列地址:0x00
10      OLED_WR_Byte(0x00,OLED_CMD);        //列地址的低 4 位值为 0
11      OLED_WR_Byte(0x10,OLED_CMD);        //列地址的高 4 位值为 0
12      //设置显示起始页地址:0x00
13      OLED_WR_Byte(0x40,OLED_CMD);        //显示开始行：第 0 行, [5:0]: 行数，默认为 0
```

14	
15	OLED_WR_Byte(0xD5,OLED_CMD);　　　　//设置时钟分频因子，振荡频率
16	OLED_WR_Byte(0x80,OLED_CMD);　　　　//时钟频率为 100 帧/秒
17	
18	OLED_WR_Byte(0xA8,OLED_CMD);　　　　//设置复用比/驱动路数
19	OLED_WR_Byte(0x3f,OLED_CMD);　　　　//默认 0x3F(1/64)
20	
21	OLED_WR_Byte(0xD3,OLED_CMD);　　　　//设置显示偏移
22	OLED_WR_Byte(0x00,OLED_CMD);　　　　//默认为 0（无偏移）
23	
24	OLED_WR_Byte(0x8D,OLED_CMD);　　　　//电荷泵设置
25	OLED_WR_Byte(0x14,OLED_CMD);　　　　//0x10：关闭，0x14：开启
26	
27	**OLED_WR_Byte(0x20,OLED_CMD);**　　　　//**设置显存地址模式**
28	**OLED_WR_Byte(0x02,OLED_CMD);**　　　　/*0x00:水平地址（列地址）；0x01：垂直地址（行地
	址）；**0x02：页地址（默认值）*/**
29	
30	**OLED_WR_Byte(0xA0,OLED_CMD);**　　　　//设置列 Col 映射　0xa0:正常　　0xa1:左右反置
31	
32	**OLED_WR_Byte(0xC0,OLED_CMD);**　　　　//设置 Row 行描扫方向　0xc0:正常　0xc8:上下反置
33	
34	OLED_WR_Byte(0xDA,OLED_CMD);　　　　//配置 COM 硬件引脚配置
35	OLED_WR_Byte(0x12,OLED_CMD);　　　　//默认值为 0x12
36	
37	OLED_WR_Byte(0x81,OLED_CMD);　　　　//对比度设置
38	OLED_WR_Byte(0xEF,OLED_CMD);　　　　//1～255；默认 0x7F（亮度设置，越大越亮）
39	
40	OLED_WR_Byte(0xD9,OLED_CMD);　　　　//设置预充电周期
41	OLED_WR_Byte(0xF1,OLED_CMD);　　　　//预充电为 15 个时钟，放电期为 1 个时钟
42	
43	OLED_WR_Byte(0xDB,OLED_CMD);　　　　//设置 VCOMH 电压倍率
44	OLED_WR_Byte(0x30,OLED_CMD);　　　　//0x00:0.65*vcc;0x20:0.77*vcc(默认值),0x30:0.83*vcc;
45	
46	OLED_WR_Byte(0xA4,OLED_CMD);　　　　//关闭全部显示;0xa4:关闭,0xa5:开启;(黑屏/白屏)
47	
48	OLED_WR_Byte(0xA6,OLED_CMD);　　　　//设置显示方式;0xa6:正常显示;0xa7:反向显示
49	
50	OLED_WR_Byte(0xAF,OLED_CMD);　　　　//开启显示
51	
52	OLED_Clear();　　　　//清屏
53	}

在 OLED_Init()函数中，OLED_WR_Byte()函数为底层驱动函数，它是根据 SSD1306 的操作时序编写的，其功能是，向 SSD1306 写 1 字节的数据，该函数的用法说明如表 5-7 所示。

表 5-7　OLED_WR_Byte()函数的用法说明

原型	void OLED_WR_Byte(unsigned char dat,unsigned char cmd);
功能	向 SSD1306 写 1 字节的数据
参数 1	dat：所要写入的字节数据
参数 2	cmd：所写数据的类型。0：命令，1：显存数据
返回值	无

　　OLED_Init()函数中的 OLED_CMD 以及后面要用到的 OLED_DATA 是我们定义的 2 个宏，代表写入数据的类型，OLED_CMD 表示写入的是命令，OLED_DATA 表示写入的是显存数据。这 2 个宏的定义如下：

```
1   #define OLED_CMD   0    //写命令
2   #define OLED_DATA 1     //写显存数据
```

　　OLED_Init()函数中的命令代码的含义详见本任务的拓展部分，例如，第 27 行的命令 0x20 代表的是设置地址模式。

　　所以，OLED_Init()函数中第 27、28 行代码的含义是，将地址模式设置为页面地址模式。

（2）OLED_Clear()函数

OLED_Clear()函数的用法说明如表 5-8 所示。

表 5-8　OLED_clear()函数的用法说明

原型	void OLED_Clear(void);
功能	清屏，即将 8×128B 的显存清 0
参数	无
返回值	无

（3）OLED_ShowString()函数

OLED_ShowString()函数的用法说明如表 5-9 所示。

表 5-9　OLED_ShowString()函数的用法说明

原型	void OLED_ShowString(unsigned char x,unsigned char y,unsigned char *cp);
功能	在指定的位置处显示西文字符号串
参数 1	x：显示位置的横坐标，单位为像素，取值为 0～127
参数 2	y：显示位置的纵坐标，单位为页，取值为 0～7
参数 3	cp：待显示字符串所存放的地址
返回值	无

　　例如，在第 0 列第 1 页处显示字符串"OLED"的程序代码如下：

OLED_ShowString(0,1,"OLED");

（4）OLED_ShowCHinese()函数

OLED_ShowCHinese()函数的用法说明如表 5-10 所示。

表 5-10　OLED_ShowCHinese()函数的用法说明

原型	void OLED_ShowCHinese(unsigned char x,unsigned char y,unsigned char no);
功能	在指定的位置处显示汉字
参数 1	x：显示位置的横坐标，单位为像素，取值为 0～127
参数 2	y：显示位置的纵坐标，单位为页，取值为 0～7
参数 3	no：待显示汉字在自制字库中的编号
返回值	无
说明	字符点阵为 16×16 点阵，取模方式为列行式且低位在前（逆向取模）

例如，若汉字"中国"在自制的字库中的编号分别为 1 和 3，则在第 2 页第 8 列处显示汉字"中国"的程序如下：

OLED_ShowCHinese(8,2,1);　　//显示编号为 1 的汉字，即"中"字
OLED_ShowCHinese(8+16,2,3); //显示编号为 3 的汉字，即"国"字

（5）OLED_ShowNum()函数

OLED_ShowNum()函数的用法说明如表 5-11 所示。

表 5-11　OLED_ShowNum()函数的用法说明

原型	void OLED_ShowNum(unsigned char x,unsigned char y,unsigned long num,unsigned char len);
功能	在指定的位置处显示数值
参数 1	x：显示位置的横坐标，单位为像素，取值为 0～127
参数 2	y：显示位置的纵坐标，单位为页，取值为 0～7
参数 3	num：显示的数值(范围：0～4294967295)
参数 4	len：显示的位数
返回值	无

例如，在第 2 页第 0 列处显示无符号变量 num 的值，其程序如下：

OLED_ShowNum(0,2,num,3);　　//显示变量 num 的值，显示位数为 3 位

（6）端口引脚和端口操作的定义

为了方便程序移植，oled.c 文件中定义了与 OLED 屏连接的端口引脚和各端口引脚的置 1、清 0 操作，其中，端口引脚是按图 5-27（a）所示电路定义的，即 CS 与 STM32 的 PB12 相接，DC 与 PB14 相接，SCLK 与 PB13 相接，SDIN 与 PB15 相接。按照 STM32CubeMX 产生端口引脚的定义格式，这个 4 引脚在 oled.c 文件中的定义如下：

```
1   /**********************************************************
2          使用 4 线 SPI 接口时 OLED 端口定义
3   **********************************************************/
4   #define OLED_CS_GPIO            GPIOB           //CS 接在 PB 口上
5   #define OLED_CS_GPIO_PIN        GPIO_PIN_12     //连接的端口引脚为 12 脚
6   #define OLED_DC_GPIO            GPIOB           //DC 接在 PB 口上
7   #define OLED_DC_GPIO_PIN        GPIO_PIN_14     //连接的端口引脚为 14 脚
```

8	#define OLED_SCLK_GPIO	GPIOB	//SCLK 接在 PB 口上
9	#define OLED_SCLK_GPIO_PIN	GPIO_PIN_13	//连接的端口引脚为 13 脚
10	#define OLED_SDIN_GPIO	GPIOB	//SDIN 接在 PB 口上
11	#define OLED_SDIN_GPIO_PIN	GPIO_PIN_15	//连接的端口引脚为 15 脚

　　如果这 4 个引脚接在 STM32 的其他引脚上，则需要修改上述定义中的 GPIO 口和引脚编号，例如，CS 引脚接在 PA4 上，则需要将第 4 行代码中的 GPIOB 改为 GPIOA，将第 5 行中的 GPIO_PIN_12 改为 GPIO_PIN_4。

　　在 oled.c 文件中，端口置 1 用 "OLED_端口符号_Set" 表示，端口清 0 用 "OLED_端口符号_Clr" 表示。端口清 0、置 1 操作的定义如下：

1	/***
2	各引脚清 0、置 1 操作的定义
3	***/
4	//CS 的清 0 与置 1
5	#define　　OLED_CS_Clr()　　　　HAL_GPIO_WritePin(OLED_CS_GPIO,　　OLED_CS_GPIO_PIN, GPIO_PIN_RESET)
6	#define　　OLED_CS_Set()　　　　HAL_GPIO_WritePin(OLED_CS_GPIO,　　OLED_CS_GPIO_PIN, GPIO_PIN_SET)
7	
8	//DC 的清 0 与置 1
9	#define　　OLED_DC_Clr()　　　HAL_GPIO_WritePin(OLED_DC_GPIO,　　OLED_DC_GPIO_PIN, GPIO_PIN_RESET)
10	#define　　OLED_DC_Set()　　　HAL_GPIO_WritePin(OLED_DC_GPIO,　　OLED_DC_GPIO_PIN, GPIO_PIN_SET)
11	
12	//SCLK(D0)的清 0 与置 1
13	#define　OLED_SCLK_Clr()　HAL_GPIO_WritePin(OLED_SCLK_GPIO,　　OLED_SCLK_GPIO_PIN, GPIO_PIN_RESET)
14	#define　OLED_SCLK_Set()　HAL_GPIO_WritePin(OLED_SCLK_GPIO,　　OLED_SCLK_GPIO_PIN, GPIO_PIN_SET)
15	
16	//SDIN(D1)的清 0 与置 1
17	#define　OLED_SDIN_Clr()　　HAL_GPIO_WritePin(OLED_SDIN_GPIO,　　OLED_SDIN_GPIO_PIN, GPIO_PIN_RESET)
18	#define　OLED_SDIN_Set()　　HAL_GPIO_WritePin(OLED_SDIN_GPIO,　　OLED_SDIN_GPIO_PIN, GPIO_PIN_SET)

　　如果用其他单片机访问控制 OLED 屏，则需要根据实际电路修改上述 4 个端口引脚的置 1、清 0 操作的定义。例如，用 51 单片机控制 OLED 屏时，若 CS 引脚接在 P10 引脚上，则需要将第 5 行、第 6 行代码修改成以下代码：

4	//CS 的清 0 与置 1
5	#define OLED_CS_Clr()　P10=0
6	#define OLED_CS_Set()　P10=1

任务程序

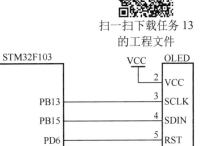

扫一扫下载任务 13 的工程文件

实现方法与步骤

1．搭建电路

在任务 13 中，OLED 屏采用 GPIO 口控制，其硬件电路如图 5-33 所示。

2．生成硬件初始化代码

从图 5-33 所示的硬件电路图、表 5-5 所示的 OLED 引脚功能可知，PB12～PB15、PD6 均为 GPIO 输出口，上电后 STM32 的 PD6（接 OLED 的 RST 脚）、PB12（接 OLED 的 CS 脚）应输出高电平，PB13～PB15 的状态任意，我们可以将其设置成高电平。生成任务 13 的硬件初始化代码的步骤如下：

图 5-33　任务 13 的硬件电路

（1）启动 STM32CubeMX，然后新建 STM32CubeMX 工程，配置 SYS、RCC，其中，Debug 模式选择"Serial Wire"，HSE 选择外部晶振。

（2）将 PD6、PB12～PB15 引脚配置成 GPIO 输出口，输出电平为高电平、推挽输出、既无上拉电阻也无下拉电阻、高速输出、无用户标签。

（3）配置时钟，其配置结果与任务 7 中对应的部分完全相同。

（4）配置 STM32CubeMX 工程。其中，工程名为 Task13，其他配置项与任务 7 中的配置相同。

（5）保存工程，生成 Keil 工程代码。

3．移植 OLED 程序

在应用系统中移植 OLED 程序的方法如下：

（1）将 OLED 驱动程序文件夹连同其所在的文件复制至 Task13 工程所在的目录中，如图 5-34 所示。

图 5-34　复制 OLED 驱动程序

（2）按照任务 10 中介绍的新建组的方法，在 Keil 工程中新建 OLED 组，并将 OLED 文件夹中的 oled.c 文件添加到 OLED 组中，如图 5-35 所示。

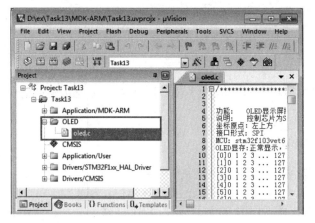

图 5-35 添加 oled.c 文件

（3）按照任务 10 中所介绍的增加 include 目录的方法，将 oled 文件夹（D:\ex\Task13\oled）添加至 C 程序的 include 路径中，如图 5-36 所示。

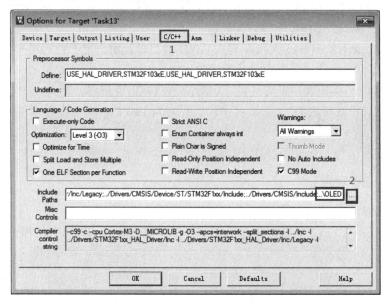

图 5-36 "Options for Target 'Task13'" 对话框

（4）修改端口引脚的定义。打开 oled.c 文件，根据图 5-33 所示的硬件电路修改 CS、DC、SCLK 和 SDIN 引脚在 oled.c 文件中的定义。在我们提供的 oled.c 文件中，端口引脚定义是按照图 5-33 所示的硬件电路定义的，任务 13 中的这一步可省略。

4. 制作字库

字库是字符的字模点阵数据的集合，其实质是一个数组，数组中的元素为各字符的字模点阵数据，这些字模点阵数据是 OLED 进行字符显示时控制屏幕显示打点的控制数据，控制着 OLED 屏上所显示字符的形状。字库常用 PCtoLCD 这类取模软件制作，取模方式一般要与 OLED 初始化程序中所设置的打点显示方式、字模点阵数据的获取方法等保持一致。

资源下载

扫一扫下载
PCtoLCD 软件

在我们提供的 OLED 程序包中，OLED 的显示字库位于 oledfont.h 文件中。该文件中有 1 个 8×16 点阵的西文字库和 1 个 16×16 点阵的汉字样例字库，西文字库位于数组 F8X16[]中，汉字样例字库位于数组 Hzk[][32]中。显示西文字符可直接使用文件中所提供的西文字库，显示汉字时需要自己重新建立字库，然后用新字库替代数组 Hzk[][32]的内容。制作汉字字库的步骤如下：

第 1 步：找到字模提取软件 PCtoLCD，并双击 PCtoLCD.exe 文件，如图 5-37 所示，打开如图 5-38 所示的 PCtoLCD 的工作窗口。

_index	2003/10/31 20:40
ASC.PTL	2002/5/11 12:05
Gb2312.PTL	2002/5/15 15:31
notice	2002/5/12 0:14
PCtoLCD	2002/5/11 19:53
PCtoLCD	2020/2/8 16:40
PCtoLCD2002	2006/5/23 9:44

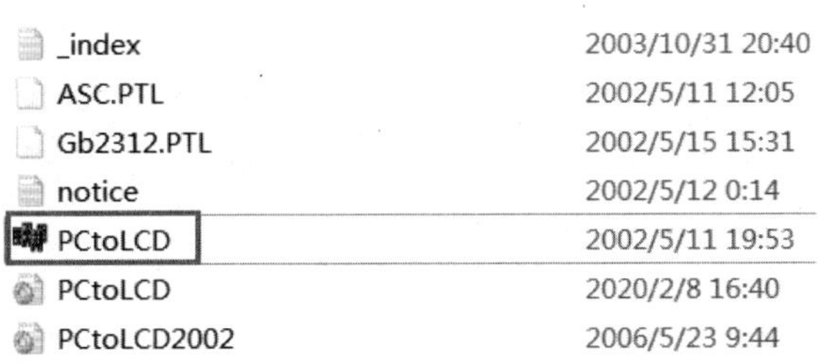

图 5-37　字模提取软件 PCtoLCD

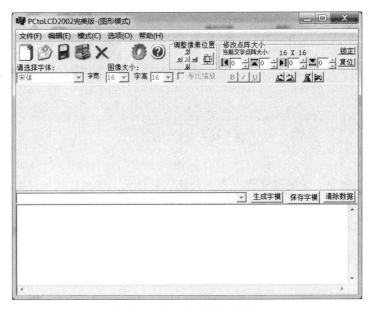

图 5-38　PCtoLCD 的工作窗口

第 2 步：单击菜单栏上的"模式"→"字符模式"菜单项，将软件的工作模式设置成字符模式，如图 5-39 所示。

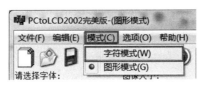

图 5-39　选择工作模式

【说明】

PCtoLCD 可以建立西文字符、汉字的字库，也可以为 bmp 图片文件制作字库。为西文字符和汉字建字库时，软件的模式都要选择字符模式，为 bmp 图片文件制作字库时软件的模式选择图形模式。

第 3 步：单击菜单栏上的"选项"菜单，打开"字模选项"对话框，然后"点阵格式"选择"阴码"，"取模方式"选择"列行式"，"取模走向"选择"逆向"，"输出数制"选择"十六进制数"，输出格式选择 C51 格式，如图 5-40 所示，最后单击"确定"按钮，完成字模选项设置。

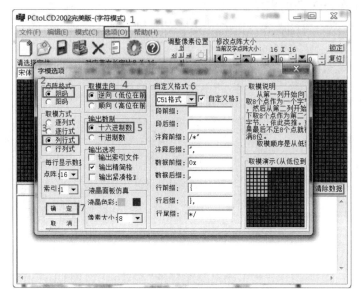

图 5-40　设置字模选项

【说明】

在字模选项设置中，点阵格式有阴码和阳码 2 种格式。阴码格式的含义是，字符为白点，背景为黑点，阳码格式的含义是，字符为黑点，背景为白点。

列行式的含义是，首先从第 1 列开始向下取 8 个点作为第 1 字节，然后从第 2 列开始向下取 8 个点作为第 2 字节……依此类推。如果最后不足 8 个点就补满 8 位。

取模走向为逆向的含义是，取模顺序是从低到高，即第 1 个点作为最低位，如*-------取为 00000001。

第 4 步：在 PCtoLCD 工作窗口中单击"请选择字体"下拉列表框，从中选择所需要的字体，在"字宽"下拉列表框中选择 16，在"字高"下拉列表框中选择 16，将汉字的点阵数设置成 16×16，然后在输入文字框中输入"测试程序"，再单击"生成字模"按钮，PCtoLCD 就会按我们所设置的方式产生"测试程序"这 4 个汉字的点阵字模，并在下面的列表框中显示所生成的字模代码，如图 5-41 所示。

第 5 步：单击"保存字模"按钮，系统中会弹出如图 5-42 所示的"另存为"对话框，然后在对话框中选择文件存放的文件夹，将文件名设为 font.h，文件类型选择"所有文件(*.*)"，再单击"保存"按钮，将字模保存到 font.h 文件中。

第 6 步：在 Keil 中打开 OLED 文件夹中的 oledfont.h 和第 5 步中制作的 font.h 文件，然后将 font.h 中的 8 个{}的内容复制到 oledfont.h 文件的 Hzk[][32]数组中，并替代数组中的原来的元素，再去掉数组中倒数第 2 个"}"后面的"，"号，如图 5-43 所示，然后保存 oledfont.h 文件。

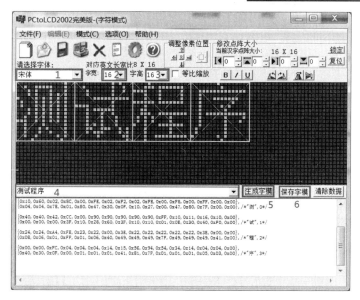

图 5-41 生成字模

图 5-42 保存字模文件

图 5-43 修改字库

5．编写字符显示程序

在任务 13 中，OLED 程序位于 main.c 文件中，其代码结构如下：

```
1    …
2    #include    "oled.h"
3    …
4    int main(void)
5    {
6        uint8_t cnt=0;           //循环的次数
7        …
8        OLED_Init();
9        OLED_ShowString( 0,0,(uint8_t *)"OLED");        //显示字符串"OLED"
10       OLED_ShowCHinese(4*8,0,0);                       //显示编号为 0 的汉字    测
11       OLED_ShowCHinese(4*8+1*16,0,1);                  //显示编号为 1 的汉字    试
12       OLED_ShowCHinese(4*8+2*16,0,2);                  //显示编号为 2 的汉字    程
13       OLED_ShowCHinese(4*8+3*16,0,3);                  //显示编号为 3 的汉字    序
14       OLED_ShowString(0,3,(uint8_t *)"Cnt:");          //显示字符串"cnt:"
15       while(1)
16       {
17           OLED_ShowNum(4*8,3,cnt,3);                   //显示 cnt 的值，3 位数值
18           cnt++;                                       //计数值加 1
19           if(cnt>199)cnt=0;                            //超界处理（计数范围：0～199）
20           HAL_Delay(500);                              //延时 0.5s
21       }
22   }
```

先将上述代码按照程序编写规范的要求添加至 main.c 文件的对应位置处，然后按照前面任务中所介绍的方法对程序进行编译、调试直至程序正确无误，再将程序下载至开发板中运行，OLED 屏中的显示结果如图 5-44 所示。

图 5-44　程序运行的结果

实践总结与拓展

SSD1306 常用的访问命令

SSD1306 有近 30 条命令，这些命令主要用于初始化 SSD1306 程序，受篇幅的限制，我们只介绍初始化程序中几条关键命令，更多的 SSD1306 命令可以查阅 SSD1306 技术手册的第 28 页。

（1）打开/关闭显示

命令格式如下：

Hex	D7	D6	D5	D4	D3	D2	D1	D0
AE/AF	1	0	1	0	1	1	1	X0

该命令为单字节命令，X0 的含义如下：

X0=0：关闭显示（复位值），对应命令为 0xae。

X0=1：打开显示，对应命令为 0xaf。

（2）设置对比度

命令格式如下：

Hex	D7	D6	D5	D4	D3	D2	D1	D0
81	1	0	0	0	0	0	0	1
A[7:0]	A7	A6	A5	A4	A3	A2	A1	A0

该命令是双字节命令，第 1 字节是命令的代码 0x81，第 2 字节为所要设置的对比度值 A[7:0]，A 的取值范围为 0x00～0xff，A 值越大，对比度越大。

（3）设置正常显示/反向显示

命令格式如下：

Hex	D7	D6	D5	D4	D3	D2	D1	D0
A6/A7	1	0	1	0	0	1	1	X0

该命令为单字节命令，X0 的含义如下。

X0=0：正常显示（复位值，对应命令为 0xa6）。正常显示时，若显存的位为 0，则屏幕上的对应点不显示；若显存的位为 1，则屏幕上显示对应的点。

X0=1：反向显示（对应命令为 0xa7）。反向显示时，若显存的位为 0，则屏幕上显示对应的点；若显存的位为 1，则屏幕上的对应点不显示。

（4）开/关电荷泵

命令格式如下：

Hex	D7	D6	D5	D4	D3	D2	D1	D0
8D	1	0	0	0	1	1	0	1
A[5:0]	-	-	0	1	0	A2	0	0

该命令是双字节命令，第 1 字节是命令的代码 0x8D，第 2 字节为命令值，命令值的最高 2 位无效，A[5:3]=010，A[1:0]=00，A2 的含义如下。

A2=0：关闭电荷泵。

A2=1：开启电荷泵。

（5）设置显存的地址模式

命令格式如下：

Hex	D7	D6	D5	D4	D3	D2	D1	D0
20	0	0	1	0	0	0	0	0
A[1:0]	-	-	-	-	-	-	A1	A0

该命令是双字节命令，第 1 字节是命令的代码 0x20，第 2 字节为命令值，命令值的高 6 位无效，A[1:0]的含义如下。

A[1:0]=00：水平地址模式。

A[1:0]=01：垂直地址模式。

A[1:0]=10：页面地址模式（复位状态）。

A[1:0]=11：无效。

（6）设置列地址低 4 位

命令格式如下：

Hex	D7	D6	D5	D4	D3	D2	D1	D0
00～0F	0	0	0	0	X3	X2	X1	X0

该命令为单字节命令，X[3:0]为所要设置 8 位列地址的低 4 位，复位值为 0000。

（7）设置列地址高 4 位

命令格式如下：

Hex	D7	D6	D5	D4	D3	D2	D1	D0
10～1F	0	0	0	1	X3	X2	X1	X0

该命令为单字节命令，X[3:0]为所要设置 8 位列地址的高 4 位，复位值为 0000。

（8）设置页起始地址

命令格式如下：

Hex	D7	D6	D5	D4	D3	D2	D1	D0
B0～B7	1	0	1	1	0	X2	X1	X0

该命令为单字节命令，当显存地址模式为页地址模式时，该命令用来设置显存的页首址，命令中 X[2:0]为所要设置的页首址值。

（9）左右反向显示

命令格式如下：

Hex	D7	D6	D5	D4	D3	D2	D1	D0
A0/A1	1	0	1	0	0	0	0	X0

该命令为单字节命令，X0 的含义如下。

X0=0：左右正常显示（复位值）。在这种状态下，列地址 0 的点对应显示屏上最左边的点。

X0=1：左右反置显示。在这种状态下，列地址 0 的点对应显示屏上最右边的点。

（10）上下反向显示

命令格式如下：

Hex	D7	D6	D5	D4	D3	D2	D1	D0
C0/C8	1	1	0	0	X3	0	0	0

该命令为单字节命令，X3 的含义如下。

X3=0：上下正常显示（复位值）。在这种状态下，第 0 页的 D0 位对应显示屏上顶端的点。

X3=1：上下反置显示。在这种状态下，第 0 页的 D0 位对应显示屏上底端的点。

（11）设置显示时钟的频率和分频系数

命令格式如下：

Hex	D7	D6	D5	D4	D3	D2	D1	D0
D5	1	1	0	1	0	1	0	1
A[7:0]	A7	A6	A5	A4	A3	A2	A1	A0

该命令是双字节命令，第 1 字节是命令的代码 0xD5，第 2 字节为命令值。在命令值中，A[7:4]用来设置 SSD1306 内部振荡器的频率，其值越大，振荡频率越高。A[3:0]用来设置时钟的分频系数。该命令的命令值常取 0x80，此时 OLED 以 100 帧/秒的频率进行显示。

（12）设置显示的起始行

命令格式如下：

Hex	D7	D6	D5	D4	D3	D2	D1	D0
40～7F	0	1	X5	X4	X3	X2	X1	X0

该命令为单字节命令，X[5:0]为显示起始行的行号，复位值为 00000。

习题 13

1．128×64 的 OLED 屏的常用控制芯片是 SSD1306，它与 STM32 有_____种接口形式，最常用的接口形式是_____接口。

2．SPI 接口的 OLED 屏常用 7 个引脚与外部电路相接，请简述这 7 个引脚的功能。

3．若 STM32 用 PC3～PC6 共 4 个引脚控制 SPI 接口的 OLED 屏，请画出 STM32 与 OLED 屏的接口电路。

4．SSD1306 的片内显存分____页，每页_____字节。

5．1 字节的数据写入显存后，字节数据的 D0 位写入_____。

6．SSD1306 有_____、_____、_____等 3 种寻址方式。

7．OLED 的显示函数是根据其控制芯片的工作时序编写的，请简述控制芯片 SSD1306 工作在 4 线制 SPI 模式下的时序图含义。

8．若 SSD1306 工作在 4 线制 SPI 模式下，STM32 与 OLED 屏的接口电路为题 3 中的接口电路，请编写向 OLED 屏写入 1 字节数据的完整程序。

9．请指出下列函数的功能：

（1）OLED_ShowString()。

（2）OLED_ShowCHinese()。

（3）OLED_ShowNum()。

10．请按下列要求编写程序

（1）从第 0 页的第 7 列开始显示字符串"Hello"。

（2）从第 2 页的第 10 列开始显示变量 x 的值，其中数据显示位为 4 位。

（3）从第 0 页开始显示社会主义核心价值观的内容，其中第 1 行的"社会主义价值观"

居中显示，如图 5-45 所示。

社会主义价值观
富强民主文明和谐
自由平等公正法治
爱国敬业诚信友善

图 5-45　价值观

11. 在 STM32 中，T6 作基本时间定时器，定时时长为 1s，STM32 用 GPIO 口控制 SPI 接口的 OLED 屏，其控制电路如任务 13 中的硬件电路图所示，用 T6 和 OLED 屏制作一个数字钟。串口 1 作异步通信口，与计算机进行串行通信，计算机通过串口调试助手向 STM32 发送数据调整命令，用来设置数字钟的日期和时间。STM32 接收到控制命令后需要用串口向计算机发送反馈信息，以便能在串口调试助手中显示相关信息。计算机的串口发送的控制命令以及调试助手中显示的数据如表 5-6 所示。

表 5-6　控制命令及回显数据

命　令	功　能	串口调试助手显示的数据
55 AA 01 val FC	设置年，val 为 BCD 码的设置值	年为 val
55 AA 02 val FC	设置月，val 为 BCD 码的设置值	月为 val
55 AA 03 val FC	设置日，val 为 BCD 码的设置值	日为 val
55 AA 04 val FC	设置时，val 为 BCD 码的设置值	时为 val
55 AA 05 val FC	设置分，val 为 BCD 码的设置值	分为 val
55 AA 06 val FC	设置秒，val 为 BCD 码的设置值	秒为 val

表中，命令数据为 16 进制数，55AA 为数据头，FC 为数据尾，val 表示用户输入的某个 BCD 码的设置值。例如，55AA0423FC 表示输入的命令为命令 4，即设置小时，输入数据为 23，此时 STM32 应将数字钟的小时值设为 23，同时用串口向计算机发送“时为 23”。

（1）不考虑闰年问题，2 月按 28 天计算。上电后数字钟从 2022 年 1 月 1 日 0 时 0 分 0 秒开始计时，OLED 屏的显示格式如图 5-46 所示。

数字钟
日期：YY-MM-DD
时间：hh:mm:ss

图 5-46　OLED 显示格式

图中，YY 代表 2 位数的年号，MM 代表 2 位数的月号，DD 代表 2 位数的日号，hh 代表 2 位数的小时，mm 代表 2 位数的分钟，ss 代表 2 位数的秒钟。例如，2022 年 2 月 4 日显示为“日期：22-02-04”。

字符显示要求是，“数字钟”居中显示，其他行从第 0 列开始显示。汉字的字模为 16×16 点阵，西文字符的字模为 8×16 点阵。

串口 1 为异步通信口，波特率 BR=115200bps，数据位为 8 位，停止位为 1 位。首先请在 STM32CubeMX 中完成相关配置，将工程命名为 Task13_ex11，并保存至“D:\练习”文件夹中，然后将 GPIO 口的配置、定时器 T6 的配置和串口 1 的配置截图，并保存到“学号_姓名_Task13_ex11.doc”文件中，题注分别为“GPIO 口配置”、“定时器 T6 的配置”和“串口 1 的配置”，再将此文件保存至文件夹“D:\练习”中。

（2）用 PCtoLCD 制作汉字字库，并将“字模选项”配置和“生成字模”截图后保存到“学号_姓名_Task13_ex11.doc”文件中，题注分别为“字模选项配置”和“生成字模”。

（3）请在 time.c 文件中编写定时器的相关程序，将程序代码截图，并保存至“学号_姓名_Task13_ex11.doc”文件中，题注为“定时器程序”。

（4）在 Serial.c 文件中重新定义串口接收中断回调函数，并将回调函数的代码截图后保存至“学号_姓名_Task13_ex11.doc”文件中，题注为“串口接收数据程序”。

（5）在 main.c 文件中编写数字钟显示程序，并将其代码截图后保存至"学号_姓名_Task13_ex11.doc"文件中，题注为"数字钟显示程序"。

（6）在 main.c 文件中编写串口接收数据处理程序，并将其代码截图后保存至"学号_姓名_Task13_ex11.doc"文件中，题注为"接收数据处理"。

（7）编译连接程序，并将输出窗口截图后保存至"学号_姓名_Task13_ex11.doc"文件中，题注为"编译连接程序"。

（8）首先运行程序，然后将日期设为 22-09-01，时间设置为 08:45:03。请将 OLED 屏的显示值拍照后保存至"学号_姓名_Task13_ex11.doc"文件中，题注为"数字钟显示"。将串口调试助手显示信息截图后保存至"学号_姓名_Task13_ex11.doc"文件中，题注为"程序运行结果"。

习题答案　　　　　习题答案

扫一扫下载习题工程　　　扫一扫查看习题答案

任务 14　用 OLED 显示图片

课件

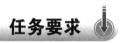任务要求

扫一扫下载课件

OLED 屏的控制芯片为 SSD1603，接口形式为 4 线制 SPI 接口，OLED 屏的库函数位于"\资源包\OLED"文件夹中，待显示的文件为"竹子.jpg"，该文件位于"\资源包"中。要求用 STM32CubeMX 生成 Keil5 的工程，再将 OLED 的函数库移植至 Keil 工程中，并进行适当编程，使 OLED 屏中显示竹子图片。

资源下载

知识储备

扫一扫下载图片文件

1．图片显示函数

在 OLED 函数库中，显示图片的函数为 OLED_DrawBMP()，其代码如下：

```
1  /*********************************************************
2  void OLED_DrawBMP(uint8_t x0,uint8_t y0,uint8_t x1,uint8_t y1,uint8_t *p)
3  功能:在指定区域内显示图片
4  参数:
5  x0,y0:      图片左上角的坐标
6  x1,y1:      图片右下角的坐标
7  其中，x0、x1 为横坐标，单位为像素，取值为 0～127
8  y0、y1 为纵坐标，单位为页，取值为 0～7
9  p:图片的点阵数据存放的地址
10 *********************************************************/
11 void OLED_DrawBMP(uint8_t x0,uint8_t y0,uint8_t x1,uint8_t y1,uint8_t *p)
12 {
```

13	uint8_t x,y;
14	if(y1%8==0)
15	y=y1/8;
16	else
17	y=y1/8+1;
18	for(y=y0;y<y1;y++)
19	{
20	OLED_Set_Pos(x0,y);
21	for(x=x0;x<x1;x++)
22	{
23	OLED_WR_Byte(*p++,OLED_DATA);
24	}
25	}
26	}

例如，设图片文件的点阵数据存放在数组 bmp[]中，用 OLED 显示图片的程序如下：

OLED_DrawBMP(0,0,127,7,bmp);

2．图片的显示方法

用 OLED 屏显示图片的一般方法如下：

（1）用 Photoshop 或者美图秀秀等图片处理软件将 jpg 文件进行适当编辑，制作出 128×64 的 jpg 文件，若所要显示的图片文件是位图文件（bmp 文件），则跳过这一步。

（2）用 Image2Lcd 软件将 128×64 的 jpg 文件转换成位图文件。

（3）用 PCtoLCD 软件制作出图形库，其方法与制作字库的方法相似。

（4）首先用 STM32CubeMX 生成硬件初始化代码，然后在 Keil 工程中用 OLED_DrawBMP() 函数显示图片。

上述过程详见实现方法与步骤部分。

实现方法与步骤

1．搭建电路

任务 14 的电路与任务 13 的电路相同，其电路如图 5-47 所示。

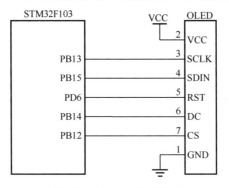

图 5-47　任务 14 的电路图

2．用图片处理软件编辑图片文件

（1）用美图秀秀编辑图片。

第 1 步：用百度或者 360 在网上搜索"在线美图秀秀网页版"，如图 5-48 所示，然后单击所搜索到的"美图秀秀网页版"超链接，打开如图 5-49 所示的"美图秀秀网页版"工作页面。

图 5-48　搜索美图秀秀

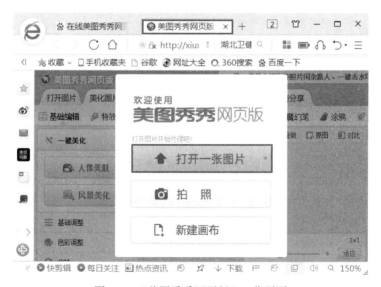

图 5-49　"美图秀秀网页版"工作页面

第 2 步：在图 5-49 中单击"打开一张图片"按钮，打开如图 5-50 所示的"选择要上载的文件"对话框，在对话框中找到我们提供的图片文件"竹子_原图.jpg"。

第 3 步：在图 5-50 中单击"打开"按钮，美图秀秀的右边窗口中会显示所打开的图片，如图 5-51 所示。

图 5-50 "选择要上载的文件"对话框

图 5-51 裁剪图片

第 4 步：在图 5-51 中单击左边窗口中的"裁剪"列表项，然后在"宽度"和"高度"文本框中输入裁剪后的像素，右边窗口中所选择的裁剪区域的大小会跟着变化。在选择宽度和高度时要注意两者的比例要选择 2:1，另外要尽量将裁剪区域设置得大一点。

第 5 步：在图 5-51 中用鼠标左键按住右边窗口中的裁剪区域，并拖动裁剪区（注意不要拖动区域的边框，否则会改变区域的大小），使其位于我们所要裁剪的区域，然后单击"确定"按钮。

第 6 步：在美图秀秀的左边窗口中单击"修改"列表项，然后将宽度和高度分别设置为 128 和 64，将第 5 步中所裁剪的图片压缩成像素为 128×64 的图片，再单击"确定"按钮，如图 5-52 所示。

图 5-52　修改图片的尺寸

第 7 步：在美图秀秀的窗口中单击"保存与分享"标签，然后在"保存到我的电脑"栏目中的"文件名"文本框中输入文件名"竹子_剪裁"，如图 5-53 所示。

图 5-53　保存图片

第 8 步：首先在图 5-53 中单击"保存图片"按钮，打开如图 5-54 所示的"选择要下载的位置"对话框，然后在对话框中选择好保存文件的位置和文件名，单击"保存"按钮，将裁剪后的文件保存到计算机中，该文件为"竹子_剪裁.jpg"。

图 5-54 "选择要下载的位置"对话框

资源下载

扫一扫下载
Image2Lcd 软件

3．用 Image2Lcd 软件制作位图文件

实现步骤如下。

第 1 步：启动 Image2Lcd，打开如图 5-55 所示的窗口。

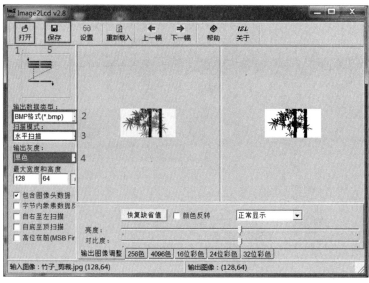

图 5-55 Image2Lcd 窗口

第 2 步：在 Image2Lcd 窗口中单击"打开"按钮，然后在"Open Image file"对话框中找到并打开"竹子_剪裁.jpg"文件。

第 3 步：在 Image2Lcd 窗口中将"输出数据类型"设置成"BMP 格式","扫描模式"选择"水平扫描"，输出灰度选择"单色"，然后单击"保存"按钮，将文件保存为"竹子.bmp"文件。该文件就是我们所需要的 128×64 像素的 BMP 文件。

4．用 PCtoLCD 软件制作图库文件

实现步骤如下。

第 1 步：启动 PCtoLCD 软件，打开如图 5-56 所示的窗口。

图 5-56　PCtoLCD 的窗口

第 2 步：单击菜单栏上的"模式"→"图形模式"菜单，将软件的工作模式设置成图形模式，如图 5-57 所示。

图 5-57　选择工作模式

第 3 步：单击菜单栏上的"选项"菜单，打开"字模选项"对话框，在"点阵格式"中选择"阳码"，在"取模方式"中选择"列行式"，在"取模走向"中选择"逆向"，"输出数制"选择"十六进制数"，输出格式选择 C51 格式，如图 5-58 所示，去掉行前缀文本框中的"{"和行后缀文本框中的"}"，再单击"确定"按钮，完成字模选项设置。

第 4 步：在 PCtoLCD 窗口中单击打开文件图标按钮，然后在弹出的"打开"对话框中找到并打开"竹子.bmp"文件，再单击"生成字模"按钮，PCtoLCD 就会按我们所设置的方式产生"竹子.bmp"文件的点阵字模，并在下面的列表框中显示所生成的字模代码，如图 5-59 所示。

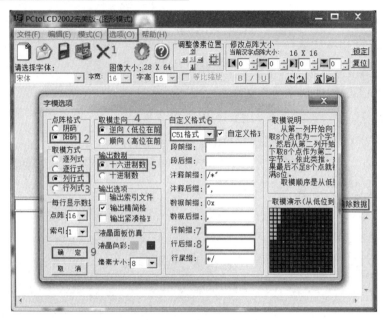

图 5-58　设置字模选项

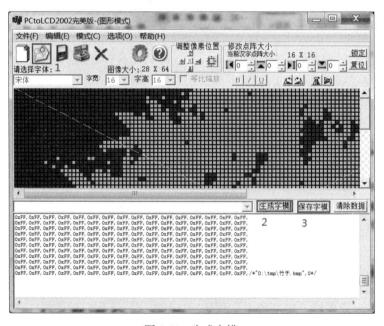

图 5-59　生成字模

第 5 步：单击"保存字模"按钮，系统会弹出如图 5-60 所示的"另存为"对话框，在对话框中选择文件存放的文件夹，将文件名设为 bmp.h，保存类型选择"所有文件(*.*)"，再单击"保存"按钮，将字模保存到 bmp.h 文件中。

5．生成硬件初始化代码

任务 14 的硬件电路与任务 13 相同，其硬件初始化代码的生成方法和步骤与任务 13 相同，请读者按照任务 13 中介绍的步骤在 STM32CubeMX 中配置 SYS、RCC、GPIO 口以及系统时钟，并将 STM32CubeMX 工程命名为

任务程序

扫一扫下载任务 14
的工程文件

Task14，生成 Keil 工程，并将 OLED 函数库移植至 Keil 中。

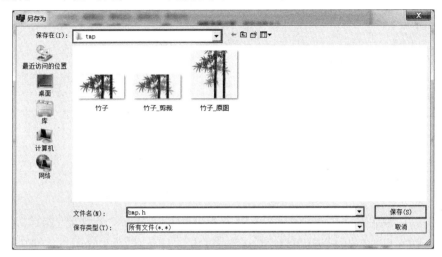

图 5-60　保存字模文件

6．编写显示图片的应用程序

步骤如下。

第 1 步：在 main.c 文件的 USER CODE BEGIN Includes 与 USER CODE END Includes 之间（用户头文件包含区）添加包含头文件的代码，如图 5-61 所示。

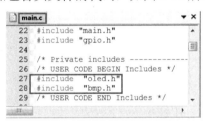

图 5-61　添加头文件包含

第 2 步：在 main()函数的 USER CODE BEGIN 2 与 USER CODE END 2 之间（用户代码 2 区）添加初始 OLED 代码和显示图片的代码，如图 5-62 所示。

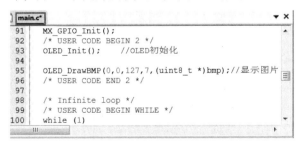

图 5-62　用户代码 2 区中代码

7．完善 bmp.h 头文件

步骤如下。

第 1 步：将头文件 bmp.h 复制到 oled.c 文件所在的文件夹中，如图 5-63 所示。

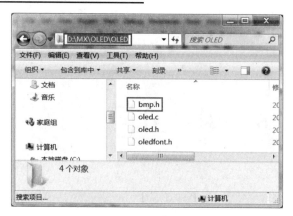

图 5-63　复制 bmp.h 文件

第 2 步：在 Keil 中打开 bmp.h 文件，注释掉或者删除第 1 行中的文件路径说明，在第 3 行处添加 "const unsigned char bmp[]={"，如图 5-64 所示。也就是在第 3 行处开始定义数组 bmp[]，该数组的元素为 bmp.h 文件中的十六进制数，即图 5-59 中所生成的字模，数组的数据类型为 unsigned char。

第 3 步：在 bmp.h 文件的末尾处添加 "};"，如图 5-65 所示，然后保存 bmp.h 文件。

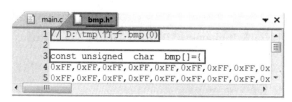

图 5-64　定义数组 bmp[]

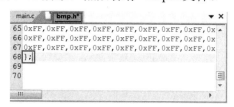

图 5-65　添加语句的结束符

8．调试与下载程序

按照前面任务中所介绍的方法对程序进行编译、调试直至程序正确无误后，将程序下载至开发板中并运行程序，我们可以看到 OLED 屏中显示出竹子的图片，如图 5-66 所示。

图 5-66　OLED 显示

实践总结与拓展

首先查阅任务 13 中所介绍的 OLED_Init()函数，修改 OLED_Init()函数中相关参数，然后重新编译连接程序，再观察图片显示的结果，总结这些参数对 OLED 显示的影响。

（1）将第 30 行代码改为 "OLED_WR_Byte(0xA1,OLED_CMD);"。

（2）将第 32 行代码改为 "OLED_WR_Byte(0xc8,OLED_CMD);"。

（3）将第 30 行、第 32 行代码分别修改成（1）、（2）题中的代码。

（4）将第 28 行代码改为 "OLED_WR_Byte(0x00,OLED_CMD);"。

（5）将第 28 行代码改为 "OLED_WR_Byte(0x01,OLED_CMD);"。

习题 14

在一张白纸上分 2 行书写你的班级和姓名，然后用手机拍照，再在 OLED 屏上显示你手写的姓名和班级图片。要求如下：

（1）用图片处理软件对照片进行处理，制作出 128×64 点阵图片文件，将图片处理软件处理的结果截图，并保存至 "学号_姓名_Task14_ex01.doc" 文件中，题注为 "图片剪裁"，再将此文件保存至文件夹 "D:\练习" 中。

（2）用 Image2Lcd 软件将剪裁后的照片文件制作成位图文件，请将 Image2Lcd 窗口的设置截图，并保存至 "学号_姓名_Task14_ex01.doc" 文件中，题注为 "制作位图文件"。

（3）用 PCtoLCD 制作图库文件，并将模式选择设置、字模选项配置和生成字模截图后保存到 "学号_姓名_Task14_ex01.doc" 文件中，题注分别为 "模式选择设置""字模选项配置" 和 "生成字模"。

（4）在 main.c 文件中编写图片显示程序，并将其代码截图后保存至 "学号_姓名_Task14_ex01.doc" 文件中，题注为 "图片显示程序"。

（5）编译连接程序，将输出窗口截图后保存至 "学号_姓名_Task14_ex01.doc" 文件中，题注为 "编译连接程序"。

（6）运行程序。请将 OLED 屏的显示值拍照后保存至 "学号_姓名_Task14_ex01.doc" 文件中，题注为 "程序运行结果"。

习题解答　　　　　　　　习题解答

扫一扫下载习题工程　　　扫一扫查看习题答案

项目 **6**

A/D 与 D/A 转换器的应用设计

思政活页

许居衍: 中国微电
子工业开拓者

 **学习目标**

【德育目标】

● 弘扬劳模精神
● 培养精益求精的工匠精神

【知识技能目标】

● 掌握 A/D 转换器（ADC）、D/A 转换器（DAC）的常用技术指标，能根据实际要求合理地选择 ADC、DAC
● 掌握 ADC 的转换值与输入电压之间的关系，掌握 DAC 的输出电压与转换值之间的关系
● 熟悉 STM32 中 ADC 和 DAC 的应用特性
● 掌握 HAL 中 ADC 和 DAC 常用操作函数
● 在 STM32CubeMX 中会配置 ADC 和 DAC 的模式与参数
● 会编写 ADC 和 DAC 的应用程序

任务 15   制作电压监测器

课件

扫一扫下载课件

任务要求

　　STM32 的 PA0 引脚作模拟输入口，对该引脚上输入的电压进行采集，串口 1 作异步通信口使用，用来输出当前电压值，输出格式为"当前电压：X.XX 伏"，其中，串口的波特率 BR=115200bps，数据位为 8 位，停止位为 1 位。

知识储备

1. A/D 转换的基础知识

（1）常用的技术指标

A/D 转换器（Analog to Digital Converter，ADC）的功能是将连续的模拟信号转换成数字信号。按照器件与微处理器的接口形式，ADC 可分为串行 ADC 和并行 ADC，按照转换原理可分为双积分式和逐次逼近式等。选择 ADC 芯片时，常涉及到的技术指标有分辨率、转换时间等。

分辨率：表示输出数字量增减 1 所需要的输入模拟量的变化值，它反映了 ADC 能够分辨最小的量化信号的能力。设 ADC 的位数为 n，转换的满量程电压为 U，则其分辨率为 $U/(2^n-1)$。例如，满量程电压为 5V，如果用的是 10 位 ADC，则它的分辨率为 $5000\text{mV}/(2^{10}-1) \approx 5\text{mV}$，如果用的是 12 位 ADC，则它的分辨率为 $5000\text{mV}/(2^{12}-1) \approx 1\text{mV}$。可见 ADC 的位数越多，其分辨率就越高。

转换时间：指从启动 ADC 进行 A/D 转换开始到转换结束并得到稳定的数字量输出为止所需要的时间。转换时间的快慢将会影响 ADC 与 CPU 交换数据的方式。

（2）A/D 转换值与输入电压的关系

设 ADC 的参考电压为 U_{REF}，即满量程电压为 U_{REF}，A/D 转换的位数为 n 位，A/D 转换值为 adval，对应的输入电压为 U_x。则输入电压 U_x 与转换值之间的关系如下：

$$U_x = \text{adval} \times 分辨率 = \frac{U_{REF} \times \text{adval}}{2^n - 1}$$

例如，12 位 ADC 的参考电压为 3300mV，若 A/D 转换值为 1024，则对应的输入电压 U_x 为：$U_x = \dfrac{U_{REF} \times \text{adval}}{2^n - 1} = \dfrac{3300 \times 1024}{2^{12} - 1} \approx 825\text{mV}$。

【说明】

在实际应用中，如果计算精度要求不是十分严格，可以用 2^n 代替 2^n-1。这样就可用右移 n 位来做除以 2^n 的快速除法运算。在这种情况下，计算输入电压的 C 语言程序如下：

ux = ((uint32_t)uref*adval)>>n;

2. STM32 中 ADC 的结构

STM32 片内集成有 1～3 个 12 位逐次逼近型 ADC，这 3 个 ADC 依次为 ADC1～ADC3。在 STM32 中，ADC 的结构如图 6-1 所示。

从图 6-1 可以看出，STM32 的 ADC 主要由 ADC 的电源电压与参考电压输入、ADC 模拟信号输入、模拟至数字转换单元、模拟看门狗、ADC 中断电路和 ADC 控制等几部分组成。

（1）ADC 的电源电压与参考电压输入

ADC 的电源电压与参考电压输入由 V_{DDA}、V_{SSA}、V_{REF+}、V_{REF-}这 4 个引脚组成，V_{DDA} 为 ADC 的正电源输入脚，V_{SSA} 为 ADC 的接地脚，ADC 的供电电压为 2.4～3.6V。V_{REF+} 为 ADC 的参考电压的正电压输入脚，V_{REF-} 为 ADC 参考电压的负电压输入脚，其中，$2.4 \leqslant V_{REF+} \leqslant V_{DDA}$，$V_{REF-} = V_{SSA}$。

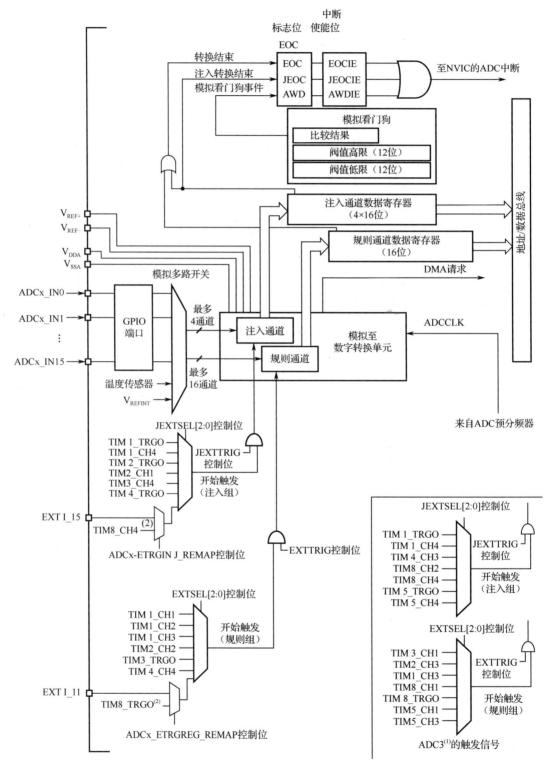

图 6-1 ADC 的结构

（2）ADC 输入

ADC 输入共 18 个通道。其中，外部通道有 16 个，其编号为通道 0～通道 15，记作

ADC*x*_IN0～ADC*x*_IN15 (*x*=1、2、3)，每个外部通道都与一个外部引脚相接，用来测量外部输入的模拟信号。内部通道有 2 个，只有 ADC1 有内部通道，ADC2、ADC3 无内部通道。内部通道的编号为通道 16、通道 17，其中，通道 16 连接至内部温度传感器，用来测量芯片的内部温度，通道 17 连接到内部参考电压 V_{REFIN}，其电压值为 1.2V。STM32F103 中各 ADC 的引脚分布如表 6-1 所示。

任务程序

测量片内温度

表 6-1　STM32F103 中 ADC 各通道的引脚分布

通道号	ADC1	ADC2	ADC3
外部通道 0	PA0	PA0	PA0
外部通道 1	PA1	PA1	PA1
外部通道 2	PA2	PA2	PA2
外部通道 3	PA3	PA3	PA3
外部通道 4	PA4	PA4	PF6
外部通道 5	PA5	PA5	PF7
外部通道 6	PA6	PA6	PF8
外部通道 7	PA7	PA7	PF9
外部通道 8	PB0	PB0	PF10
外部通道 9	PB1	PB1	PF3
外部通道 10	PC0	PC0	PC0
外部通道 11	PC1	PC1	PC1
外部通道 12	PC2	PC2	PC2
外部通道 13	PC3	PC3	PC3
外部通道 14	PC4	PC4	PF4
外部通道 15	PC5	PC5	PF5
通道 16（内部）	内部温度传感器	内部 Vss	内部 Vss
通道 17（内部）	内部参考电压 V_{REFINT}	内部 Vss	内部 Vss

（3）模拟至数字转换单元

STM32 的模拟至数字转换单元为 12 位的逐次逼近型转换单元，其输入信号有 18 个通道，这 18 个通道分为规则通道组和注入通道组 2 个组（有时简称规则组和注入组），其中，规则通道组最多有 16 个通道，注入通道组最多有 4 个通道。有关规则通道和注入通道的相关概念及配置稍后我们再作详细介绍。

（4）模拟看门狗

模拟看门狗用来监测输入的模拟电压，当 A/D 转换结果高于设定的阈值高限值或者低于阈值低限值就产生模拟看门狗中断。

（5）ADC 中断

STM32 的 ADC 有转换结束中断、注入转换结束中断和模拟看门狗中断 3 种中断。每个中断都有一个中断请求标志位，用来记录对应的中断事件是否发生，当中断事件发生时，硬件电路就自动地将对应的中断请求标志置 1。每个中断都有一个中断使能控制位，用来使能或禁止对应的中断。每个中断只有在中断使能控制位为 1 的条件下，中断事件发生后才能产生对应的 ADC 中断。ADC 的中断事件标志和中断使能控制位如表 6-2 所示。

表 6-2 ADC 的中断事件标志和中断使能控制位

中 断 事 件	事件标志 （状态寄存器 ADC_SR）	使能控制位 （控制寄存器 1 ADC_CR1）
转换结束	EOC	EOCIE
注入转换结束	JEOC	JEOCIE
模拟看门狗事件	AWD	AWDIE

【注意】

规则和注入转换结束后，除了可通过中断方式处理转换结果之外，还可产生 DMA 请求，以使把转换好的数据直接转存至内存中。

3．ADC 的应用特性

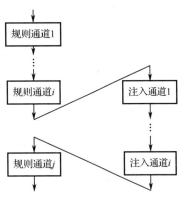

图 6-2 规则通道组与注入通道组
的 A/D 转换关系

（1）ADC 的通道组

STM32 的 ADC 通道分注入通道组和规则通道组 2 个组。

规则通道组是常用的通道组，注入通道组是一种插入通道组。规则通道和注入通道类似于单片机程序中的 main() 函数与中断服务函数之间的关系，规则通道相当于 main() 函数，注入通道相当于中断服务函数。注入通道的 A/D 转换未启动，则 STM32 执行规则通道的 A/D 转换，一旦启动了注入通道的 A/D 转换，则 STM32 暂停当前的规则通道的 A/D 转换，而进行注入通道的 A/D 转换，直到注入通道组中的所有通道的 A/D 转换都结束后才继续进行规则通道组的 A/D 转换。规则通道组与注入通道组的 A/D 转换关系如图 6-2 所示。

将外部输入通道分为规则通道和注入通道在实际应用中非常方便。例如，某系统中需要不断地监测室内温度，还需要偶尔查看一下室外温度，这 2 路监测的频度不一样，此时就可将需要不断监测的那路 A/D 转换（监测室内温度）加入到规则通道组中，将偶尔查看的那一路 A/D 转换（监测室外温度）加入到注入通道组中。正常情况下 STM32 对需要不断地检测的那组进行 A/D 转换，当需要查看室外温度时，则执行注入通道的转换。

（2）ADC 的转换方式

ADC 有单次转换、连续转换、扫描转换等几种方式。

单次转换的特点是，ADC 启动后只执行一次转换，若需要再次进行转换，则需要再次启动。

连续转换的特点是，A/D 转换结束后立即自动启动下一次 A/D 转换。

扫描转换主要用于某个通道组的各个通道的 A/D 转换，其特点是，扫描转换启动后，STM32 对指定的通道组的各个通道依次进行 A/D 转换，通道组中某个通道的 A/D 转换结束后立即启动该组中下一个通道的 A/D 转换。扫描转换分间断扫描和连续扫描 2 种。

当进行间断扫描时，通道组中各通道只进行单次转换。当进行连续扫描时，一次扫描转换结束后，马上自动地从通道组的第一个通道开始，进行下一轮的扫描转换。默认情况下，扫描转换指的是间断扫描转换。

如果扫描模式开启了中断，则在最后一个通道转换结束后才会产生中断，在连续方式下，每次转换结束后都会产生中断。

（3）ADC的数据对齐格式

STM32的ADC为12位的ADC，ADC的结果为12位的二进制数，这12位的转换结果存放在ADC数据寄存器（ADC_DR或ADC_JDRx）的低16位中，ADC数据存放时有左对齐和右对齐2种对齐格式。右对齐的格式如图6-3所示，其特点是，结果的最低位与数据寄存器的最低位对齐。

对于注入通道组而言，由于存入ADC数据寄存器的值为注入序列寄存器ADC_JSQR的值与ADC转换值之差，所存入的数据为有符号数。因此注入通道组的数据采用右对齐时高4位为符号位。

对于规则通道组而言，所存入的数据就是ADC转换值，所以其高4位为0。

在实际应用中，一般选用右对齐格式。

注入组

SEXT	SEXT	SEXT	SEXT	D11	D10	D9	D8	D7	D6	D5	D4	D3	D2	D1	D0

规则组

0	0	0	0	D11	D10	D9	D8	D7	D6	D5	D4	D3	D2	D1	D0

图6-3 右对齐的格式

左对齐的格式如图6-4所示。对于注入通道组而言，其特点是，高13位为带符号的转换结果，其中最高位为符号位，最低3位为0。对于规则通道组而言，其特点是，高12位为转换结果，最低4位为0。

注入组

SEXT	D11	D10	D9	D8	D7	D6	D5	D4	D3	D2	D1	D0	0	0	0

规则组

D11	D10	D9	D8	D7	D6	D5	D4	D3	D2	D1	D0	0	0	0	0

图6-4 左对齐的格式

（4）ADC的转换时间

ADC的转换时间与ADC的时钟周期和采样时间有关，其公式如下：

$$TCONV=采样时间+12.5 个 ADC 时钟周期$$

其中，采样时间为1.5、7.5、13.5、28.5、41.5、55.5、71.5或者239.5倍的ADC时钟周期，其值取决于STM32的采样时间寄存器的值。在STM32CubeMX中，采样时间是通过设置Sampling Time参数来实现的，其设置方法我们将在任务实施的设置ADC参数部分再进行讲解（详见图6-8）。在HAL库中，采样时间是通过调用MX_ADCx_Init()函数来设置的，该函数的定义位于adc.c文件中，如图6-5所示。

图6-5中，第51行代码就是设置ADC的采样周期，默认情况下，ADC的采样周期为ADC_SAMPLETIME_1CYCLE_5，其含义是1.5倍的ADC时钟周期。HAL库中ADC采样周期的定义如表6-3所示。

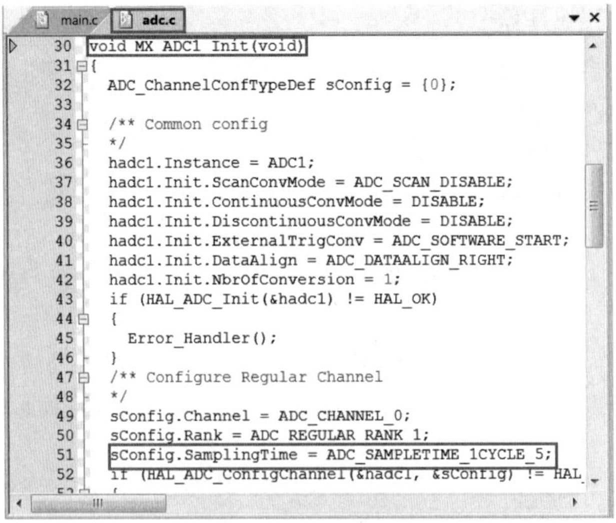

图 6-5 采样周期的设置

表 6-3 ADC 的采样周期

符 号	含 义
ADC_SAMPLETIME_1CYCLE_5	1.5 倍的 ADC 时钟周期
ADC_SAMPLETIME_7CYCLES_5	7.5 倍的 ADC 时钟周期
ADC_SAMPLETIME_13CYCLES_5	13.5 倍的 ADC 时钟周期
ADC_SAMPLETIME_28CYCLES_5	28.5 倍的 ADC 时钟周期
ADC_SAMPLETIME_41CYCLES_5	41.5 倍的 ADC 时钟周期
ADC_SAMPLETIME_55CYCLES_5	55.5 倍的 ADC 时钟周期
ADC_SAMPLETIME_71CYCLES_5	71.5 倍的 ADC 时钟周期
ADC_SAMPLETIME_239CYCLES_5	239.5 倍的 ADC 时钟周期

在 STM32 的 ADC 中，ADC 采样周期越长，A/D 转换的准确度越高，但 A/D 转换的时间越长。

4. HAL 库中有关 ADC 的常用函数和宏

（1）HAL_ADC_Start()函数

HAL_ADC_Start()函数的用法说明如表 6-4 所示。

表 6-4 HAL_ADC_Start()函数的用法说明

原型	HAL_StatusTypeDef HAL_ADC_Start(ADC_HandleTypeDef* hadc);
功能	使能 ADC，并以查询方式启动规则通道组的 A/D 转换
参数	hadc：ADC 句柄，取值为 hadcx，x 为 ADC 的编号，取值为 1～3
返回值	HAL 的状态

例如，启动 ADC1 的规则通道的 A/D 转换程序如下：

HAL_ADC_Start(&hadc1);

【说明】

在 HAL 库中 HAL_ADC_Start_IT()函数也用于使能 ADC，但它以中断方式启动规则通道组的 A/D 转换，该函数的定义位于 stm32f1xx_hal_adc.c 文件中。

（2）HAL_ADC_Start_DMA()函数

HAL_ADC_Start_DMA()函数的用法说明如表 6-5 所示。

表 6-5　HAL_ADC_Start_DMA()函数的用法说明

原型	HAL_StatusTypeDef HAL_ADC_Start_DMA(ADC_HandleTypeDef* hadc, uint32_t* pData, uint32_t Length);
功能	使能 ADC、启动规则通道中的 A/D 转换并以 DMA 方式将 A/D 转换结果传输到数据缓冲区中
参数 1	hadc：ADC 句柄，取值为 hadcx，x 为 ADC 的编号，取值为 1～3
参数 2	pData：DMA 传输时目的缓冲区的首地址
参数 3	Length：DMA 传输的数据个数
返回值	HAL 的状态

【说明】

进行 DMA 传输时需要将 DMA 的传输大小配置成半字长度。

例如，启动 ADC1，并用 DMA 方式将 A/D 转换结果传输到数组 buf[]中，数据传输个数为 50 个，其程序如下：

HAL_ADC_Start_DMA(&hadc1,buf,50);

（3）HAL_ADC_Stop()函数

HAL_ADC_Stop()函数的用法说明如表 6-6 所示。

表 6-6　HAL_ADC_Stop()函数的用法说明

原型	HAL_StatusTypeDef HAL_ADC_Stop(ADC_HandleTypeDef* hadc);
功能	停止规则通道的 A/D 转换，并禁止 ADC
参数	hadc：ADC 句柄，取值为 hadcx，x 为 ADC 的编号，取值为 1～3
返回值	HAL 的状态

例如，停止 ADC1 的 A/D 转换，其程序如下：

HAL_ADC_Stop(&hadc1);

（4）HAL_ADCEx_Calibration_Start()函数

HAL_ADCEx_Calibration_Start()函数的用法说明如表 6-7 所示。

表 6-7　HAL_ADCEx_Calibration_Start()函数的用法说明

原型	HAL_StatusTypeDef HAL_ADCEx_Calibration_Start(ADC_HandleTypeDef* hadc);
功能	启动 ADC 自校正
参数	hadc：ADC 句柄，取值为 hadcx，x 为 ADC 的编号，取值为 1～3
返回值	HAL 的状态

例如，校正 ADC1 的程序代码如下：

HAL_ADCEx_Calibration_Start(&hadc1);

（5）HAL_ADC_PollForConversion()函数

HAL_ADC_PollForConversion()函数的用法说明如表 6-8 所示。

表 6-8　HAL_ADC_PollForConversion()函数用法说明

原型	HAL_StatusTypeDef HAL_ADC_PollForConversion(ADC_HandleTypeDef* hadc, uint32_t Timeout);
功能	查询并等待 A/D 转换结束
参数 1	hadc：ADC 句柄，取值为 hadcx，x 为 ADC 的编号，取值为 1～3
参数 2	Timeout：查询等待的最长时间，单位为 ms
返回值	HAL 的状态
说明	该函数为阻塞函数，在查询期间，CPU 不能进行其他工作。 在指定时间内若 A/D 转换仍没结束，则函数返回超时标志。 在指定时内若 A/D 转换提前结束，则函数提前结束，并返回 HAL_OK

（6）HAL_ADC_GetValue()函数

HAL_ADC_GetValue()函数的用法说明如表 6-9 所示。

表 6-9　HAL_ADC_GetValue()函数的用法说明

原型	uint32_t HAL_ADC_GetValue(ADC_HandleTypeDef* hadc);
功能	获取 A/D 转换的结果
参数	hadc：ADC 句柄，取值为 hadcx，x 为 ADC 的编号，取值为 1～3
返回值	A/D 转换的结果

例如，获取 ADC1 的转换结果并存入变量 adval 中的程序如下：

adval= HAL_ADC_GetValue(&hadc1);

（7）HAL_ADC_GetState()函数

HAL_ADC_GetState()函数的用法说明如表 6-10 所示。

表 6-10　HAL_ADC_GetState()函数用法说明

原型	uint32_t HAL_ADC_GetState(ADC_HandleTypeDef* hadc);
功能	获取 ADC 状态寄存器的值，即 ADC 当前的状态
参数	hadc：ADC 句柄，取值为 hadcx，x 为 ADC 的编号，取值为 1～3
返回值	ADC 状态寄存器的值

例如，下列语句用来检测 ADC1 当前状态：

HAL_ADC_GetState(&hadc1);

（8）HAL_IS_BIT_SET(REG, BIT)宏

HAL_IS_BIT_SET(REG, BIT)宏的用法说明如表 6-11 所示。

表6-11　HAL_IS_BIT_SET(REG, BIT)宏的用法说明

宏	HAL_IS_BIT_SET(REG, BIT)
功能	检查寄存器的位是否被置位
参数1	REG：所要检测的寄存器
参数2	BIT：所要检测的位所对应的屏蔽值
返回值	若寄存器的指定的位被置位，则宏的值为真，否则为假

例如，下列程序的功能就是，利用 HAL_IS_BIT_SET(REG, BIT)宏检测 ADC1 的 A/D 转换是否结束。若已结束，则读取 A/D 转换结果，并换算成电压值，然后用串口输出当前的电压值。

```
1  if(HAL_IS_BIT_SET(HAL_ADC_GetState (&hadc1),HAL_ADC_STATE_REG_EOC ))
2  {
3      ADC_Value = HAL_ADC_GetValue (&hadc1 );
4      printf("当前的电压为%.2f 伏\r\n",ADC_Value*3.3/4095 );
5  }
```

程序中，第 1 行的 HAL_ADC_GetState (&hadc1)的功能是获取 ADC1 的状态寄存器的值，HAL_ADC_STATE_REG_EOC 为 ADC 状态寄存器中规则通道 A/D 转换结束标志位所对应的值。第 1 行代码的功能是，判断 ADC1 的状态寄存器中的 A/D 转换结束标志位是否被置位，若置位了，即 A/D 转换已结束，则执行第 3 行、第 4 行代码。

实现方法与步骤

任务程序

扫一扫下载任务
15 的工程文件

1. 搭建电路

任务 15 的硬件电路如图 6-6 所示。

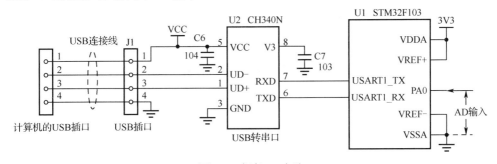

图 6-6　任务 15 电路

2. 生成 ADC 的初始化代码

步骤如下。

（1）启动 STM32CubeMX，然后新建 STM32CubeMX 工程，配置 SYS、RCC，其中，Debug 模式选择"Serial Wire"，HSE 选择外部晶振。

（2）配置时钟，结果如图 6-7 所示。

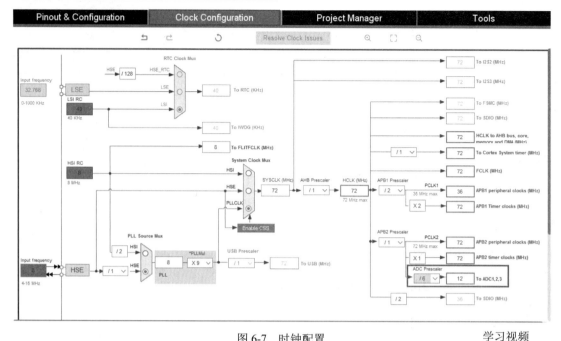

图 6-7　时钟配置

（3）配置通用串口 1（USART1）。按照前面任务中介绍的方法将串口 1 配置成异步通信口，波特率为 115200bps，8 位数据位，1 位停止位。

（4）配置 ADC1。

第 1 步：在 STM32CubeMX 窗口中单击"Pinout & Configuration"标签，然后在左边窗口中单击"Categories"标签，再在列表框中单击"Analog"列表项，将"Analog"展开，再单击"ADC1"列表项，窗口的中间会出现"ADC1 Mode and Configuration"窗口，如图 6-8 所示。

图 6-8　配置 ADC1

第 2 步：在"ADC1 Mode and Configuration"窗口的 Mode 栏中勾选 IN0，选择模拟通道 0。此时在芯片引脚视图中，PA0 脚就会变成绿色，且 PA0 脚的下面会出现 ADC_IN0，表示 PA0 脚已被设置成 A/D 输入脚，其通道号为 IN0（参考图 6-8）。

【说明】

按照任务要求，模拟输入信号接在 PA0 上，查表 6-1 可知，PA0 为 ADC1 的外部通道 0 的输入引脚，因此需要使能外部输入通道 0（IN0）。

第 3 步：在"ADC1 Mode and Configuration"窗口中单击"Parameter Settings"标签，然后在配置参数列表中分别配置 ADC1 的模式、数据对齐方式、是否采用扫描转换方式、是否采用连续转换模式、是否采用单次转换方式、是否使能规则转换、规则转换的通道数、规则转换的外部触发源、规则转换中各序列的通道号、采样时间，其配置结果如图 6-8 所示。

【说明】

ADC 有许多配置参数，各配置参数的含义如下：

（1）ADCs_Common_Settings：ADC 的公共设置。该参数只有 Mode（模式）1 个设置项。当系统中只选用 1 个 ADC 时，其模式为独立模式（Independent Mode），当使用 2 个 ADC 时，其模式为双模式，在双模式下还有许多细分模式。

（2）ADC_Settings：ADC 参数设置，共有 4 项参数。

① Data Alignment：ADC 数据的对齐方式，有 Right alignment（右对齐）和 Left alignment（左对齐）2 个选项，在实际应用中，一般选右对齐。

② Scan Conversion Mode：ADC 是否采用扫描转换模式工作，有 Enable、Disabled 两个选项。如果 A/D 转换的通道有多个，如开了 CH1、CH4、CH5、CH7 共 4 个通道，若要实现一次启动 A/D 转换后，这 4 个通道自动实现 A/D 转换，则需要将 Scan Conversion　Mode 设置成 Enable，否则就设置成 Disabled。

③ Continuous Conversion Mode：连续转换模式，有 Enable、Disabled 两个选项。

连续转换模式的含义是，对同一通道，其 A/D 转换将不停地进行下去。例如，系统中开了 CH1、CH4、CH5、CH7 共 4 个通道的 A/D 转换，若 Continuous Conversion Mode 设置成 Enable，则这 4 个通道转换结束后，又自动地从 CH1 开始进行 A/D 转换。若 Continuous Conversion Mode 设置成 Disabled，则这 4 通道进行一遍 A/D 转换后就会停止转换，需要再次启动 A/D 转换，才能进行新一轮的 A/D 转换。

④ Discontinuous Conversion Mode：单次模式，有 Enable、Disabled 两个选项。

（3）ADC_Regular_ConversionMode：规则通道转换模式，共有 4 项参数。

① Enable Regular Conversions：是否使能规则通道转换模式，有 Enable、Disabled 两个选项。

② Number of Conversion：规则转换的通道数。

③ External Trigger Conversion Source：AD 转换外部触发源，有多个选项，常选择软件触发方式。

④ Rank：序列号，该项有 2 个子项。

● Channel：该序列号的转换通道。

● Sampling Time：ADC 采样时间。

（4）ADC_Injected_ConversionMode：注入通道转换模式

① Number of Conversions：ADC 转换的注入通道数。只有当注入通道数不为 0 时，才有下面的配置项。

② External Trigger Source：ADC 外部触发源，有多个选项。

③ Injected Conversion Mode: ADC 注入转换通道模式, 有间断模式（Discontinuous Mode）和自动注入模式（Auto Injected Mode）2 个选项。

④ Rank：序列号，该项有 3 个子项。

● Channel：ADC 转换通道。

● Sampling Time：ADC 转换时间。

● Injected Offset：ADC 注入通道的偏移值。

（5）WatchDog：看门狗，共有 1 项参数。

Enable Analog WatchDog Mode：使能模拟看门狗。

（5）配置工程。将工程名设置成 Task11，并设置保存工程的位置、所用的 IDE 以及代码生成器的相关选项。

（6）保存工程，生成 Keil 工程代码。

3．编写电压监测器的程序

实现的方法和步骤如下。

（1）将任务 10 中位于 "D:\ex\Task10" 文件夹中的 User 子文件夹复制至 "D:\ex\Task15" 文件夹中。User 子文件夹中保存的是串行通信文件 Serial.c 和 Serial.h。

（2）打开任务 15 的 Keil 工程，并按前面介绍的方法在 Keil 工程中新建 User 组，然后将 "D:\ex\Task15\User" 文件夹中的 Serial.c 文件添加至 User 组中。

（3）在 Keil 工程的 include 路径中添加 "D:\ex\Task15\User" 文件夹，该文件夹是 Serial.h 头文件所在的文件夹。

（4）在 main.c 文件中编写用户应用程序，程序代码如下：

```
1    …
2    #include    "stdio.h"
3    …
4    int main(void)
5    {
6        uint16_t ADC_Value;        //存放当前 AD 值
7        …
8        while (1)
9        {
10           HAL_ADC_Start(&hadc1 ); //
11           HAL_ADC_PollForConversion (&hadc1 ,50);
12           if(HAL_IS_BIT_SET(HAL_ADC_GetState(&hadc1 ),HAL_ADC_STATE_REG_EOC ))
13           {
14               ADC_Value = HAL_ADC_GetValue (&hadc1);
15               printf("当前电压值：%.2f 伏\r\n",ADC_Value*3.3/4095 );
16           }
```

17	HAL_Delay(1000);
18	…
19	}
20	}
…	…

　　将上述代码按照程序编写的规范要求添加至 main.c 文件的对应位置处，就得到任务 15 的应用程序。

4．调试与下载程序

步骤如下：

（1）按照前面任务中介绍的方法连接好仿真器和串口的 USB 线，并给开发板上电。

（2）对程序进行编译、调试直至程序正确无误。

（3）首先在计算机上打开串口调试助手，并设置好串口号、串口的波特率、数据位等参数，然后打开串口。

（4）将程序下载至开发板中，并运行程序。串口调试助手中就会显示当前的电压值，如图 6-9 所示。

图 6-9　A/D 采集结果

程序分析

　　本任务中，我们所编写的程序位于 main.c 文件中，这些代码的作用如下。

　　第 2 行：包含头文件 stdio.h。在第 15 行中我们使用了 printf()函数，该函数的原型说明位于 stdio.h 中，所以必须包含头文件 stdio.h。

　　第 6 行：定义变量 ADC_Value，该变量用来存放当前 A/D 转换值。

　　第 10 行：启动 ADC1 的规则通道的 A/D 转换。

　　第 11 行：查询并等待 A/D 转换结束，其中等待的最长时间为 50ms。

　　第 12 行：判断 ADC1 的状态寄存器的 A/D 转换结束标志位是否被置位，若置位了，即

A/D 转换已结束，则执行第 14～15 行代码。

第 14 行：读取 ADC1 的规则通道的转换值，即读取 IN0 通道的 A/D 转换值。

第 15 行：用串口输出当前的电压值，电压值为保留 2 位小数的浮点数。语句中，ADC_Value*3.3/4095 为计算当前的输入电压值，这里的 3.3 为参考电压值，4095 为 12 位 ADC 的满量程 A/D 转换值。

第 17 行：延时 1000ms。

实践总结与拓展

ADC 的编程方法与步骤如下。

第 1 步：在 STM32CubeMX 中使能 ADC 通道号，并配置好数据对齐方式、A/D 转换方式、转换触发源、采样时间等参数，生成 Keil 工程。

第 2 步：用 HAL_ADC_Start()函数启动 ADC。

第 3 步：用 HAL_ADC_PollForConversion()函数查询等待 A/D 转换是否结束。

第 4 步：用 HAL_IS_BIT_SET()宏检查 A/D 转换是否真正结束，当 A/D 转换结束后，再用 HAL_ADC_GetValue()读取 A/D 转换值，并根据应用要求对 A/D 转换值进行处理。

习题 15

1. 某应用系统需要用 ADC 采集外部模拟信号，ADC 的参考电压为 3.3V，若需要 ADC 能分辨 1mV 的输入电压，则应选_____位 ADC。

2. ADC 的位数为 12，参考电压为 5V，当前 A/D 转换值为 1200，则 ADC 的输入电压为____V。

3. STM32 的 ADC 有_____、_____和扫描转换 3 种转换方式，其中扫描转换分为_____和_____ 2 种。

4. STM32 的 ADC 的数据有_____和_____ 2 种对齐方式，实际应用中一般选用_____对齐方式。

5. HAL 库中常用一些符号值表示 STM32 的工作状态，其中 ADC 状态寄存器中表示 ADC 转换结束的标号值为_____。

6. 请写出下列函数的功能：

（1）HAL_ADC_Start()。

（2）HAL_ADC_Start_DMA()。

（3）HAL_ADC_PollForConversion()。

（4）HAL_ADC_GetValue()。

（5）HAL_ADC_GetState()。

（6）HAL_IS_BIT_SET(REG, BIT)宏。

7. 请按下列要求编写程序：

（1）启动 ADC1 的规则通道的 A/D 转换。

（2）启动 ADC2 的规则通道的 A/D 转换，并用 DMA 方式将 A/D 转换的结果传输至数组

buf[]中，数据传输个数为50个。

（3）查询并等待 A/D 转换结束，其中等待的最长时间为30ms。

（4）读 ADC1 的转换结果，并存入变量 adval 中。

（5）读取 ADC1 的状态寄存器的值，并存入变量 adState 中。

（6）判断 ADC1 的 A/D 转换是否结束，若已结束，则将 AD 转换值读到变量 adval 中，并用串口输出 adval 的值，串口输出的格式为"当前 A/D 采集值为：XXX"，XXX 为 3 位十进制数，不足 3 位者高位补 0。

8. 若 ADC2 只使能了 IN1 通道，A/D 转换数据为右对齐，用软件触发 A/D 转换，A/D 转换的采样时间为 1.5 时钟周期，请在 STM32CubeMX 中完成 ADC2 和系统时钟的配置后，将 ADC 和时钟的配置截图，并保存到"学号_姓名_Task15_ex8.doc"文件中，题注分别为"ADC 配置""时钟配置"，再将此文件保存至文件夹"D:\练习"中。

9. PA1 引脚作模拟输入口，用 ADC2 对 PA1 引脚输入的电压进行采集，串口 1 以每秒 1 次的频率输出当前电压值，输出格式为"当前电压：XXXXmV"。其中，A/D 数据采用右对齐，A/D 转换用软件触发，A/D 采样时间为 1.5 时钟周期。串口的波特率 BR=9600bps，数据位为 8 位，停止位为 1 位。在串口输出格式中，XXXX 为 4 位十进制数，不足 4 位者高位补 0。要求如下：

（1）首先在 STM32CubeMX 中完成相关配置，将工程命名为 Task15_ex8，并保存至"D:\练习"文件夹中，然后将 ADC 的配置、串口的配置截图，并保存到"学号_姓名_Task15_ex9.doc"文件中，题注分别为"ADC 配置""串口配置"，再将此文件保存至文件夹"D:\练习"中。

（2）先编写实现任务要求的程序，再将程序代码截图并存放在"学号_姓名_Task15_ex9.doc"文件中，题注为"A/D 转换程序"。

（3）先用仿真器下载程序，然后将下载程序的结果截图并保存至"学号_姓名_Task15_ex9.doc"文件中，题注为"程序下载"。

（4）先向 PA1 引脚输入 0～3.3V 的电压，然后打开串口调试助手，将串口调试助手中的显示输出信息截图并存放在"学号_姓名_Task15_ex9.doc"文件中，题注为"程序运行结果"。

习题解答
扫一扫下载习题工程

习题解答
扫一扫查看习题答案

任务 16 制作电压信号发生器

课件
扫一扫下载课件

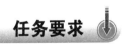
任务要求

STM32 的 DAC 为 12 位的 D/A 转换器，用第 1 通道转换外部输入的 D/A 转换数据，转换结果采用右对齐。串口 1 作异步通信口，与计算机进行串行通信。计算机通过串口调试助手向 STM32 发送 D/A 转换数据，同时接收 STM32 发送来的反馈信息。串口的波特率 BR=115200bps，数据位为 8 位，停止位为 1 位。计算机的串口发送的数据以及串口调试助手中显示的数据如表 6-12 所示，要求先用 STM23CubeMX 生成初始化程序，然后在 Keil 中编程实现 D/A 转换功能，使 DAC 的输出引脚输出对应的电压值，即实现电压信号源的功能。

表 6-12　串口发送的数据及回显数据

命　　令	功　　能	串口调试助手显示的数据
55 AA VH VL 5A 且 VHVL 的值小于 4096	D/A 值合法，进行 D/A 转换	输入数据为 0xVHVL，即 xx，输出电压为 y.yyV
55 AA VH VL 5A 且 VHVL 的值大于 4095	D/A 值非法，不进行 D/A 转换	输入数据为 0xVHVL，即 xx，输入数据过大！
其他	命令非法，不进行 D/A 转换	输入非法！

表中，命令数据为十六进制数。其中，55 AA 为数据头，5A 为数据尾，VH、VL 为待转换的 D/A 数据，VH 为数据的高字节内容，VL 为数据的低字节内容。例如，55AA07FF5A 就表示输入数据为合法的 D/A 转换数据，D/A 转换数据为 0x07FF。

xx 为十六进制数 VHVL 所对应的十进制数，输出电压 y.yy 表示带 2 位小数的十进制电压值。

1．D/A 转换的基础知识

D/A 转换器的功能是将数字量转换成与数字量成比例的模拟量，常用 DAC 表示。DAC 按照待转换数字的位数可分为 8 位、10 位、12 位等几种类型；按照输出模拟量的类型可分为电流输出型和电压输出型；按照 DAC 与微处理器的接口形式可分为串行 DAC 和并行 DAC。并行 DAC 占用的数据线多，输出速度快，但价格高；串行 DAC 占用的数据线少，方便隔离，性价比高，速度相对慢一些。就目前的使用情况来看，工程上偏向于选用串行 DAC。在选择 DAC 芯片时，常涉及到以下 3 个技术参数。

（1）分辨率：当输入数字量变化 1 时，对应的输出模拟量的变化量。分辨率反映了输出模拟量的最小变化值。设 DAC 的数字量的位数为 n，则 DAC 的分辨率=满量程电压/(2^n-1)。对于同等的满量程电压，DAC 的位数越多，则分辨率越高。因此，分辨率也常用 DAC 的数字量的位数来表示。

（2）转换时间：从数字量输入至 DAC 开始到 DAC 完成转换并输出对应的模拟量所需要的时间。转换时间反映了 DAC 的转换速度。

（3）满刻度误差：数字量输入为满刻度（全 1 时），实际输出的模拟量与理论值的偏差。

2．STM32 中 DAC 的应用特性

STM32 中集成有 1 个 12 位的电压型的 DAC，可设置为 8 位或者 12 位 DAC。STM32 中的 DAC 的结构图如图 6-10 所示。

从图 6-10 可以看出，STM32 的 DAC 有以下特性：

（1）DAC 的引脚为 V_{DDA}、V_{SSA}、V_{REF+}、DAC_OUT，这 4 个引脚的功能如表 6-13 所示。

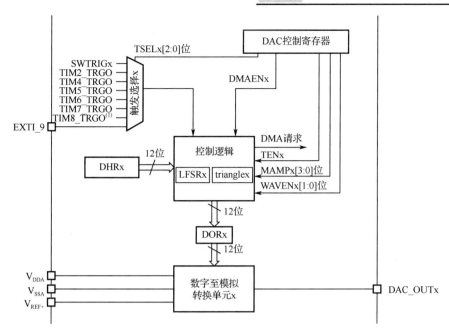

图 6-10　STM32 中 DAC 的结构图

表 6-13　DAC 引脚的功能

引　　脚	功　　能
VDDA	DAC 的模拟部分的电源脚
VSSA	DAC 的模拟部分的地
VREF+	DAC 的参考电压
DAC_OUT	D/A 转换的电压输出脚

【说明】

有些 STM32 的 DAC 有 V_{DDA}、V_{SSA}、V_{REF+}、V_{REF-}、DAC_OUT 共 5 个引脚，其参考电压为 V_{REF+} 与 V_{REF-} 两引脚之间的电压。例如，STM32F103VET6 的 DAC 就有 5 个引脚。

（2）D/A 转换有 8 种触发方式，如表 6-14 所示。

表 6-14　D/A 转换的触发方式

触发方式	含　　义
SWTRIG	软件触发
TIM2_TRGO	TIM2 的 TRGO 事件触发
TIM4_TRGO	TIM4 的 TRGO 事件触发
TIM5_TRGO	TIM5 的 TRGO 事件触发
TIM6_TRGO	TIM6 的 TRGO 事件触发
TIM7_TRGO	TIM7 的 TRGO 事件触发
TIM8_TRGO	对于大容量产品是 TIM8 的 TRGO 事件触发，对于互联型产品则是 TIM3 的 TRGO 事件触发
EXTI_9	外部中断线 9 触发

（3）有 2 个 DAC 转换通道，可同时进行 2 路 D/A 转换，通道 1 的输出引脚为 PA4，通道 2 的输出引脚为 PA5。

（4）写入 DAC 的转换数据有左对齐和右对齐 2 种方式。

（5）DAC 的输出电压为输出引脚与 V_{SSA} 引脚之间的电压，输出电压如下：

$$V_{out} = \frac{V_{REF} \times vdac}{2^n - 1}$$

式中，V_{REF} 为 DAC 的参考电压，vdac 为 D/A 转换值，n 为 DAC 的位数。

例如，DAC 的位数为 12 位，参考电压为 3.3V，若 D/A 转换值为 2047，则 DAC 的输出电压 $V_{out} = \frac{3.3 \times 2047}{2^{12} - 1} = \frac{3.3 \times 2047}{4095} = 1.649V$。

（6）DAC 的输出具有缓冲功能。

（7）DAC 具有 DMA 控制功能。

3．HAL 库中有关 DAC 的常用函数

HAL 库中有关 DAC 操作的函数有 22 个，但用户常用的 DAC 函数主要有 HAL_DAC_SetValue()、HAL_DAC_Start()等 6 个函数。

（1）HAL_DAC_SetValue()函数

HAL_DAC_SetValue()函数的用法说明如表 6-15 所示。

表 6-15　HAL_DAC_SetValue()函数的用法说明

原型	HAL_StatusTypeDef HAL_DAC_SetValue(DAC_HandleTypeDef *hdac, uint32_t Channel, uint32_t Alignment, uint32_t Data);
功能	为 DAC 通道设置转换值
参数 1	hdac：DAC 句柄，取值为&hdac，其中，hdac 为系统定义的保存 DAC 配置的结构体变量
参数 2	Channel：DAC 的通道号，该参数的取值及其含义如表 6-16 所示
参数 3	Alignment：待转换数据的对齐方式，该参数的取值及其含义如表 6-17 所示
参数 4	Data：待转换的 DAC 数据
返回值	HAL 的状态

表 6-16　Channel 参数

Channel 参数的取值	含　义
DAC_CHANNEL_1	选择通道 1
DAC_CHANNEL_2	选择通道 2

表 6-17　Alignment 参数

Alignment 参数的取值	含　义
DAC_ALIGN_8B_R	8 位的右对齐数据
DAC_ALIGN_12B_L	12 位的左对齐数据
DAC_ALIGN_12B_R	12 位的右对齐数据

例如，将 DAC 第 1 通道的转换值设为 2048，其中 D/A 转换数据为右对齐，其程序如下：

HAL_DAC_SetValue(&hdac,DAC_CHANNEL_1,DAC_ALIGN_12B_R,2048);

（2）HAL_DAC_Start()函数

HAL_DAC_Start()函数的用法说明如表 6-18 所示。

表 6-18   HAL_DAC_Start()函数的用法说明

原型	HAL_StatusTypeDef HAL_DAC_Start(DAC_HandleTypeDef *hdac, uint32_t Channel);
功能	启动 DAC 指定通道的 DA 转换
参数 1	hdac：DAC 句柄，取值为&hdac，其中，hdac 为系统定义的保存 DAC 配置的结构体变量
参数 2	Channel：DAC 的通道号，该参数的取值及其含义如表 6-16 所示
返回值	HAL 的状态

例如，启动 DAC 的第 1 通道的 D/A 转换，其程序如下：

HAL_DAC_Start (&hdac ,DAC_CHANNEL_1);

【说明】

在 HAL 库中 HAL_DAC_Start_DMA()函数也是一个启动 D/A 转换函数，但其功能是，以 DMA 的方式启动 D/A 转换。它们的定义位于 stm32f1xx_hal_dac.c 文件中。

（3）HAL_DAC_ Stop()函数

HAL_DAC_ Stop()函数的用法说明如表 6-19 所示。

表 6-19   HAL_DAC_Stop()函数的用法说明

原型	HAL_StatusTypeDef HAL_DAC_Stop(DAC_HandleTypeDef *hdac, uint32_t Channel);
功能	停止 DAC 指定通道的 D/A 转换
参数 1	hdac：DAC 句柄，取值为&hdac，其中，hdac 为系统定义的保存 DAC 配置的结构体变量
参数 2	Channel：DAC 的通道号，该参数的取值及其含义如表 6-16 所示
返回值	HAL 的状态

【说明】

在 HAL 库中 HAL_DAC_Stop _DMA()函数也是一个停止 D/A 转换函数，但其功能是，停止以 DMA 方式控制的 D/A 转换。它们的定义位于 stm32f1xx_hal_dac.c 文件中。

（4）HAL_DAC_GetValue()函数

HAL_DAC_GetValue()函数的用法说明如表 6-20 所示。

表 6-20   HAL_DAC_GetValue()函数的用法说明

原型	uint32_t HAL_DAC_GetValue(DAC_HandleTypeDef *hdac, uint32_t Channel);
功能	获取 DAC 通道的转换值
参数 1	hdac：DAC 句柄，取值为&hdac，其中，hdac 为系统定义的保存 DAC 配置的结构体变量
参数 2	Channel：DAC 的通道号，该参数的取值及其含义如表 6-16 所示
返回值	D/A 转换值

实现方法与步骤

1. 搭建电路

与任务 10 相比，任务 16 只是增加了 DAC 转换电路，任务 16 的电路图如图 6-11 所示。

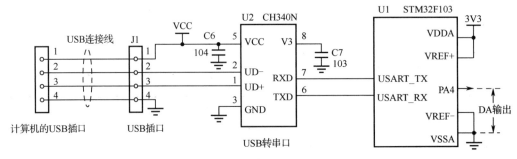

图 6-11　任务 16 的电路图

2. 生成 DAC 的初始化代码

任务 16 中的绝大部分初始化代码与任务 10 中的初始化代码相同，可以通过修改任务 10 的 STM32CubeMX 工程来生成任务 16 的 STM32CubeMX 工程，其生成过程如下。

（1）在"D:\ex"文件夹中新建 Task16 子文件夹。

（2）将任务 10 的 STM32CubeMX 工程文件 Task10.ioc（位于"D:\ex\Task10"文件夹中）复制到 Task16 文件夹中，并将其改名为 Task16.ioc。

（3）双击 Task16.ioc 文件图标，打开任务 16 的 STM32CubeMX 工程文件。

（4）配置 DAC。

第 1 步：在 STM32CubeMX 窗口中单击"Pinout & Configuration"标签，然后在左边窗口中单击"Categories"标签，再在列表框中单击"Analog"列表项，将"Analog"展开，再单击"DAC"，窗口的中间会出现"DAC Mode and Configuration"窗口，如图 6-12 所示。

第 2 步：在"Mode"窗口中勾选"OUT1 Configuration"，即选择通道 1。此时在芯片引脚视图中，PA4 脚就会变成绿色，且 PA4 脚的下面会出现 DAC_OUT1，表示 PA4 脚已被设置成 DAC 的第 1 通道输出脚（参考图 6-12）。

第 3 步：在中间窗口中单击"Parameter Settings"标签，在配置参数列表中将"Output Buffer"设置为"Enable"，即 DAC 的输出采用缓冲方式，将"Trigger"设置为"None"，即 DAC 转换不用外部触发，直接用 HAL_DAC_Start()函数启动转换。

（5）保存工程，生成 Keil 工程代码。

3. 编写信号发生器的程序

实现的方法和步骤如下。

（1）将任务 10 中位于"D:\ex\Task10"文件夹中的 User 子文件夹复制至"D:\ex\Task16"文件夹中。User 子文件夹中保存的是串行通信文件 Serial.c 和 Serial.h。

（2）打开任务 16 的 Keil 工程，并按前面介绍的方法在 Keil 工程中新建 User 组，将"D:\ex\Task16\User"文件夹中的 Serial.c 文件添加至 User 组中。

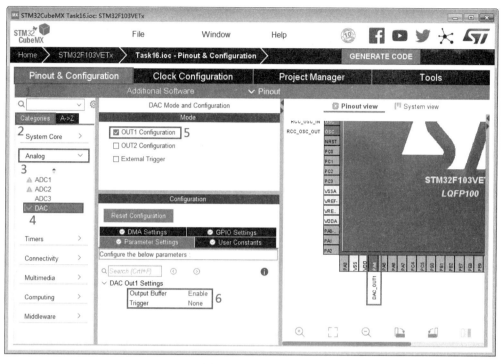

图 6-12　配置 DAC

（3）在 Keil 工程的 include 路径中添加"D:\ex\Task16\User"文件夹，该文件夹是 Serial.h 头文件所在的文件夹。

（4）在 main.c 文件中编写用户应用程序，程序代码如下：

```
1    …
2    #include    "stdio.h"
3    #include    "string.h"
4    #include    "Serial.h"
5    …
6    uint8_t    ComStr[3]={0x55,0xaa};//命令的部分代码
7    …
8    int main(void)
9    {
10       char  *    fp;
11       uint16_t val;
12       …
13       HAL_UART_Receive_IT(&huart1, &aRxBuf,1);    /*使能串口 1 接收中断，并指定接收缓冲区和接收数据长度*/
14       while (1)
15       {
16       if(__HAL_UART_GET_FLAG(&huart1 ,UART_FLAG_IDLE )!= RESET)        /*判断是否是空闲中断(IDLE)发生*/
17       {
```

18	/**/
19	if((fp=strstr((const　　char *)UserRxBuf,(const　　char *)ComStr)) != NULL)
20	{　//收到 0x55 aa
21	if(*(fp+4)==0x5a)　　//检查是否收到了帧尾 0x5a
22	{　//收到了帧尾 0x5a
23	val=((uint16_t *)*(fp+2))<<8|(*(fp+3));/*将接收数据拼成 D/A 转换值*/
24	if(val<4096)/*检查 D/A 值的范围*/
25	{ /*在 0～4095 之间，则设置 D/A 值，并启动 D/A 转换*/
26	printf("当前输入数据为 0x%x,即%d，输出电压为%.2f V\r\n",val,val,3.3* val/4095);
27	**HAL_DAC_SetValue(&hdac,DAC_CHANNEL_1, DAC_ALIGN_12B_R ,val);** /*设置 D/A 转换值*/
28	**HAL_DAC_Start (&hdac ,DAC_CHANNEL_1);**/*启动 D/A 转换*/
29	}
30	else
31	{/*过大，则提示*/
32	printf("当前输入数据为 0x%x,即%d，输入数据过大！\r\n",val,val);
33	}
34	}
35	else
36	{/*没收到数据尾 0x5a*/
37	printf("输入非法！数据尾不是 5a！\r\n");
38	}
39	}
40	else
41	{/*没收到数据头*/
42	printf("输入非法！数据头不是 55aa！\r\n");
43	}
44	/**/
45	memset(UserRxBuf,0,UserRxCnt);//串口接收缓冲区清 0
46	UserRxCnt=0;　//串口接收计数值清 0
47	__HAL_UART_CLEAR_IDLEFLAG(&huart1);　　/*清除 IDLE 中断请求标志*/
48	}
49	}
50	}

将上述代码按照程序编写规范的要求添加至 main.c 文件的对应位置处，就得到任务 16 的应用程序。

4．调试与下载程序

步骤如下：

（1）连接仿真器和串口的 USB 线，并给开发板上电。

（2）对程序进行编译、调试直至程序正确无误后，将程序下载至开发板中，并运行程序。

（3）先在计算机上打开串口调试助手，并设置好串口号、串口的波特率、数据位等参数，然后打开串口。

（4）按照表 6-12 所规定的协议在串口调试助手中输入 D/A 转换数据，串口调式助手中就会显示当前输入的 D/A 值及 D/A 转换的理论值如图 6-13 所示。用万用表测量 PA4 引脚的电压就可以得到 DAC 的实际输出电压，如图 6-14 所示。

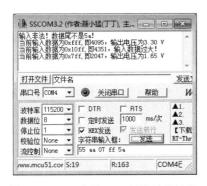

图 6-13　D/A 值及 D/A 转换的理论值

图 6-14　PA4 引脚输出的实际电压值

实践总结与拓展

大国工匠顾春燕

顾春燕，女，1985 年 4 月生，中共党员，中国电科第十四研究所（简称十四所）微系统事业部微电路总装师。

爱岗敬业，巧手点亮雷达之眼

用比头发丝还细的金线，将芯片与外部电路连通，这种工艺被称为金线键合。在十四所就有这样一位女工艺师顾春燕，她用自己的一双巧手，串连起我国最尖端雷达的核心。

一克黄金，拉出 10μm 直径、661m 长的金线，这大概是一根头发丝的八分之一粗细，没有机器可以完成，只有靠人。这种对键合金线的极致要求来自于最尖端的太赫兹雷达，它的极高频率，要求芯片内部器件之间的间隔必须呈几何倍数缩小，同样，用来连接器件的金丝也必须细到极限。而顾春燕，需要把组装的不可能变成可能。这场焊接不用焊枪，没有火星，高倍显微镜下六万赫兹的振动频率，通过她右手的触碰，将中国最尖端雷达设备的收发组件一点点串起。

2007 年，刚到十四所上班的顾春燕，领到了一把编号为 1 的小镊子，和 9 个同事装起了中国第一部星载相控阵雷达中的上千个组件。十多年过去了，镊子闪亮如新，而大块头组件，变成了指尖的小方格。

这样的距离是以微米来计算的。2014 年春天，高分三号卫星研制到了关键阶段，每平方厘米的收发组件上，装配密度超过了一万个点，顾春燕创造性地将劈刀打薄并旋转 90°安装，将芯片倾斜 15°角顺利键合。然而大家在整机测试时发现，雷达讯号比预计的要微弱。

改制芯片起码需要半年，会极大拖延研制进度，只有再次通过键合工序，将已经连好的几千根线条当中的一条割断，连接到另一枚器件上，一旦割错或者割伤别的线条，芯片就会立刻报废。

这是一场雷达的"心脏搭桥手术"，顾春燕把现场 15μm 的硬质针头，用酸微腐蚀方法变细作为自己的"手术刀"。几分钟后，她站了起来。

2016 年 8 月，搭载着"超级透视眼"的高分三号卫星成功发射。作为十四所微组装首席技能专家，顾春燕担负起了所有研制性产品的首件全流程作业任务。从我们的航母和驱逐舰上的"海之星"，到新一代战机火控雷达，一枚枚中华神盾捍卫着祖国的国防安全，一双双战鹰之眼在顾春燕的手中被轻轻点亮。

匠心报国，为中国"智造"做出贡献

技艺精湛、技能传承。顾春燕作为十四所微组装高技能专家，是极少数精通微组装全流程工序技能的专家，是国内第一个操作 10μm 金丝完成太赫兹雷达批量生产的技能人才。同时，将精湛技能进行传承，带出了一大批技能出众的微组装人才，已全部在我国各型雷达的微组装生产中发挥重要作用。

敢于突破、勇于创新。顾春燕作为十四所微电路工艺师，牢记以工艺技术突破作为新型产品工程实现的重要手段，站在现在谋未来，秉承引领微组装集成行业技术发展的时代使命，提出了 50～150μm 金凸点制备工艺、±1μm 高精度垂直互联工艺等技术方案，突破了极小焊盘低损耗引线键合互联、超细节距芯片多排引线键合互联、多芯片堆叠立体引线键合互联等关键技术，为十四所微系统全流程工艺从无到有、从有向精迈进做出突出贡献，有力保障了型号装备轻量化、小型化的研制需求。

卓越匠心、精益求精。顾春燕作为雷达核心部件收发组件的总装师，承担所有研制性产品的首件全流程作业任务，形成新产品的首件设计性能验证、工艺验证优化等总结，为研制性产品快速实现批产做出重要贡献。

顾春燕作为主要成员参与了十四所微组装全自动生产线的建设任务，在解决手动向自动化转型升级中的"卡脖子"难点问题上身先士卒、精益求精，充分体现了"大国工匠"的卓越匠心。同时在自动化生产线流水节拍匹配、生产线故障率降低、产品一次直通率提升等方面发挥重要作用，建成了国内首条规模最大、技术水平最高的微波组件智能制造生产线，质量提升 50%，效率提升 200%。引领军用微组装行业发展，为中国"智造"做出重要贡献。

顾春燕说："刚到十四所的时候，就知道是报效祖国的，干的时间越来越长，才知道我们做的这些产品，真的是越来越了不起。我们国家自己的设计师独立设计，我们用我们自己的工艺来组装它。这是我们的自豪感，也是责任感。"

来源：江苏文明网

习题 16

1. DAC 的功能是_____。
2. 按 DAC 输出模拟量的类型来分，DAC 可分为_____型和_____型 2 种。
3. STM32 片内的 DAC 是_____型_____位的 DAC，它有_____通道。
4. 12 位 DAC 的参考电压为 3.3V，D/A 转换值为 1024，则 DAC 的输出电压为____V。
5. STM32 片内 DAC 的第 1 通道的输出引脚是_____。第 2 通道的输出引脚为____。
6. 写出下列函数的功能。
（1）HAL_DAC_SetValue()。
（2）HAL_DAC_Start()。
（3）HAL_DAC_ Stop()。

（4）HAL_DAC_GetValue()。

7．编程实现以下功能。

（1）将 DAC 的第 2 通道的 D/A 转换值设为 1024，DAC 的数据对齐方式为 12 位的右对齐。

（2）启动 DAC 的第 2 通道转换。

8．用定时器 T6 和 DAC 制作一个波形发生器，使 DAC 的第 2 通道输出引脚输出频率为 10Hz、最大值为 3.3V、最小值为 0V 的正弦波。要求如下：

（1）先在 STM32CubeMX 中完成相关配置，将工程命名为 Task16_ex8，并保存至"D:\练习"文件夹中，然后将定时器 T6 的配置、NVIC 的配置和 DAC 的配置截图，并保存到"学号_姓名_Task16_ex8.doc"文件中，题注分别为"定时器 T6 的配置""NVIC 的配置""DAC 配置"，最后将此文件保存至文件夹"D:\练习"中。

（2）先编写实现任务要求的程序，再将程序代码截图并存放在"学号_姓名_Task16_ex8.doc"文件中，题注为"正弦波发生器程序"。

（3）先用 Keil 生成 HEX 文件，打开 HEX 文件所在的文件夹，再将该文件夹的完整窗口截图后保存到"学号_姓名_Task16_ex8.doc"文件中，题注为"HEX 文件"。

（4）先打开 Task16_ex8 的 Keil 工程文件所在的文件夹，然后将该文件夹的完整窗口截图后保存到"学号_姓名_Task16_ex8.doc"文件中，题注为"Keil 工程文件"。

（5）先用串口下载程序，然后将下载程序的结果截图并保存至"学号_姓名_Task16_ex8.doc"文件中，题注为"程序下载"。

习题解答　　　　　　　　　习题解答

扫一扫下载习题工程　　　　　扫一扫查看习题答案

项目 7

外设接口的应用设计

思政活页

中国 5G 发展历程与地位 　　中兴事件给我们的启示

学习目标

【德育目标】

● 培养爱国、敬业、诚信、友善的社会主义核心价值观
● 培养依规办事的精神
● 培养积极进取的人生态度和勤俭节约习惯

【知识技能目标】

● 熟悉 STM32 中 SPI 口、I^2C 口、FLASH 存储器、RTC 的应用特性
● 掌握 HAL 中 SPI 口、I^2C 口、FLASH 存储器、RTC 常用操作函数
● 在 STM32CubeMX 中会配置 SPI 口、I^2C 口、RTC 的参数
● 会编写 SPI 口、I^2C 口、FLASH 存储器、RTC 的应用程序

任务 17　用硬件 SPI 口控制 OLED 屏

课件

扫一扫下载课件

任务要求

　　OLED 显示器的控制芯片为 SSD1306，接口形式为 4 线制 SPI 接口，挂载在 STM32 的 SPI2 口上，STM32 采用硬件 SPI 的方式访问 SSD1306，要求用硬件 SPI 传送数据的方式修改任务 13 中的写数函数，使 OLED 屏中显示公民的道德规范，如图 7-1 所示。

> 公民的道德规范
> 爱国、敬业
> 诚信、友善

图 7-1　OLED 的显示内容

知识储备

1. SPI 接口的信号线

SPI 是 Serial Peripheral Interface 的缩写,其含义是串行外围设备接口,SPI 接口是 Motorola 公司推出的一种同步串行外设接口,用于单片机与各种外设以串行方式进行数据通信。带有 SPI 接口的芯片有很多种,目前已有带有 SPI 接口的键盘、显示接口芯片、A/D 芯片、D/A 芯片、EEPROM 芯片、看门狗芯片,等等。标准的 SPI 总线有 SCK、MISO、MOSI、NSS($\overline{\text{CS}}$)四根线,简化的 SPI 总线只有 SCK、$\overline{\text{CS}}$ 和 DIO 三根线,它将 MISO、MOSI 线合并成 DIO 线。SPI 总线中各线的功能如表 7-1 所示。

表 7-1　SPI 总线中各线的功能

线　名	功　能
SCK	串行时钟线。由主设备控制发出,传送由单片机产生的时钟信号,控制 SPI 接口芯片内部的移位寄存器的移位操作,使数据传输同步
NSS($\overline{\text{CS}}$)	片选线,由主设备控制。控制芯片的选择,低电平有效
MISO(或 DIO)	主机输入从机输出数据线。用于传输从芯片传往单片机的数据
MOSI(或 DIO)	主机输出从机输入数据线。用于传输从单片机传往芯片的数据

具有 SPI 接口的单片机外部扩展 SPI 接口芯片的连接电路如图 7-2 所示。

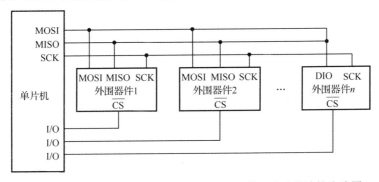

图 7-2　具有 SPI 接口的单片机外部扩展 SPI 接口芯片的连接电路图

从图 7-2 可以看出,带有 SPI 接口的单片机扩展 SPI 接口芯片的连接方法是,在单片机中用若干根 I/O 口线作芯片的片选线,分别与各芯片的 $\overline{\text{CS}}$ 线相接,单片机的 SCK 脚、MOSI 脚、MISO 脚分别与各 SPI 接口芯片的 SCK、MOSI、MISO 引脚相接。如果芯片为简化的 SPI 总线接口,则将芯片的 DIO 引脚既接到单片机的 MISO 引脚上,又接到单片机的 MOSI 引脚上。

2. STM32 中 SPI 口的应用特性

STM32 集成有 SPI1、SPI2、SPI3 共 3 个 SPI 口,它们的帧格式可选择为 8 位/帧或 16 位/帧,数位传输的顺序可编程设置为 MSB(Most Significant Bit,最高有效位)在前或 LSB(Least Significant Bit,最低有效位)在前,可编程设置时钟的极性(CPOL)和相位(CPHA),可用 DMA 控制数据传输操作。每个 SPI 口都可工作在全双工主机/从机模式、半双工主机/从机模式、主机/从机仅接收/发送模式下。这 3 个 SPI 口挂载在不同的总线上，SPI1 挂载在 APB2 上，最高通信速率高达 36Mb/s，SPI2、SPI3 挂载在 APB1 上，最高通信速率为 18Mb/s。这 3 个 SPI 口除了通信速度不同外，其结构和功能相同。

（1）SPI 口的结构

STM32 的 SPI 口结构如图 7-3 所示。

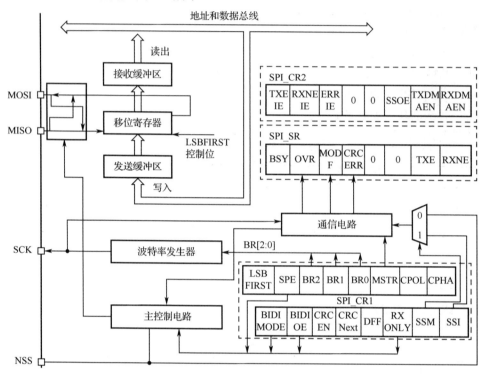

图 7-3　STM32 的 SPI 口结构

由图可看出，STM32 的 SPI 口主要由 MOSI、MISO、SCK、NSS 这 4 个引脚、移位寄存器、收发缓冲器、波特率发生器、内部控制寄存器和控制电路组成。

MOSI 引脚：主机输出/从机输入引脚。SPI 口工作在主机模式时，该引脚为数据发送脚，工作在从机模式时，该引脚为数据接收脚。MOSI 以及其他几个引脚、移位寄存器的功能示意图如图 7-4 所示。

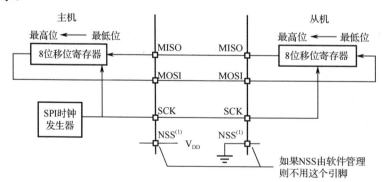

图 7-4　SPI 口引脚功能示意图

MISO 引脚：主机输入/从机输出引脚。SPI 口工作在主机模式时，该引脚为数据接收脚，工作在从机模式时，该引脚为数据发送脚（参考图 7-4）。

　　移位寄存器：实现串行数据与并行数据之间的转换，MOSI 引脚和 MISO 引脚分别为移位寄存器的串行输入、输出端，发送缓冲区和接收缓冲区分别为移位寄存器的并行输入、输出端。

　　在主机模式下，MOSI 引脚为移位寄存器的串行输出端，MISO 引脚为移位寄存器的串行输入端。数据写入发送缓冲区时，此数据会输入至移位寄存器中，在时钟的作用下，移位寄存器会将其内部的数据一位一位地移送至 MOSI 引脚上，用 MOSI 引脚输出移位寄存器中的数据，同时将 MISO 引脚上的数据一位一位地移送至移位寄存器中，然后存放在接收缓冲区中，CPU 读取接收缓冲区就可以读取 MISO 引脚上输入的数据。

　　在从机模式下，MOSI 引脚为移位寄存器的串行输入端，MISO 引脚为移位寄存器的串行输出端。数据写入发送缓冲区时，此数据会输入至移位寄存器中，在时钟的作用下，移位寄存器会将其内部的数据一位一位地移送至 MISO 引脚上，用 MISO 引脚输出移位寄存器中的数据，同时将 MOSI 引脚上的数据一位一位地移送至移位寄存器中，然后存放在接收缓冲区中，CPU 读取接收缓冲区就可以读取 MOSI 引脚上输入的数据。

　　SCK 引脚：串行时钟脚。在主机模式下，SCK 引脚输出串行时钟，在从机模式下，SCK 引脚输入时钟信号，控制从机内部的移位寄存器的移位操作，使数据传输同步。

　　NSS 引脚：从设备选择脚。

　　STM32 作从设备时，NSS 引脚为片选输入控制脚，NSS=0，芯片被选中，SPI 口自动处于从机模式，STM32 与主机进行数据通信，NSS=1，芯片没被选中，STM32 不能与主机进行数据通信。

　　STM32 作主设备时，NSS 引脚可作为片选输出引脚，用来输出片选信号，并在 SPI 处于主机模式时输出低电平信号。在实际应用中，常用的方法是，取消 NSS 的硬件片选控制功能，而用某个 GPIO 引脚充当片选输出脚，用软件模拟输出片选信号。

　　波特率发生器：在主机模式下用来产生 SPI 的时钟信号。

　　内部控制寄存器和控制电路用来设置 SPI 的工作模式、数据位的长度、移位的方式、时钟信号的极性和数据采样的时刻，记录 SPI 的工作状态。在基于 STM32CubeMX 开发方式下，这些寄存器的配置是在 STM32CubeMX 中基于图形界面设置的，用户不必了解这些寄存器的具体结构和功能。

　　（2）SPI 口的引脚

　　STM32 有 3 个 SPI 口，各个 SPI 口的引脚定义在不同的 GPIO 口上。其中，SPI1、SPI3 的引脚可以映射至不同 GPIO 口上，STM32 中各 SPI 口的引脚分布如表 7-2 所示。其中，"/" 左边的 GPIO 口为 SPI 默认的 GPIO 口，"/" 右边的 GPIO 口为 SPI 口可映射的 GPIO 口。例如，SPI1 的 CLK 脚在表中的 GPIO 口为 PA5/PB3，其含义是，若使能 SPI1 口，默认情况下，SPI1 口的 CLK 脚为 PA5 脚，但可以映射至 PB3 脚上。

表 7-2　SPI 口的引脚分布

SPI 口	NSS	CLK	MISO	MOSI
SPI1	PA4/PA15	PA5/PB3	PA6/PB4	PA7/PB5
SPI2	PB12	PB13	PB14	PB15
SPI3	PA15/PA4	BP3/PC10	PB4/PC11	PB5/PC12

（3）SPI 口的操作时序

SPI 口的操作时序是指 SPI 口进行数据传输时，MOSI、MISO、SCK 等引脚信号之间的时序关系，包括上升沿、下降沿出现的先后次序、数据线上出现数据的时间及先后次序等。SPI 口的操作时序由 SPI_CR 寄存器的 CPOL（时钟极性）、CPHA（时钟相位）位设置，其中，CPOL（时钟极性）位定义了无数据传输时 SCK 的状态，其规则如下。

CPOL=0：空闲时 SCK=0。

CPOL=1：空闲时 SCK=1。

CPHA（时钟相位）定义了数据采样的时间，其规则如下。

CPHA=0：时钟的第一个跳变沿（上升沿或下降沿）进行数据采样。

CPHA=1：时钟的第二个跳变沿（上升沿或下降沿）进行数据采样。

根据 CPOL、CPHA 的取值组合，SPI 的时序有 4 种，如图 7-5、图 7-6 所示。

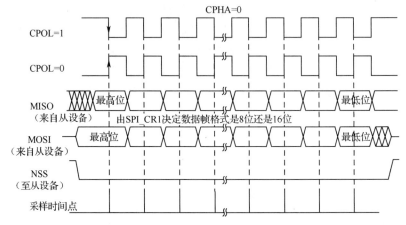

图 7-5　CPHA=0 时的操作时序

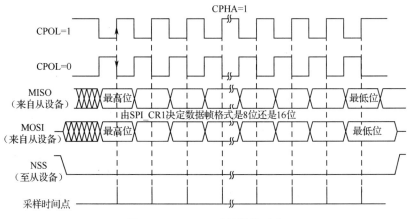

图 7-6　CPHA=1 时的操作时序

图 7-5、图 7-6 的含义如表 7-3 所示。

表 7-3　SPI 的时序

CPHA	CPOL	空闲时 SCK 状态	CLK 的第 1 个时钟沿	数据采集时刻
0	0	0	上升沿	时钟的第 1 边沿（上升沿）

续表

CPHA	CPOL	空闲时 SCK 状态	CLK 的第 1 个时钟沿	数据采集时刻
0	1	1	下降沿	时钟的第 1 边沿（下降沿）
1	0	0	下降沿	时钟的第 2 边沿（下降沿）
1	1	1	上升沿	时钟的第 2 边沿（上升沿）

3．SPI 口的设置方法

在实际应用中一般用 STM32 控制带有 SPI 接口的扩展芯片，此时 STM32 为主机，SPI 接口芯片为从机。在配置 STM32 的 SPI 口时需要我们具备依规办事的意识，先弄清楚接口芯片的时序图，然后依据接口芯片的时序图来设置 STM32 的 SPI 时序，设置的原则如下：

（1）时钟的极性要与接口芯片的 SPI 时钟极性相同。

（2）时钟序频率不超过接口芯片 SPI 时钟的最高频率。

（3）数据采样时间相同、数据传输的方向相同。

（4）每帧数据的位数位相同。

例如，在 OLED 的控制芯片中，SSD1306 的 SPI 接口时序如图 7-7 所示。

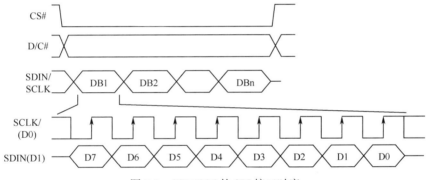

图 7-7 SSD1306 的 SPI 接口时序

图 7-7 所示时序图给出了 MCU 对 SSD1306 芯片进行读写操作时，SSD1306 芯片的各引脚的状态及其出现的时间关系，包括上升沿、下降沿出现的先后次序、间隔的时间、数据线上出现数据的时刻及先后次序等。

从 SSD1306 的 SPI 接口时序图中可以看出以下信息：

（1）写命令和写数据的时序除 DC 引脚的状态不同外，其他引脚的时序相同。写显存数据时 DC=1，写命令时 DC=0。

（2）当 CS=1 时，禁止访问 SSD1306，仅当 CS=0 时才能访问 SSD1306。

（3）CS 的下降沿前，即时钟空闲时，SCLK 可以是高电平，也可以是低电平。

（4）时钟上升沿采样数据。也就是说，如果空闲时的时钟为低电平，则数据采集发生在第 1 个时钟沿。

（5）每次传输 8 位数据，且数据移位的方向是，高位（D7）在先，低位（D0）在后。

【说明】

SSD1306 的时序图中虽没给出时钟周期数据，但在实际应用中，当 SSD1306 采用 4 线制 SPI 接口时，SCLK 的频率可高达 18MHz。

所以，在 STM32CubeMX 中配置 SPI 的参数时，应将数据位设置成 8 位，起始位设置成

MSB，时钟的极性设为 LOW，时钟的相位设为第 1 边沿，如图 7-8 所示。

图 7-8 SPI 的参数

4．HAL 库中常用的 SPI 操作函数

HAL 库中常用的 SPI 操作函数主要有 HAL_SPI_Init()、HAL_SPI_Receive()、HAL_SPI_Transmit()、HAL_SPI_TransmitReceive() 等几个函数，这些函数的定义位于 stm32f1xx_hal_spi.c 文件中，这些函数的说明位于 stm32f1xx_hal_spi.h 中，在使用这些函数时需在程序中用#include 指令将 stm32f1xx_hal_spi.h 头文件包含至程序文件中。

（1）HAL_SPI_Init()函数

HAL_SPI_Init()函数的用法说明如表 7-4 所示。

表 7-4 HAL_SPI_Init()函数的用法说明

原型	HAL_StatusTypeDef HAL_SPI_Init(SPI_HandleTypeDef *hspi);
功能	用指定的参数初始化 SPI 口
参数	hspi：SPI 口句柄，取值为 hspix，x 为 SPI 的编号，取值为 1～3
返回值	HAL 的状态
说明	该函数主要供系统初始化时用，用户的应用程序中一般不使用该函数

（2）HAL_SPI_Receive()函数

HAL_SPI_Receive()函数的用法说明如表 7-5 所示。

表 7-5 HAL_SPI_Receive()函数的用法说明

原型	HAL_StatusTypeDef HAL_SPI_Receive(SPI_HandleTypeDef *hspi, uint8_t *pData, uint16_t Size, uint32_t Timeout);
功能	用查询方式接收若干数据并存放至指定的缓冲区中

参数 1	hspi：SPI 口句柄，取值为 hspix，x 为 SPI 的编号，取值为 1～3
参数 2	pData：数据接收缓冲区的地址
参数 3	Size：接收数据的长度
参数 4	Timeout：查询等待的最长时间，单位为 ms
返回值	HAL 的状态
说明	该函数是一个阻塞函数，在执行该函数期间，STM32 不能做其他工作。 如果在指定时间内 STM32 没有完成数据的接收，函数返回超时标志（HAL_TIMEOUT），数据接收结束。 如果数据接收的实际时间小于指定的时间，则函数提前结束

　　例如，SPI2 用查询方式接收 20 字节数据，并存入无符号字符型数组 rBuf[]中，接收数据的最长时间为 100ms，则其程序如下：

HAL_SPI_Receive(&hspi2, rBuf, 20, 100);

（3）HAL_SPI_Transmit()函数

HAL_SPI_Transmit()函数的用法说明如表 7-6 所示。

表 7-6　HAL_SPI_Transmit()函数的用法说明

原型	HAL_StatusTypeDef HAL_SPI_Transmit(SPI_HandleTypeDef *hspi, uint8_t *pData, uint16_t Size, uint32_t Timeout);
功能	用查询方式发送数据
参数 1	hspi：SPI 口句柄，取值为 hspix，x 为 SPI 的编号，取值为 1～3
参数 2	pData：发送数据缓冲区的地址
参数 3	Size：发送数据的长度
参数 4	Timeout：最长的发送时间，单位为 ms
返回值	HAL 的状态
说明	该函数是一个阻塞函数，在执行该函数期间，STM32 不能做其他工作。 如果在指定时间内 STM32 没有发送完指定的数据，函数返回超时标志（HAL_TIMEOUT），数据发送结束。 如果数据发送的时间小于指定的时间，则函数提前结束

　　例如，用 SPI2 将无符号字符型变量 dat 中的数据发送出去，其程序如下：

HAL_SPI_Transmit(&hspi2,&dat,1,0xff);

(4)HAL_SPI_TransmitReceive()函数

HAL_SPI_TransmitReceive()函数的用法说明如表 7-7 所示。

表 7-7　HAL_SPI_TransmitReceive()函数的用法说明

原型	HAL_StatusTypeDef HAL_SPI_TransmitReceive(SPI_HandleTypeDef *hspi, uint8_t *pTxData, uint8_t *pRxData, uint16_t Size, uint32_t Timeout);
功能	用查询方式同时接收和发送数据
参数 1	hspi：SPI 口句柄，取值为 hspix，x 为 SPI 的编号，取值为 1～3
参数 2	pTxData：发送数据缓冲区的地址
参数 3	pRxData：接收数据缓冲区的地址

续表

参数 4	Size：收发送数据的长度
参数 5	Timeout：查询等待的最长时间，单位为 ms
返回值	HAL 的状态
说明	（1）该函数是一个阻塞函数，在执行该函数期间，STM32 不能做其他工作。 （2）如果在指定时间内 STM32 没有收发送完指定长度的数据，函数返回超时标志（HAL_TIMEOUT），数据发送结束。 如果数据收发实际用时小于指定的时间，则函数提前结束。 （3）该函数主要用于 SPI 口全双工模式下收发数据

例如，SPI1 工作在全双工模式下，用 SPI1 口将 aTxBuf[]中的 1 字节数据发送出去，同时将外部输入的数据接收到 aRxBuf[]中，其程序如下：

HAL_SPI_TransmitReceive(&hspi1,aTxBuf,aRxBuf,1,0xff);

实现方法与步骤

任务程序

扫一扫下载任务 17 的工程文件

1．搭建电路

任务 17 的电路图如图 7-9 所示。

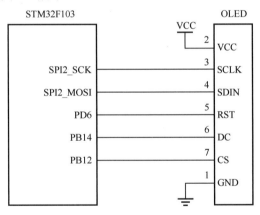

图 7-9　任务 17 的电路图

学习视频

扫一扫观看配置 SPI2 口视频

2．生成 SPI 口的初始化代码

步骤如下：

（1）启动 STM32CubeMX，然后新建 STM32CubeMX 工程，配置 SYS、RCC，其中，Debug 模式选择"Serial Wire"，HSE 选择外部晶振。

（2）配置时钟，结果如图 7-10 所示，其中 APB1 外设时钟的频率为 36MHz。

（3）配置 SPI2 口。

第 1 步：先在窗口中单击"Pinout & Configuration"标签，然后在窗口左边的小窗口中单击"Categories"标签，再在配置列表中单击"Connectivity"-> "SPI2"列表项，窗口的中间会显示如图 7-11 所示的 SPI2 配置窗口。

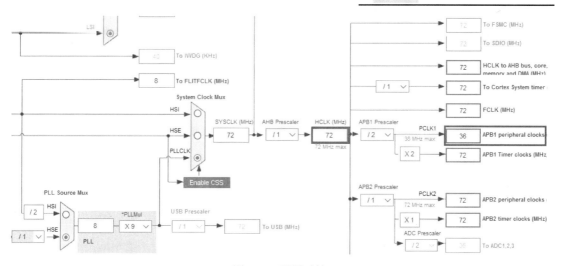

图 7-10　配置时钟

图 7-11　SPI2 的配置窗口

第 2 步：在 SPI2 的配置窗口中单击 Mode 下拉列表框，从中选择 "Transmit Only Master"（仅主机发送）列表项，Configuration 栏中会出现 SPI2 的一列参数设置项，包括 SPI 的基本参数、时钟参数等，如图 7-12 所示。

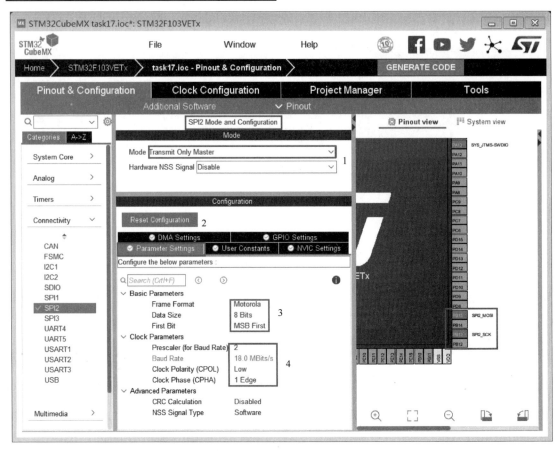

图 7-12　配置 SPI 参数

【说明】

① STM32 的 SPI 口有全双工主机模式（Full-Duplex Master）等 8 种模式，不同模式下 SPI 口所占用的引脚并不相同，SPI 各模式下所占用的引脚如表 7-8 所示。

表 7-8　各模式下 SPI 口占用的引脚

模　式	含　义	占用的引脚		
		SCK	MOSI	MISO
Full-Duplex Master	全双工主机	√	√	√
Full-Duplex Slave	全双工从机	√	√	√
Half-Duplex Master	半双工主机	√	√	
Half-Duplex Slave	半双工从机	√		√
Receive Only Master	主机仅接收	√		
Receive Only Slave	从机仅接收	√	√	
Transmit Only Master	主机仅发送	√	√	
Transmit Only Slave	从机仅发送	√		√

② SSD1306 的 SPI 口只有数据写入模式，无数据读出模式。而当用 STM32 控制 OLED 时，STM32 为主机设备，SSD1306 为从机设备，因此本例中 SPI2 的工作模式可选择全双工

主机模式、半双工主机模式或者主机仅发送模式，本任务中我们选择的是主机仅发送模式。

第 3 步：单击"Hardware NSS Signal"下拉列表框，从中选择"Disable"，禁止 SPI2 口的 NSS 输出，也就是片选择信号可以用其他引脚控制。

第 4 步：单击"Parameter Settings"标签，然后对 SPI2 的参数作如下设置（参考图 7-12）。

Frame Format：Motorola（帧格式为 Motorola）。

Data Size：8 Bits（数据位为 8 位）。

First Bit：MSB First（数据的起始位为高位在先）。

Prescaler：2（时钟分频率为 2）。

Clock Polarity（CPOL）：Low（时钟空闲时为低电平）。

Clock Phase（CPAH）：1Edge（时钟的第 1 个边沿采集数据）。

【说明】

STM32 的 SPI 口作主机设备时，SPI 口的参数设置需要根据被控芯片的 SPI 时序参数来选定。本例中，被控芯片为 SSD1306，其 SPI 接口时序图详见图 7-7，其时钟的极性、相位、数据采样时刻、数据传输的方向等参数的分析详见 SPI 口设置方法中的举例分析部分。

在 SSD1306 中，SPI 的时钟频率在 18MHz 下可正常工作。本例中，我们可将 SPI2 的时钟频率设置为 18MHz，由于 SPI2 被挂接在 ABP1 上，其时钟频率为 $f_{SPI2\_CLK}=f_{ABP1\text{外设}}/Prescale$，在图 7-10 的时钟配置中，我们已将 ABP1 的外设时钟频率设置为 36MHz，故 SPI2 的分频系数（Prescaler）应设置成 2。

（4）配置 GPIO 口。

第 1 步：在 Pinout View 中将 PB12、PB14、PD6 脚配置成输出脚。

第 2 步：将 PB12、PB14、PD6 的输出电平设置为高电平，模式为推挽输出、既无上拉电阻也无下拉电阻，输出速度为高速。

【说明】

根据硬件电路，PD6、PB12、PB14 分别与 SSD1306 的复位脚 RST、片选脚 CS、MISO 脚相接，尽管 SSD1306 的 SPI 口无输出操作，但其 MISO 脚需要接固定电平（高低电平均可），所以在 GPIO 口配置中我们将这 3 个引脚均配置成输出口，且输出电平为高电平。

（5）配置工程。将工程名设置成 Task17，并设置保存工程的位置、所用的 IDE 以及代码生器的相关选项。

（6）保存工程，生成 Keil 工程代码。

3. 完善 SPI 通信程序

实现步骤如下。

（1）将任务 13 中的 OLED 文件夹（D:\ex\task13 中）复制到任务 17 工程文件所在的文件夹中（D:\ex\task17 中）。

（2）在 Keil 工程中新建 OLED 组，并将 OLED 文件夹中的 oled.c 文件添加至 OLED 组中。

（3）修改 oled.c 文件中的代码。

第 1 步：在 oled.c 文件的开头处声明全局变量 hspi2，如图 7-13 所示。

图 7-13　文件包含和数据定义

【说明】

①图 7-13 中的 hspi2 是用 STM32CubeMX 生成 Keil 工程时系统自动定义的全局变量，它代表 SPI2 口，其定义位于 main.c 文件中，如图 7-14 所示。

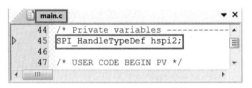

图 7-14　全局变量 hspi2

在 main()函数的初始化部分，系统会调用 MX_SPI2_Init()函数，并将 hspi2 设置成 SPI2。MX_SPI2_Init()函数如图 7-15 所示，所以，在程序中我们可以通过引用变量 hspi2 来访问 SPI2 口。

```
162   static void MX_SPI2_Init(void)
163   {
164
165     /* USER CODE BEGIN SPI2_Init 0 */
166
167     /* USER CODE END SPI2_Init 0 */
168
169     /* USER CODE BEGIN SPI2_Init 1 */
170
171     /* USER CODE END SPI2_Init 1 */
172     /* SPI2 parameter configuration*/
173     hspi2.Instance = SPI2;
174     hspi2.Init.Mode = SPI_MODE_MASTER;
175     hspi2.Init.Direction = SPI_DIRECTION_2LINES;
176     hspi2.Init.DataSize = SPI_DATASIZE_8BIT;
177     hspi2.Init.CLKPolarity = SPI_POLARITY_LOW;
178     hspi2.Init.CLKPhase = SPI_PHASE_1EDGE;
179     hspi2.Init.NSS = SPI_NSS_SOFT;
180     hspi2.Init.BaudRatePrescaler = SPI_BAUDRATEPRESCALER_2;
181     hspi2.Init.FirstBit = SPI_FIRSTBIT_MSB;
182     hspi2.Init.TIMode = SPI_TIMODE_DISABLE;
183     hspi2.Init.CRCCalculation = SPI_CRCCALCULATION_DISABLE;
184     hspi2.Init.CRCPolynomial = 10;
185     if (HAL_SPI_Init(&hspi2) != HAL_OK)
```

图 7-15　MX_SPI2_Init()函数

基于 STM32CubeMX 编程时，我们在 STM32CubeMX 中使能了 SPIx 口（x=1、2、3），STM32CubeMX 生成 Keil 工程时会自动地定义全局变量 hspix（x=1～3），在程序中我们可以通过引用全局变量 hspix 来访问 SPIx 口。

② 第 8 行的 SPI_HandleTypeDef 是 stm32f1xx_hal_spi.h 文件中定义的一个结构体类型，所以我们在第 7 行中用 include 命令将 stm32f1xx_hal_spi.h 包含至文件中。

第 2 步：在 OLED_WR_Byte()函数中，先注释掉第 50 行～第 59 行的软件模拟 SPI 写数程序，然后添加用硬件 SPI2 发送数据的代码，如图 7-16 所示。

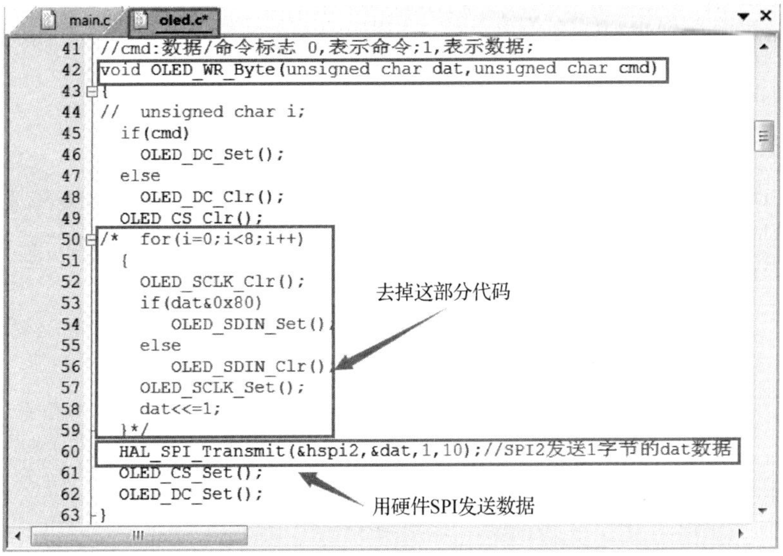

图 7-16　用 SPI2 发送数据

（4）在 Keil 工程的 include 路径中添加 "D:\ex\Task17\OLED" 文件夹，该文件夹是 oled.h 头文件所在的文件夹。

4．编写显示程序

实现步骤如下。

（1）按照任务 13 中所介绍的方法制作本任务中所要显示汉字的字模，即制作 "公民的道德规范爱国、敬业、诚信、友善" 等中文字符的字模。

（2）将中文字符的字模添加至 font.h 文件的 Hzk[]数组中。

（3）在 main.c 文件中添加显示公民道德规范的程序，程序代码如下：

```
1    …
2    #include    "oled.h"
3    …
4    int main(void)
5    {
6        …
7        OLED_Init ();
8        OLED_ShowCHinese((128-7*16)/2,0,0);        //显示编号为 0 的汉字  公
9        OLED_ShowCHinese((128-7*16)/2+1*16,0,1);    //显示编号为 1 的汉字  民
10       OLED_ShowCHinese((128-7*16)/2+2*16,0,2);    //显示编号为 2 的汉字  的
11       OLED_ShowCHinese((128-7*16)/2+3*16,0,3);    //显示编号为 3 的汉字  道
12       OLED_ShowCHinese((128-7*16)/2+4*16,0,4);    //显示编号为 4 的汉字  德
13       OLED_ShowCHinese((128-7*16)/2+5*16,0,5);    //显示编号为 5 的汉字  规
14       OLED_ShowCHinese((128-7*16)/2+6*16,0,6);    //显示编号为 6 的汉字  范
15
16       OLED_ShowCHinese((128-5*16)/2,3,7);        //显示编号为 7 的汉字  爱
17       OLED_ShowCHinese((128-5*16)/2+1*16,3,8);    //显示编号为 8 的汉字  国
18       OLED_ShowCHinese((128-5*16)/2+2*16,3,15);   //显示编号为 15 的汉字  、
19       OLED_ShowCHinese((128-5*16)/2+3*16,3,9);    //显示编号为 9 的汉字  敬
```

20
…
	OLED_ShowCHinese((128-5*16)/2+4*16,3,10);　　//显示编号为 10 的汉字 业
	
	OLED_ShowCHinese((128-5*16)/2,6,11);　　　　//显示编号为 11 的汉字 诚
	OLED_ShowCHinese((128-5*16)/2+1*16,6,12);　　//显示编号为 12 的汉字 信
	OLED_ShowCHinese((128-5*16)/2+2*16,6,15);　　//显示编号为 15 的汉字 、
	OLED_ShowCHinese((128-5*16)/2+3*16,6,13);　　//显示编号为 13 的汉字 友
	OLED_ShowCHinese((128-5*16)/2+4*16,6,14);　　//显示编号为 14 的汉字 善
	while (1)
	{
	　　…
	}
	}
	…

5. 调试与下载程序

先按照前面任务中所介绍的方法连接仿真器，再将程序下载至开发板中运行，用硬件 SPI 控制 OLED 时，OLED 显示如图 7-17 所示。

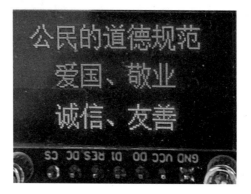

图 7-17　OLED 显示

实践总结与拓展

SPI 是一种同步串行外设接口，标准的 SPI 接口有 SCK、MISO、MOSI 和 NSS（$\overline{\text{CS}}$）这 4 根线。STM32 中有 3 个 SPI 接口，SPI1 挂接在 APB2 上，SPI2、SPI3 挂接在 APB1 上。

STM32 用 SPI 口扩展 SPI 接口芯片时，STM32 的 SPI 接口为主机，其硬件连接方法是，STM32 的 SPI 引脚 SCK、MOSI 和 MISO 分别与各接口芯片的 SCK、MOSI 和 MISO 引脚相接，STM32 用若干 GPIO 引脚作芯片的片选线，分别与各接口芯片的 $\overline{\text{CS}}$ 脚相接，在配置 GPIO 口时，这些与接口芯片的片选脚相接的 GPIO 引脚需要配置成推挽输出脚，且初始电平为高电平，以保证 STM32 上电时不选中接口芯片。

在 STM32CubeMX 中配置 SPI 口的总体原则是，根据外设接口芯片的工作时序来设置 STM32 的 SPI 接口参数。在配置 SPI 口之前需要先弄清楚外设接口芯片的时序参数，包括时钟的最高频率和极性、数据采样的时钟沿、数据传输的位数和传输的方向等。然后根据这些参数配置 STM32 的 SPI 参数。在 STM32CubeMX 中配置 SPI 口窗口是 SPI Mode and Configuration 窗口。

在 Keil 中编写 SPI 应用程序的方法是，在需要发送数据时直接调用 HAL SPI_Transmit()
函数或者 HAL_SPI_TransmitReceive()函数，需要接收数据时可调用 HAL_SPI_Receive()函数
或者 HAL_SPI_TransmitReceive()函数。

习题 17

1．标准的 SPI 接口有＿＿＿＿、＿＿＿＿、＿＿＿＿和 NSS（$\overline{\text{CS}}$）这 4 个引脚。

2．在 SPI 接口中，主机输入从机输出数据线是＿＿＿＿＿＿＿＿。

3．STM32 有＿＿＿个 SPI 口，其中，＿＿＿＿＿＿＿＿＿＿挂接在 APB1 总线上，＿＿＿＿＿＿＿＿＿＿挂
接在 APB2 总线上。

4．AD7705 是 SPI 接口的 16 位 ADC，其工作时序图如图 7-18 所示，图中的时间参数如
表 7-9 所示。请分析 AD7705 时序图并回答以下问题。

（1）AD7705 的时钟最高频率是＿＿＿＿＿＿，时钟的极性是＿＿＿＿＿＿＿＿＿＿。

（2）数据采样的时钟沿为时钟的＿＿＿＿＿＿＿＿＿＿沿。

（3）数据传输的位数为＿＿＿位，传输的方向是＿＿＿＿＿＿＿在先。

资源下载

扫一扫查看
AD7705 数据手册

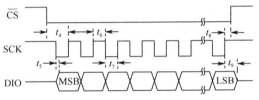

图 7-18　AD7705 时序图

表 7-9　AD7705 时序图中的时间参数

参数	含义	值			单位
		最小	典型	最大	
t_4	$\overline{\text{CS}}$ 下降沿到建立 SCK 上升沿的时间间隔	120			ns
t_5	SCK 下降沿到数据线上出现有效数据的延迟时间	0		100	ns
t_6	SCK 高电平持续时间	100			ns
t_7	SCK 低电平持续时间	100			ns
t_8	$\overline{\text{CS}}$ 上升沿到 SCK 上升沿之间的时间间隔	0			ns
t_9	SCK 上升沿后总线释放时间	10		100	ns

5．在 STM32 中，APB1 的时钟频率为 36MHz，APB2 的时钟频率为 72MHz，STM32 用
SPI1 口访问 AD7705，请根据 AD7705 的时序图完成 STM32 的相关配置，要求如下：

（1）将时钟的配置截图，并保存到"学号_姓名_Task17_ex5.doc"文件中，题注为"时钟
配置"，将此文件保存至文件夹"D:\练习"中。

（2）将 SPI 的配置截图，并保存到"学号_姓名_Task17_ex5.doc"文件中，题注为"SPI
配置"。

6．TLC5615 是带有 SPI 接口 10 位的 DAC 芯片，请查阅 TLC5615 接口芯片的资料完成
下列任务。

（1）STM32 用 SPI2 口访问 TLC5615，请画出 STM32 与 TLC5615 的连接电路。

（2）分析 TLC5615 的时钟最高频率和极性、数据采样的时钟沿、数据传输的位数和传输的方向。

（3）配置 STM32 的 SPI2 口，并将 SPI 的配置截图后，保存到"学号_姓名_Task17_ex6.doc"文件中，题注为"SPI 配置"。

7. 写出下列函数的功能。

（1）HAL_SPI_Receive()。

（2）HAL_SPI_Transmit()。

（3）HAL_SPI_TransmitReceive()。

8. 请按下列要求编写程序。

（1）SPI1 工作在主机仅发送模式下，用 SPI1 将数组 aTxBuf[]中的 5 字节数据发送出去。

（2）SPI2 工作在全双工模式下，无符号字符型变量 aTxBuf 和 aRxBuf 分别为用户发送缓冲器和接收缓冲器，请用 SPI2 口接收外部输入的字节数据，同时将发送缓冲器 aTxBuf 中的数据发送出去。

9. W25Q16 是带有 SPI 接口的 FLASH 存储芯片，STM32 用 SPI2 口访问 W25Q16，计算机用串口调试助手向 STM32 发送数据，每次发送的数据不超过 1KB，STM32 接收到数据就将所收到的数据保存到 W25Q16 的第 1 扇区中，然后将第 1 扇区中所保存的数据读取，并用串口输出至计算机显示，以便检查数据写入是否正确，请完成上述功能的设计。具体要求如下：

资源下载

扫一扫查看 W25Q16 数据手册

（1）请用 Visio 画出 STM32 与 W25Q16 的连接电路图，并保存至"学号_姓名_Task17_ex9.doc"文件中，其中题注为"硬件电路图"，将此文件保存至文件夹"D:\练习"中。

（2）串口 1 的波特率 BR=9600bps，数据位为 8 位，停止位为 1 位。请在 STM32CubeMX 中完成相关配置，将工程命名为 Task17_ex9，并保存至"D:\练习"文件夹中。将 USART1 的配置、SPI2 的配置截图，并保存到"学号_姓名_Task17_ex9.doc"文件中，其中题注为"串口配置""SPI 配置"。

（3）串行传输的命令为"FC AA n v1 v2 … FD 55"，命令数据为十六进制数，FC AA 为数据头，FD55 为数据尾，n 为从 v1 至数据尾之间的数据个数，v1、v2…为实际传输的数据。在 Serial.c 文件中重新定义串口接收中断回调函数，请将回调函数的代码截图，并保存至"学号_姓名_Task17_ex9.doc"文件中，题注为"串口接收中断回调函数"。

（4）请在 W25Q16.c 文件中编写读写 W25Q16 程序，并将程序截图后保存至"学号_姓名_Task17_ex9.doc"文件中，题注为"W25Q16 访问程序"

（5）在 main.c 文件中编写串口接收数据处理程序，并将其代码截图后保存至"学号_姓名_Task17_ex9.doc"文件中，题注为"接收数据处理"。

（6）编译连接程序，将输出窗口截图并保存至"学号_姓名_Task17_ex9.doc"文件中，题注为"编译连接程序"。

（7）运行程序，用串口调试助手向 STM32 发送数据，查看读写 W25Q16 是否正确。将串口调试助手显示信息截图后保存至"学号_姓名_Task17_ex9.doc"文件中，题注为"程序运行结果"。

习题解答　　　　习题解答

扫一扫下载习题工程　　扫一扫查看习题答案

任务 18　用硬件 I²C 接口访问 AT24C02

课件

扫一扫下载课件

任务要求

STM32 的 I²C1 接口上挂接有 AT24C02 芯片，用硬件 I²C 接口访问 AT24C02。STM32 上电后将 AT24C02 的前 30 字节的内容读出，并用串口 1 输出至计算机中显示，然后将 10～29 共 20 个数写入 AT24C02 从 0x05 开始的 20 字节单元中，再将 AT24C02 的前 30 字节的内容读出并用串口输出至计算机显示，核查读写 AT24C02 是否正确。其中，串行通信的 BR=115200bps。

知识储备

1．I²C 总线的基本知识

I²C 是 IIC 的另类写法（有时写为 I2C），它是 Inter-Integrated Circuit 的缩写，其读法是 "I 平方 C"，在非正式场合也读作 "I 方 C"。I²C 总线是 Philips 公司提出的一种用于集成电路之间互联通信的总线，由串行时钟线 SCL 和串行数据线 SDA 组成，是一种 2 线制串行数据传输总线。

（1）I²C 总线的基本特性

I²C 总线主要有以下特性。

① I²C 总线由串行时钟线 SCL 和串行数据线 SDA 组成，SCL 线传送时钟信号，SDA 传送数据地址信号。

② 数据传输速率有低速模式、标准模式、快速模式、快速+模式和高速模式等几种，各模式的总线通信速度如表 7-10 所示。

表 7-10　I²C 总线速度

模　　式	速　　度
低速模式	10kbps
标准模式	100kbps
快速模式	400kbps
快速+模式	1Mbps
高速模式	3.4Mbps

③ I²C 总线有多主模式和单主模式两种模式，在单片机应用系统中常用单主模式。在单主模式中，单片机为主机，单片机外部接有一片或者多片 I²C 接口芯片，I²C 接口芯片均为从机。

④ 在数据传输的过程中，数据帧的大小固定为 8 位，高位先发送。主机向从机发送的信息种类有：启动信号、停止信号、7 位地址码、读/写控制位、10 位地址码（地址扩展）、数

据字节、重启动信号、应答信号、时钟脉冲。从机向主机发送的信息种类有：应答信号、数据字节、时钟低电平（时钟拉伸）。

⑤ 在 I^2C 总线器件内部，SDA、SCL 引脚的输出级为漏极开路电路。因此，I^2C 总线具有线与的功能，总线上需要外接上拉电阻，不同的传输速度其上拉电阻值并不相同。

⑥ I^2C 总线进行数据通信时，由主机按一定的通信协议向从机寻址并进行数据传输。在数据传输时，由主机初始化一次数据传输，主机使数据在 SDA 线上传输的同时还通过 SCL 线传输时钟。信息传输的对象和方向以及信息传输的开始和终止均由主机决定。

（2）I^2C 接口芯片与单片机的接口电路

具有 I^2C 接口的芯片很多，如 RAM 芯片、E^2PROM 芯片、A/D 芯片、D/A 芯片、显示驱动芯片、实时时钟芯片、I/O 口芯片等，有些增强型的单片机也带有 I^2C 接口。在 I^2C 接口内部，串行时钟线 SCK、串行数据线 SDA 均为漏极开路或集电极开路电路，使用 I^2C 接口芯片时，需要在 SDA 线和 SCK 线外接上拉电阻，在传输速率为 10kHz 时，上拉电阻取 10kΩ，传输速率为 400kHz 时，上拉电阻取 1kΩ。带有 I^2C 接口的单片机扩展 I^2C 接口芯片的电路如图 7-19 所示。

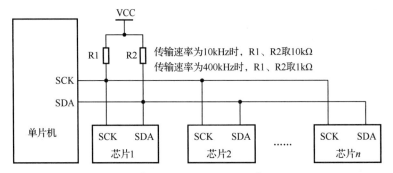

图 7-19　带 I^2C 接口的单片机扩展 I^2C 接口芯片

由图可以看出，带有 I^2C 接口的单片机扩展 I^2C 接口芯片时，各芯片的 SDA 线相连，并与单片机的 SDA 脚相接，各芯片的 SCK 线相连，并与单片机的 SCK 脚相接，并且 SCK 线上和 SDA 线上都接有一只上拉电阻。这种扩展比较简单，I^2C 总线的操作时序由硬件实现，使用者只需要读写单片机的相关寄存器就可以了。

（3）I^2C 接口芯片的寻址

I^2C 接口芯片都有规范的器件地址，用于单片机对接口芯片的寻址。设备地址由 7 位二进制数组成，这 7 位器件地址与 1 位的数据传输方向位构成了 I^2C 总线的器件寻址字节 SLA。寻址字节的格式如下：

	D7	D6	D5	D4	D3	D2	D1	D0
SLA	DA3	DA2	DA1	DA0	A2	A1	A0	R/$\overline{W}$

各位的含义如下。

DA3～DA0：器件地址，是器件固有的地址编码，由器件厂商给定，不同的器件其器件地址不同。常用的 I^2C 接口芯片的器件地址如表 7-11 所示。

表 7-11 常用 I^2C 接口芯片的器件地址

种 类	型 号	器件地址
256×8 静态 RAM	PCF8570C	1011
E^2PROM	AT24C02/04/08/16	1010
8 位 I/O 口	PCF8574	0100
4 位 LED 驱动控制器	SAA1064	0111
点阵式 LCD 驱动器	PCF8578/79	0111
4 通道 8 位 A/D,1 路 D/A 转换器	PCF8951	1001
日历时钟（内含 256×8RAM）	PCF8583	1010

A2～A0：器件的引脚地址，是用户搭建电路时将器件的地址引脚 A2、A1、A0 通过接正电源或者接地而形成的地址数据。

R/$\overline{W}$：数据传输方向位。这一位规定了寻址字节之后的数据传输方向。R/$\overline{W}$=0：单片机向器件写数，R/$\overline{W}$=1：单片机从器件中读取数据。

I^2C 总线中没有设置片选信号线，单片机对 I^2C 接口芯片的寻址是通过发送寻址字节来实现器件寻址的。

2．STM32 中 I^2C 接口的应用特性

STM32 集成有多个 I^2C 接口，其中 STM32F10x 集成有 2 个 I^2C 接口，分别为 I^2C1、I^2C2，每个 I^2C 接口均相同。在 STM32 中，I^2C 接口的功能比较强大，可以提供多主机功能，控制所有 I^2C 总线特定的时序、协议、仲裁和定时等。对于基于 STM32CubeMX 开发者而言，我们只需要了解其应用特性，并会使用 I^2C 接口。STM32 的 I^2C 接口主要有以下特性：

（1）既可以作为主机设备，也可以作为从机设备。主机设备用来产生时钟信号、数据通信的起始信号和停止信号，从机设备的功能主要有检测 I^2C 地址、检测停止信号等。

（2）数据通信的速度有标准模式和快速模式 2 种。标准模式的速度高达 100kHz，快速模式的速度可达 400kHz。

（3）可产生和检测 7 位/10 地址和广播呼叫。

（4）有 2 个中断向量。

（5）具有可选的拉长时钟功能。

（6）具有单字节缓冲器的 DMA 功能。

（7）兼容 SMBus2.0（System Management Bus 系统管理总线）。

（8）通过 SDA（串行数据）引脚和 SCL（串行时钟）引脚连接至 I^2C 总线上，允许连接到标准或快速的 I^2C 总线。

（9）不同的 I^2C 接口所对应的 GPIO 口不同。I^2C 接口所对应的引脚如表 7-12 所示。

表 7-12 I^2C 接口引脚

I^2C 接口	接口引脚	对应的 GPIO 引脚
I^2C1	SCL	PB6/PB8（可重映射）
	SDA	PB7/PB9（可重映射）

续表

I²C 接口	接口引脚	对应的 GPIO 引脚
I²C2	SCL	PB10
	SDA	PB11

3．HAL 库中的 I²C 访问函数

HAL 库中常用的 I²C 接口访问函数主要有读数据函数 HAL_I2C_Mem_Read()和写数据函数 HAL_I2C_Mem_Write()。

（1）HAL_I2C_Mem_Read()函数

HAL_I2C_Mem_Read()函数的用法说明如表 7-13 所示。

表 7-13　HAL_I2C_Mem_Read()函数的用法说明

原型	HAL_StatusTypeDef HAL_I2C_Mem_Read(I2C_HandleTypeDef *hi2c, uint16_t DevAddress, uint16_t MemAddress, uint16_t MemAddSize, uint8_t *pData, uint16_t Size, uint32_t Timeout);
功能	从设备的指定存储单元中读取数据
参数 1	hi2c：I²C 句柄，即当前是对哪一个 I²C 接口进行操作。取值为 hi2cx，其中 x=1、2
参数 2	DevAddress：设备的读地址
参数 3	MemAddress：所要访问芯片的内部存储单元的地址
参数 4	MemAddSize：内部存储单元的长度，取值为 I2C_MEMADD_SIZE_8BIT（每个地址单元 8 位）、I2C_MEMADD_SIZE_16BIT（每个地址单元 16 位）
参数 5	pData：数据存放地址
参数 6	Size：所要读取的数据长度
参数 7	Timeout：等待的时间，单位为 ms
返回值	HAL 状态

例如，AT24C02 为 I²C 接口的 E²PROM 存储芯片，每个存储单元 8 位，其设备的读地址为 0xa1，设备的写地址为 0xa0，若用 STM32 的 I2C1 访问 AT24C02，并从 AT24C02 的 0x01 处开始读取 5 字节的数据，然后存入用户数组 buf[]，则其访问程序如下：

HAL_I2C_Mem_Read(&hi2c1, 0xa1,0x01, I2C_MEMADD_SIZE_8BIT,buf,5, 0xff);

（2）HAL_I2C_Mem_Write()函数

HAL_I2C_Mem_Write()函数的用法说明如表 7-14 所示。

表 7-14　HAL_I2C_Mem_Write()函数的用法说明

原型	HAL_StatusTypeDef HAL_I2C_Mem_Write(I2C_HandleTypeDef *hi2c, uint16_t DevAddress, uint16_t MemAddress, uint16_t MemAddSize, uint8_t *pData, uint16_t Size, uint32_t Timeout);
功能	将数据写入设备的指定存储单元中
参数 1	hi2c：I2C 句柄，即当前是对哪一个 I2C 接口进行操作。取值为 hi2cx，其中 x=1、2
参数 2	DevAddress：设备的写地址
参数 3	MemAddress：所要访问芯片的内部存储单元的地址
参数 4	MemAddSize：内部存储单元的长度，取值为 I2C_MEMADD_SIZE_8BIT（每个地址单元 8 位）、I2C_MEMADD_SIZE_16BIT（每个地址单元 16 位）

续表

参数5	pData：待写入数据的存放地址
参数6	Size：所要写入的数据长度
参数7	Timeout：等待的时间，单位为ms
返回值	HAL状态

例如，AT24C02的读地址为0xa1，写地址为0xa0，若用STM32的I2C2访问AT24C02，并将数组buf[]的3字节的数据写入AT24C02的0x04～0x06单元中，其程序如下：

HAL_I2C_Mem_Write(&hi2c2,0xa0,0x04,I2C_MEMADD_SIZE_8BIT,buf,3,0xff);

4．AT24C02的应用特性

AT24C02是ATMEL公司生产的带有I^2C接口的E^2PROM存储器，是单片机应用系统中常用的I^2C接口芯片。AT24C02的器件地址为1010B，片内集成有256×8位存储器，写周期最长时间为5ms。

（1）AT24C02的引脚功能

AT24C02有TSSOP8、SOIC8、8dBGA2、DIP8等多种封形式。其中TSSOP8、SOIC8、DIP8封装形式的AT24C02的引脚分布如图7-20所示。

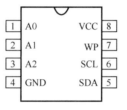

资源下载
扫一扫查看
AT24C02数据手册

图7-20 AT24C02的引脚分布

各引脚的功能如下。

A0～A2：地址引脚。对这三个引脚接入正电源或地就形成了AT24C02的引脚地址。

GND：电源地。

SDA：双向数据传输引脚。读写AT24C02的数据经此脚传输，其内部为一个漏极开路电路，在使用时需要接一个上拉电阻。当传输速率为10kHz时，上拉电阻取10kΩ，传输速率为400kHz时，上拉电阻取1kΩ。

SCL：串行时钟输入引脚。此引脚的内部也是一个漏极开路电路，使用时也需要接一个上拉电阻。SCL的上升沿，AT24C02从SDA引脚读取数据，SCL的下降沿，AT24C02将内部的数据传输至SDA引脚上。

WP：写保护引脚。WP接GND时，AT24C02可被正常读写，WP接VCC时，只允许读而不允许将数据写入AT24C02，从而保护了其内部数据不被修改。

VCC：正电源引脚。

（2）STM32与AT24C02的接口电路

STM32最多可以扩展8片AT24C02，扩展2片AT24C02的电路如图7-21所示。

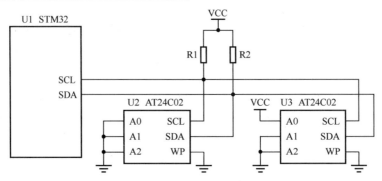

图 7-21　STM32 与 AT24C02 的接口电路

图中，U2、U3 的 WP 引脚均接地，允许 STM32 对 U2、U3 读写数据。U2、U3 的 SCL 引脚相连后与 STM32 的 SCL 引脚相接，U2、U3 的 SDA 引脚相连后与 STM32 的 SDA 脚相接，SCL、SDA 线上均接有上拉电阻。U2 的引脚地址为 000B，STM32 访问 U2 时，读寻址字节为 0xa1(10100001B)，写寻址字节为 0xa0(10100000B)。U3 的引脚地址为 001B，STM32 访问 U3 时，读寻址字节为 0xa3(10100011B)，写寻址字节为 0xa2(10100010B)。

（3）AT24C02 的内部存储器

AT24C02 片内集成有 256 字节的 E^2PROM，这 256 字节存储单元在芯片内部的地址为 0x00～0xFF。我们把这些内部存储单元的地址叫作子地址。这 256 字节的子地址是按每页 8 字节进行组织的，共分 32 页，其中高 5 位地址相同的存储单元为一页。如 0x00、0x 01、……、0x07 单元就属于同一页，而 0x07 单元与 0x08 单元就不属于同一页。

为了便于内部存储单元的寻址，AT24C02 的内部设有一个地址寄存器，用来保存当前访问存储单元的地址。地址寄存器具有自动加 1 功能，STM32 访问 AT24C02 的某个存储单元后，地址寄存器的内容就会自动加 1，STM32 对 AT24C02 的不同的访问操作，地址寄存器的加 1 方式不同。

写 E^2PROM 时，地址寄存器的高 5 位始终保持不变，只有低 3 位参与加 1，也就是只在页内加 1。例如，STM32 向 AT24C02 连续写 2 个 char 型数据时，若第 1 个数写入 0x07 单元，其高 5 位地址为 00000B，低 3 位地址为 111B，第 1 个数据写入后地址寄存器的低 3 位加 1 后变为 000B，高 5 位保持不变，仍为 00000B，因此地址寄存器内容就会自动地变成 0x00，第 2 个数据将被写入 0x00 单元，而不 0x08 单元。

读 E^2PROM 时，地址寄存器的 8 位都参与加 1，也就是在整个存储器地址范围内加 1。例如，STM32 从 AT24C02 的 0x07 单元开始连续读 2 字节的内容时，则所读的第 1 个数据是 0x07 单元的内容，读出该数后，地址寄存器的内容就会自动变成 0x08。因此，所读的第 2 个数据是 0x08 单元的内容，只有读 0xff 单元后，地址寄存器的内容自动变成 0x00。

（4）AT24C02 的读写操作

AT24C02 提供多种读数方式，每种读数方式都有严格的时序规定，但常用的是顺序地址读。顺序地址读也叫多字节读，每次可以从 AT24C02 中读出多字节数据。STM32 用硬件 I^2C 接口访问 AT24C02 时，由 I^2C 接口产生 AT24C02 的读数时序，用户可以不关心其时序要求，其读数所用函数是 HAL_I2C_Mem_Read()。

设 AT24C02 的读数地址为 AT24C02_RD_ADDR，STM32 用 I^2C1 接口访问 AT24C02，若 STM32 从 AT24C02 的 ReadAddr 地址处开始读取 len 字节的数据，并保存到数组 pBuffer[]中，

读数程序如下：

```
1    /**********************************************************************
2    int AT24C02_Read(uint16_t ReadAddr, uint8_t *pBuffer, uint16_t len)
3    功能：
4    从 AT24C02 指定地址处开始读出指定个数的数据
5    参数：
6            ReadAddr :所要读取的地址  对 24C02 为 0～255
7            pBuffer   :数据存放的地址
8            len        :所要读出的个数
9    返回值：
10           HAL_OK: 读数成功
11           -1:    读数失败
12   **********************************************************************/
13   int AT24C02_Read(uint16_t ReadAddr, uint8_t *pBuffer, uint16_t len)
14   {
15           HAL_StatusTypeDef res = HAL_ERROR ;
16           res = HAL_I2C_Mem_Read(&hi2c1, AT24C02_RD_ADDR, ReadAddr,
17                       I2C_MEMADD_SIZE_8BIT, pBuffer, len, 1000);
18           if( res==HAL_ERROR )      return -1 ;
19           return HAL_OK ;
20   }
```

　　AT24C02 提供了页写和字节写 2 种写数方式，每种写数方式也有严格的时序规定，常用的写数方式是页写，STM32 用硬件 I^2C 接口访问 AT24C02 时，其页写的时序由 I^2C 接口产生，用户不必关心其时序要求。页写实现的是页内多字节写，所用函数是 HAL_I2C_Mem_Write()。在使用 HAL_I2C_Mem_Write()函数向 AT24C02 写数时要注意以下问题：

　　① 所写数据的地址必须在同一页内，即写入数据的个数不能超过页内剩余字节数，否则会出现"翻卷"现象。

　　例如，从 AT24C02 的 0x05 地址单元开始写数，则页内剩余字节数为 3（即地址 0x05、0x06、0x07 共 3 个字节单元），若要写入 5 字节数据，则这 5 字节数据将会依次保存在 0x05、0x06、0x07、0x00、0x01 这 5 个地址单元中，最后 2 字节数据写入页内开始的 2 个地址单元中，出现了"翻卷"现象。

　　② 每次使用 HAL_I2C_Mem_Write()函数向 AT24C02 写数据后，AT24C02 就进入内部写周期，写周期的时间为 5ms。所以 2 次调用 HAL_I2C_Mem_Write()函数应间隔 5ms 以上，否则前次写入数据将不被保存。

　　③ 设 AT24C02 的每页字节数为 ByteOfPage，数据写入的首地址为 fstAdd，则所写页内剩余字节数 num=ByteOfPage-fstAdd%ByteOfPage。

　　例如，AT24C02 每页 8 字节，数据写入的首地址为 13，则数据所在页为第 1 页，该页剩余字节数为 8-13%8=3，即地址 0x0D、0x0E、0x0F 共 3 字节。

　　④ 编写向 AT24C02 写入 n 字节数据的思路是，根据所写数据的首地址、写入数据的个数判断页内是否能写完全部数据。若能，则直接用 HAL_I2C_Mem_Write()函数向 AT24C02 的当前页写入 n 字节数据，若不能，则用 HAL_I2C_Mem_Write()函数分页写，每写一页延时 5ms 时间。写数的流程图如图 7-22 所示。

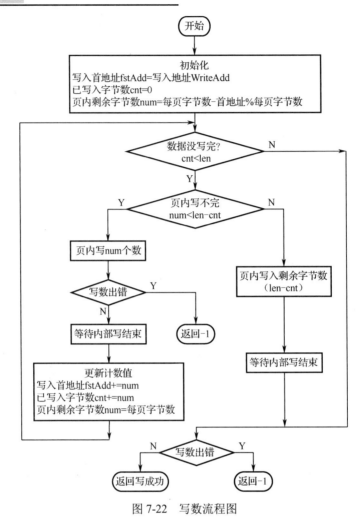

图 7-22　写数流程图

写数程序如下：

```
1   /********************************************************************
2   int AT24C02_Write(uint16_t WriteAddr, uint8_t *pBuffer, uint16_t len)
3   功能：
4   在 AT24C02 的指定地址开始写入指定个数的数据
5   参数：
6       WriteAddr:所要写入的地址  对 24C02 为 0～255
7       pBuffer   :数据存放的地址
8       len       :所要写入的数据个数
9   返回值：
10      HAL_OK: 写数成功
11      -1:     写数失败
12  ********************************************************************/
13  int AT24C02_Write(uint16_t WriteAddr, uint8_t *pBuffer, uint16_t len)
14  {   uint8_t    cnt;              //已写入的字节数
15      uint8_t fstAdd;             //当前写入的首地址
16      uint8_t    num;             //当前页的剩余字节数
17      HAL_StatusTypeDef res ;     //写操作的结果
```

18	//初始化
19	fstAdd=WriteAddr;　　　　//写入的首地址为用户指定地址
20	cnt=0;　　　　　　　　　//已写入 0 个数据
21	num=ByteOfPage-fstAdd%ByteOfPage;//计算页内剩余字节数并赋给 num
22	while(cnt<len)
23	{
24	if(num<len-cnt)
25	{ //剩余字节数超过了当前页的容量
26	//当前页写入 num 个数据
27	res = HAL_I2C_Mem_Write(&hi2c1,AT24C02_WR_ADDR,fstAdd,
28	I2C_MEMADD_SIZE_8BIT,pBuffer+cnt, num, 1000);
29	if(res==HAL_ERROR)　　　return -1;//写数出错，则返回-1 后结束
30	HAL_Delay(10);　　　//写数正确，延时等待内部写结束
31	cnt=cnt+num;　　　　//更新计数值
32	fstAdd=fstAdd+num;
33	num=ByteOfPage;
34	}
35	else
36	{ //当前页的容量大于剩余字节数
37	//当前页写入剩余字节数，并结束写
38	res = HAL_I2C_Mem_Write(&hi2c1,AT24C02_WR_ADDR,fstAdd,
39	I2C_MEMADD_SIZE_8BIT,pBuffer+cnt,len-cnt, 1000);
40	HAL_Delay(10);　　　//延时等待内部写结束
41	break;　　　　　　　//跳出循环
42	}
43	}
44	if(res==HAL_ERROR)　　　return -1;　//写数出错，则返回-1
45	return HAL_OK ;　　　　　　　　//写数正确，则返回 HAL_OK
46	}

实现方法与步骤

1. 搭建电路

任务 18 只是在任务 10 的基础上增加了用 I²C 接口访问控制 AT24C02 芯片，其电路如图 7-23 所示。

任务程序

扫一扫下载任务 18
的工程文件

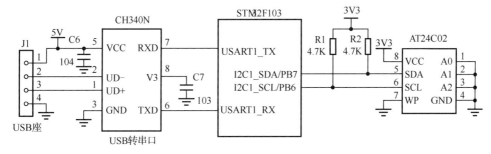

图 7-23　任务 18 的电路图

2. 生成 I²C 接口的初始化代码

任务 18 中的大部分初始化代码与任务 10 中的初始化代码相同，可以通过修改任务 10 的 STM32CubeMX 工程来形成任务 18 的 STM32CubeMX 工程，其生成过程如下：

（1）在"D:\ex"文件夹中新建 Task18 子文件夹。

（2）将任务 10 的 STM32CubeMX 工程文件 Task10.ioc（位于"D:\ex\Task10"文件夹中）复制到 Task18 文件夹中，并将其改名为 Task18.ioc。

（3）双击 Task18.ioc 文件图标，打开任务 18 的 STM32CubeMX 工程文件。

（4）配置 I²C 口。

从图 7-23 中可以看出，AT24C02 接在 I²C1 口上。配置 I²C1 口的步骤如下：

第 1 步：在 STM32CubeMX 窗口中依次单击"Pinout & Configuration"标签→"Categories"标签→"Connectivity"列表项→"I2C1"列表项，窗口的中间会出现"I2C1 Mode and Configuration"窗口，如图 7-24 中 1～4 处所示。

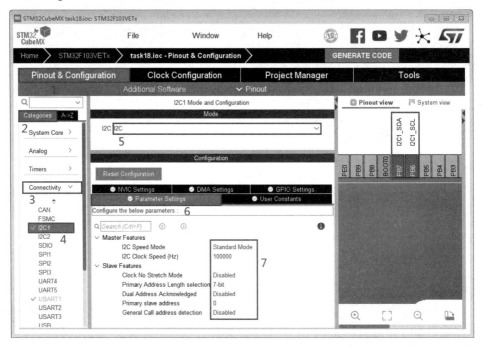

图 7-24　配置 I2C1

第 2 步：在"I2C1 Mode and Configuration"窗口中，单击 I2C 下拉列表框，从中选择"I2C"列表项，参考图 7-24 中的第 5 处。

第 3 步：单击"Parameter Settings"标签（图 7-24 中的第 6 处），然后对 I2C 的参数进行如下设置（参考图 7-24 中的第 7 处）：

I2C Speed Mode：Standard Mode（I²C 速度模式：标准模式）。

I2C Clock Speed(Hz)：100000（I²C 时钟速度：100kHz）。

Clock No Stretch Mode：Disabled（时钟无延长模式：禁止）。

Primary Address Length selection：7-bit（主地址的长度：7 位）。

Dual Address Acknowledged：Disabled（双地址认证：禁止）。

Primary slave address：0（主从地址：0 位）。

General Call address detection：Disabled（通用呼叫地址检测：禁止）。

【说明】

上述设置参数需要根据被控 I²C 接口芯片的工作参数来选定。本例中，AT24C02 有以下特性：最高时钟频率为 400kHz，设备地址中 7 位为主地址，最后一位是读写控制位。

（5）保存工程，生成 Keil 工程代码。

3. 编写 AT24C02 的应用程序

实现的方法和步骤如下：

（1）将任务 10 中位于"D:\ex\Task10"文件夹中的 User 子文件夹复制至"D:\ex\Task18"文件夹中。User 子文件夹中保存的是串行通信文件 Serial.c 和 Serial.h。

（2）打开任务 18 的 Keil 工程，并按前面介绍的方法在 Keil 工程中新建 User 组，然后将"D:\ex\Task18\User"文件夹中的 Serial.c 文件添加至 User 组中。

（3）分析 AT24C02 的读写地址。

AT24C02 的器件地址为 1010（详见表 7-11），在图 7-23 中，AT24C02 的 A0、A1、A2 均接地，其引脚地址为 000B。因此，STM32 访问 AT24C02 时，读设备地址为 0xa1(10100001B)，写设备地址为 0xa0(10100000B)。

（4）新建 AT24C02.c 文件，并将其保存至"D:\ex\Task18\User"文件夹中，然后将 AT24C02 的应用特性中所编写的读数程序和写数程序添加至 AT24C02.c 文件中，其内容如下：

```
1    /********************************************************************
2                              AT24C02.C
3                           AT24C02 访问程序
4    功能：用硬件 I²C 控制 AT24C02
5    AT24C02 的特性：
6    容量：共 2Kb 即 256B,组织:分 32 页,每页 8B,写数要分页写,否则会出现卷边现象
7    设备地址 8 位,其中主地址 7 位,最后一位为数据传输方向,设备地址如下:
8      1 0 1 0 A2 A1 A0 R/W
9      1 0 1 0 0  0  0  0 = 0XA0
10     1 0 1 0 0  0  0  1 = 0XA1
11   ********************************************************************/
12   #include   "i2c.h"
13   #include "AT24C02.h"
14
15   #define      AT24C02_WR_ADDR        0xA0      //写地址
16   #define      AT24C02_RD_ADDR        0xA1      //读地址
17   #define      ByteOfPage             8         //每页字节数
18   /*
...  在 18 行～38 行间添加在 AT24C02 应用特性中所编写的 AT24C02_Read()函数
38   */
39   /*
...  在 39 行～84 行间添加在 AT24C02 应用特性中所编写的 AT24C02_Write()函数
84   */
```

（5）新建 AT24C02.h 文件，并将其保存至"D:\ex\Task18\User"文件夹中，该文件是 AT24C02.c 文件的接口文件，其内容是对 AT24C02.c 文件函数进行说明，具体内容如下：

```
1    /***********************************************************
2                            AT24C02.h
3                      AT24C02.C 文件的接口文件
4    ***********************************************************/
5    #ifndef __AT24C02_H
6    #define __AT24C02_H
7    #include "main.h"
8    /***********************************************************
9    int AT24C02_Read(uint16_t ReadAddr, uint8_t *pBuffer, uint16_t len)
10   功能：
11   从 AT24C02 指定地址处开始读出指定个数的数据
12   参数：
13        ReadAddr :所要读取的地址  对 24C02 为 0~255
14        pBuffer  :数据存放的地址
15        len      :所要读出的个数
16   返回值：
17        HAL_OK: 读数成功
18        -1:      读数失败
19   ***********************************************************/
20   extern int AT24C02_Read(uint16_t ReadAddr, uint8_t *pBuffer, uint16_t len);
21
22   /***********************************************************
23   int AT24C02_Write(uint16_t WriteAddr, uint8_t *pBuffer, uint16_t len)
24   功能：
25   在 AT24C02 的指定地址开始写入指定个数的数据
26   参数：
27        WriteAddr:所要写入的地址  对 24C02 为 0~255
28        pBuffer  :数据存放的地址
29        len      :所要写入的数据个数
30   返回值：
31        HAL_OK: 写数成功
32        -1:      写数失败
33   ***********************************************************/
34   extern int AT24C02_Write(uint16_t WriteAddr, uint8_t *pBuffer, uint16_t len);
35
36   #endif
```

（6）在 Keil 工程的 include 路径中添加"D:\ex\Task18\User"文件夹，该文件夹是 AT24C02.h 和 Serial.h 头文件所在的文件夹。

4．在 main.c 文件中编写应用程序

在 main.c 文件中编写用户应用程序，程序代码如下：

```
1    ...
2    #include    "stdio.h"
3    #include    "AT24C02.h"
4    ...
5    int main(void)
```

```
6    {
7        uint8_t      WrBuf[256],RdBuf[256];
8        uint16_t     i;
9        …
10       printf("写数前 EEPROM 中的数据为:\r\n");
11       AT24C02_Read (0,RdBuf,30);
12       for(i=0;i<30;i++)
13           printf("第%d 个数据为:%d\r\n",i,RdBuf[i]);
14       HAL_Delay (10);
15       for(i=0;i<30;i++)
16           WrBuf[i]=i+10;
17       AT24C02_Write (5,WrBuf,20);
18       HAL_Delay(10);
19       printf("写数后 EEPROM 中的数据为:\r\n");
20       AT24C02_Read (0,RdBuf,30);
21       for(i=0;i<30;i++)
22           printf("第%d 个数据为:%d\r\n",i,RdBuf[i]);
23       HAL_Delay (10);
24       while (1)
25       {
26       }
27   }
```

将上述代码按照程序编写规范的要求添加至 main.c 文件的对应位置处，就得到任务 18 的应用程序。

5. 调试与下载程序

步骤如下：

（1）连接仿真器和串口的 USB 线，并给开发板上电。

（2）对程序进行编译、调试直至程序正确无误后，将程序下载至开发板中。

（3）首先在计算机上打开串口调试助手，并设置好串口号、串口的波特率、数据位等参数，然后打开串口。

（4）运行程序就可以从串口调试助手中看到写入 AT24C02 各存储单元的数据，如图 7-25 所示。

图 7-25　程序运行的结果

实践总结与拓展

I^{2}C 总线是 2 线制串行传输总线，由串行时钟线 SCL 和串行数据数 SDA 组成。I^{2}C 总线中没有片选线，单片机对 I^{2}C 接口芯片寻址是通过发送寻址字节来实现的。寻址字节由 4 位的器件地址、3 位的引脚地址和 1 位的读写方向位组成。其中，器件地址由 I^{2}C 委员会统一分配，不同类型的器件具有不同的器件地址，引脚地址由用户搭建电路时选定。

STM32 片内集成有 I²C 接口，STM32 用 I²C 接口扩展 I²C 接口芯片时，硬件电路的连接方法是，各接口芯片的 SCK 脚并接在一起，然后与 STM32 的 SCK 脚相接，各接口芯片的 SDA 脚并接在一起，然后与 STM32 的 SDA 脚相接。在 STM32 中，SDA、SCL 引脚内部的输出级为漏极开路电路，STM32 用 I²C 接口扩展芯片时 SDA、SCL 引脚的外部需要接 1～10kΩ 的上拉电路。

STM32 用 I²C 接口扩展接口芯片时，其编程主要分 3 步。一是用 STM32CubeMX 配置 I²C 接口参数，二是根据硬件电路分析接口芯片的读写地址，三是在 Keil 中编写应用程序。

在 STM32CubeMX 中配置 I²C 接口的方法是，在 I²C 接口的 Mode and Configuration 窗口中选择 I²C 接口，然后设置 I²C 的速度模式、时钟速度、主地址长度等参数。

I²C 接口的应用程序包括向接口芯片写数和从接口芯片中读数 2 种，读数所用的函数是 HAL_I2C_Mem_Read()函数，写数所用的函数是 HAL_I2C_Mem_Write()。

AT24C02 是带有 I²C 接口的 E²PROM 存储器，片内 256 字节的存储器按 8 字节 1 页的方式组织，读写 AT24C02 后，AT24C02 内部的地址寄存器会自动加 1。写数时其加 1 方式是高 5 位地址不变，低 3 位地址参与加 1。读数时其加 1 方式是 8 位地址都参与加 1。向 AT24C02 写数时要注意写入的首地址以及写数的个数，防止出现"翻卷"的现象。向 AT24C02 写数时还要注意两次写操作的时间间隔要大于 AT24C02 的写周期 5ms。

习题 18

1．I²C 总线中，SDA 线的作用是＿＿＿＿＿＿，SCL 线的作用是＿＿＿＿＿。

2．在 I²C 总线中，SDA 线和 SCL 线上都需要接上拉电阻，在传输速度为 400kHz 时，上拉电阻为＿＿＿。

3．I²C 总线传输数据时，数据传送的顺序是＿＿＿位在先，＿＿＿位在后。

4．AT24C02 的设备读地址为 0xa1，写地址为 0xa0，STM32 用 I²C2 接口访问 AT24C02，请按下列要求编写程序。

（1）从 AT24C02 的 0x12 地址处开始读取 5 字节的数据，然后存入用户数组 buf[]。

（2）将数组 buf[]的 5 字节的数据写入 AT24C02 从 0x12 地址处开始的字节单元中。

5．AT24C02 片内集成有＿＿＿字节的 E²PROM，其写周期最长时间为＿＿＿。

6．向 AT24C02 连续写 2 字节数据时，若将第 1 字节写入 AT24C02 的 0x07 单元，则第 2 字节写入＿＿＿单元中。从 AT24C02 的 0x07 单元开始连续读 2 个单元数据，则所读的第 2 个数据是 AT24C02＿＿＿单元中的数。

7．向 AT24C02 写数时，要注意连续两次写操作的时间间隔必须＿＿＿＿。

8．画出单片机向 AT24C02 连续写 n 个字节数据的流程图，并编写程序。

9．简述在 STM32CubeMX 中配置 I²C 口的方法。

10．SHT20 是带有 I²C 接口的温湿度传感器，STM32 用 I²C1 口访问 SHT20，用串口 1 向计算机输出 SHT20 所检测的温湿度信息。请查阅 SHT20 的数据手册，完成上述功能的设计。具体要求如下：

资源下载

扫一扫查看 SHT20 数据手册

（1）请用 Visio 画出 STM32 与 SHT20 的连接电路图，并保存至"学号_姓名_Task18_ex10.doc"文件中，其中题注为"硬件电路图"，将此文件保存至文件夹"D:\练习"中。

（2）串口1的波特率BR=115200bps，数据位为8位，停止位为1位。请在STM32CubeMX中完成相关配置，将工程命名为Task18_ex10，并保存至"D:\练习"文件夹中。将USART1的配置、I^2C的配置截图，并保存到"学号_姓名_Task18_ex10.doc"文件中，其中题注分别为"串口配置"、"I2C配置"。

（3）请在SHT20.c文件中编写读写SHT20程序，并将程序截图后保存至"学号_姓名_Task18_ex10.doc"文件中，题注为"SHT20访问程序"

（4）在main.c文件中编写串口发送程序，使串口1每隔1s向计算机发送一次当前温湿度数据，输出格式自拟。请将其代码截图后保存至"学号_姓名_Task18_ex10.doc"文件中，题注为"温湿度检测程序"。

（5）编译连接程序，将输出窗口截图后保存至"学号_姓名_Task18_ex10.doc"文件中，题注为"编译连接程序"。

（6）运行程序，然后将串口调试助手显示信息截图后保存至"学号_姓名_Task18_ex10.doc"文件中，题注为"程序运行结果"。

习题解答
扫一扫下载习题工程

习题解答
扫一扫查看习题答案

任务19 读写FLASH存储器

课件
扫一扫下载课件

任务要求

STM32的串口1作异步通信口，波特率BR=115200bps，用来向计算机发送数据，STM32上电后就将FLASH存储器中第255页（地址范围：0x0807F800～0x0807FFFF）的最开始的5个半字单元中的内容读出，并用串口1输出至计算机中显示。将0～4共5个数据写入FLASH存储器的第255页最开始的5个半字单元中，再将所写入的数据读出，并用串口输出至计算机中显示，核查读写Flash存储器是否正确。

知识储备

1. STM32的FLASH存储器

STM32F103片内集成了32～512KB的FLASH存储器，用来存放程序和用户数据，也可以用作用户E^2PROM。不同的STM32其FLASH容量不同，小容量产品的FLASH为32KB，中容量产品的FLASH为128KB，大容量产品的FLASH为512KB，互联型产品的FLASH为256KB。STM32F103中各FLASH存储器的组织详见《STM32F10xxx参考手册》P30～P32。STM32F103VET6为大容量产品，其FLASH存储器的主存储块按照每页2KB方式组织，地址范围为0x08000000～0807FFFF，如表7-15所示。

表 7-15　大容量产品的 FLASH 存储器

模　　块	名　　称	地　　址	大　小
主存储块	页 0	0x0800 0000-0x0800 07ff	2KB
	页 1	0x0800 0800-0x0800 0fff	2KB
	页 2	0x0800 1000-0x0800 17ff	2KB
	页 3	0x0800 1800-0x0800 1fff	2KB
	…	…	…
	页 255	0x0807 f800-0x0807 ffff	2KB
信息块	系统存储器	0x1fff f000-0x1fff f7ff	2KB
	选择字节	0x1fff f800-0x1fff f80f	16B
闪存存储器接口寄存器	FLASH_ACR	0x4002 2000-0x4002 2003	4B
	FLASH_KEYR	0x4002 2004-0x4002 2007	4B
	FLASH_OPTKEYR	0x4002 2008-0x4002 200b	4B
	FLASH_SR	0x4002 200c-0x4002 200f	4B
	FLASH_CR	0x4002 2010-0x4002 2013	4B
	FLASH_AR	0x4002 2014-0x4002 2017	4B
	保留	0x4002 2018-0x4002 201b	4B
	FLASH_OBR	0x4002 201c-0x4002 201f	4B
	FLASH_WRPR	0x4002 2020-0x4002 2023	4B

2．HAL 库中有关 FLASH 操作的函数

HAL 库中，有关 FLASH 操作的函数位于 stm32f1xx_hal_flash.c 文件和 stm32f1xx_hal_flash_ex.c 文件中，常用的函数主要有 HAL_FLASH_Unlock()、HAL_FLASH_Program()等 4 个函数。

（1）HAL_FLASH_Unlock()函数。

HAL_FLASH_Unlock()函数的用法说明如表 7-16 所示。

表 7-16　HAL_FLASH_Unlock()函数的用法说明

原型	HAL_StatusTypeDef HAL_FLASH_Unlock(void);
功能	解锁 FLASH 存储器
参数	无
返回值	HAL 的状态

（2）HAL_FLASH_Lock()函数

HAL_FLASH_Lock()函数的用法说明如表 7-17 所示。

表 7-17　HAL_FLASH_Lock()函数的用法说明

原型	HAL_StatusTypeDef HAL_FLASH_Lock(void);
功能	给 FLASH 存储器上锁
参数	无
返回值	HAL 的状态

（3）HAL_FLASH_Program()函数

HAL_FLASH_Program()函数的用法说明如表 7-18 所示。

表 7-18　HAL_FLASH_Program()函数的用法说明

原型	HAL_StatusTypeDef HAL_FLASH_Program(uint32_t TypeProgram, uint32_t Address, uint64_t Data);
功能	将数据以半字、字或者双字的方式写入 FLASH 存储器的指定的地址中
参数 1	TypeProgram：数据写入的方式。 取值如下： FLASH_TYPEPROGRAM_HALFWORD：半字，16 位 FLASH_TYPEPROGRAM_WORD：字，32 位 FLASH_TYPEPROGRAM_DOUBLEWORD：双字，64 位
参数 2	Address：数据写入的地址。 要求所写入的地址为有效地址，对于大容量的 STM32F103 而言，其值为 0x08000000～0x0807ffff
参数 3	Data：所要写入的数据
返回值	HAL 的状态

【注意】

在调用 HAL_FLASH_Program()函数之前需要用 HAL_FLASH_Unlock()解锁 FLASH 存储器，函数执行结束后，需要用 HAL_FLASH_Lock()给 FLASH 存储器上锁。

如果页内的内容不为 0，则在用 HAL_FLASH_Program()函数向 FLASH 存储器写数之前需要先擦除所访问的页。

例如，将变量 m 中的数以半字方式写入 FLASH 存储器的 wAddr 地址处，其程序如下：

HAL_FLASH_Program(FLASH_TYPEPROGRAM_HALFWORD,wAddr,m);

（4）HAL_FLASHEx_Erase()函数

HAL_FLASHEx_Erase()函数的用法说明如表 7-19 所示。

表 7-19　HAL_FLASHEx_Erase()函数的用法说明

原型	HAL_StatusTypeDef HAL_FLASHEx_Erase(FLASH_EraseInitTypeDef *pEraseInit, uint32_t *PageError);
功能	擦除 FLASH 存储器的指定页或块
参数	pEraseInit：包含擦除配置信息的 FLASH_EraseInitTypeDef 结构体的指针
参数 2	PageError：包含出错页上的配置信息的指针
返回值	HAL 的状态

【说明】

在调用 HAL_FLASHEx_Erase()函数之前需要用 HAL_FLASH_Unlock()解锁 FLASH 存储器，函数执行后，需要用 HAL_FLASH_Lock()给 FLASH 存储器上锁。

HAL_FLASHEx_Erase()函数的用法如下：

① 先定义一个 FLASH_EraseInitTypeDef 类型的结构体变量 fe 和一个 uint32_t 型的变量 PageErr，PageErr 变量用来存放擦除出错误时出错处的地址，fe 变量用来存放擦除的相关参数，如擦除的方式、擦除的页首址、擦除的页数等。FLASH_EraseInitTypeDef 结构体的定义如下：

```
typedef struct
{
    uint32_t TypeErase;          /*擦除类型*/
    uint32_t Banks;              /*块擦除时所要擦除的组，页擦除时该成员无用*/
    uint32_t PageAddress;        /*页首址*/
    uint32_t NbPages;            /*擦除的页数*/
} FLASH_EraseInitTypeDef;
```

其中，TypeErase 成员定义了擦除的类型，取值为 FLASH_TYPEERASE_PAGES（页擦除）、FLASH_TYPEERASE_MASSERASE（块擦除）。

② 对结构体变量 fe 的各成员赋值。

③ 按下列形式调用 HAL_FLASHEx_Erase()函数：

```
HAL_FLASHEx_Erase(&fe,&PageErr);
```

例如：擦除页首址为 **addr** 的页，其程序如下：

```
HAL_StatusTypeDef   ErasePage(uint32_t addr)
{
    HAL_StatusTypeDef   res;
    FLASH_EraseInitTypeDef   fe;    //定义擦除初始化变量（结构体变量）
    uint32_t    PageErr;            //PageErr 擦除出错误时存放出错处的地址
    fe.TypeErase = FLASH_TYPEERASE_PAGES;//擦除方式：页擦除
    fe.PageAddress = addr ;         //设置擦除的页首址
    fe.NbPages = 1;                 //擦除 1 页
    PageErr =0;                     //出错的地址为 0
    res=HAL_FLASHEx_Erase(&fe,&PageErr ); //擦除页
    return    res;                  //返回擦结果
}
```

学习视频

扫一扫观看读写 FLASH
存储器的方法视频

3. 读写 FLASH 存储器的方法

（1）读 FLASH 存储器的方法

HAL 库中并没有提供读 FLASH 存储器的函数，在 HAL 库中读 FLASH 存储器的方法是，以绝对地址的方式直接从 FLASH 存储器的地址单元中读取存储单元的内容，读取的方式可以是字节、半字或者字，其读取的方法如下：

```
data_8bit   = *(__IO uint8_t *)Address；//读 1 字节数据到 data_8bit 变量中
data_16bit = *(__IO uint16_t *)Address; //读半字的数据至 data_16bit 变量中
data_32bit = *(__IO uint32_t *)Address; //读 1 字的数据至 daya_32bit 变量中
```

例如，从 FLASH 存储器的 0x0807f800 地址处读取 16 位数据（半字数据）到 uint16_t 型变量 m 中的程序如下：

```
uint16_t    m;
m=*(__IO uint16_t *)0x0807f800;
```

再如，假定存储区中字节数据是以半字方式存储的，从 FLASH 存储器的 255 页的 offset 偏移地址处以半字的方式读取 len 字节数据，并存放至 Buf 所指向的缓冲区中，其程序如下：

1	/**
2	void ReadFlash(uint16_t offset,uint8_t *Buf,uint8_t len)

3	功能：从 FLASH 存储器中以半字的方式读取若干字节数据
4	参数:
5	offset:读出数据的首地址，该地址为 FLASH 存储器的页内偏移地址
6	Buf:数据存放的地址
7	len:所读出数据的字节数
8	**/
8	#define RW_FLASH_PAGE_ADDR　　0x0807f800　　//FLASH 存储器的页首址（第 255 页）
9	void ReadFlash(uint16_t offset,uint8_t *Buf,uint8_t len)
10	{
11	uint32_t rAddr;
12	rAddr = RW_FLASH_PAGE_ADDR +offset;　　　　　//读数地址：页首址+页内偏移地址
13	while(len--)
14	{
15	*Buf++=*(__IO uint16_t *)(rAddr);　　/*按半字方式读存储单元的内容 */
16	rAddr +=2;　　　　　　//地址加 2
17	}
18	}

（2）写 FLASH 存储器的方法

写 FLASH 存储器的方法如下:

① 先用 HAL_FLASH_Unlock()函数解锁 FLASH。

② 再用 HAL_FLASHEx_Erase()擦除 FLASH 存储器中指定地址所在的页。

③ 用 HAL_FLASH_Program()函数将数据写入 FLASH 存储器中。

④ 最后用 HAL_FLASH_Lock()函数锁住 FLASH。

例如，将 Buf 所指向的缓冲器中的 len 字节数据以半字的方式写入 FLASH 存储器第 255 页中偏移地址为 offset 的存储单元中，其程序如下:

1	/***
2	void WriteFlash(uint16_t offset,uint8_t *Buf,uint8_t len)
3	功能：将若干字节数据按半字的方式写入 FLASH 存储器中
4	参数:
5	offset:数据写入的首地址，该地址为 FLASH 存储器的页内偏移地址
6	Buf:待写入数据存放的地址
7	len:写入数据的字节数
8	**/
9	#define RW_FLASH_PAGE_ADDR　　0x0807f800　　//FLASH 存储器的页首址(第 255 页)
10	void WriteFlash(uint16_t offset,uint8_t *Buf,uint8_t len)
11	{
12	uint8_t i;
13	uint32_t wAddr;
14	FLASH_EraseInitTypeDef　　fe;　//擦除初始化变量
15	uint32_t PageErr;　　　　//擦除出错时出错处的地址
16	fe.TypeErase = FLASH_TYPEERASE_PAGES; //擦除方式:页擦除
17	fe.PageAddress = RW_FLASH_PAGE_ADDR ; //设置页首址
18	fe.NbPages = 1;　　　　//擦除的页数:1 页
19	PageErr =0;　　　　//出错页赋初值:第 0 页
20	

21	HAL_FLASH_Unlock ();　　　//解锁 FLASH 存储器
22	HAL_FLASHEx_Erase(&fe,&PageErr);　　//擦除页
23	wAddr = RW_FLASH_PAGE_ADDR + offset;//计算写地址:页首址+页内偏移地址
24	for(i=0;i<len;i++)　　　　　//写 len 个数据
25	{
26	HAL_FLASH_Program(FLASH_TYPEPROGRAM_HALFWORD,wAddr+i*2,*Buf);/*半字方式写数*/
27	Buf++;　　　　　　　//指针下移至下一数据
28	}
29	HAL_FLASH_Lock();　　　　//给 FLASH 存储器上锁
30	}

实现方法与步骤

任务程序

扫一扫下载任务 19
的工程文件

1. 搭建电路

任务 19 的硬件电路如图 7-26 所示。

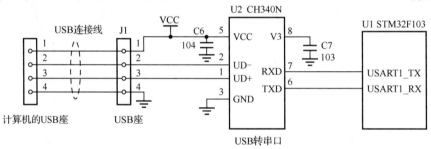

图 7-26　任务 19 的电路图

2. 生成硬件初始化代码

任务 19 只是在任务 10 的基础上增加了 FLASH 存储器的访问操作,其初始化代码与任务 10 中的初始化代码相同,可以通过修改任务 10 的 STM32CubeMX 工程文件来形成任务 19 的 STM32CubeMX 工程文件,其生成过程如下:

（1）在"D:\ex"文件夹中新建 Task19 子文件夹。

（2）将任务 10 的 STM32CubeMX 工程文件 Task10.ioc（位于"D:\ex\Task10"文件夹中）复制到 Task19 文件夹中,并将其改名为 Task19.ioc。

（3）双击 Task19.ioc 文件图标,打开任务 19 的 STM32CubeMX 工程文件,然后在工程窗口中单击"GENERATE CODE"按钮,生成 Task19 的 Keil 工程代码。

3. 编写读写 FLASH 存储器的应用程序

任务 19 中我们按照模块化程序设计要求,用 UserFlash.c、UserFlash.h 和 main.c 这 3 个文件保存读写 FLASH 存储器的应用程序。其实现的步骤如下。

第 1 步:在 D:\ex 文件夹中新建 User 文件夹,将任务 10 中所编写的 Serial.c 文件和 Serial.h 文件复制到 D:\ex\User 文件夹中。

第 2 步:打开 Keil 工程,然后新建 UserFlash.c 文件,并将 UserFlash.c 文件保存到 D:\ex\User 文件夹中。其中 UserFlash.c 文件的内容如下:

1	/**
2	文件名：UserFlash.c
3	功　能：FLASH 访问程序
4	**/
5	#include　"main.h"
6	#define RW_FLASH_PAGE_ADDR　　0x0807f800　　//FLASH 存储器的页首址(第 255 页)
7	
8	/**
9	void　ReadFlash(uint16_t offset,uint8_t *Buf,uint8_t len)
10	功能：从 FLASH 存储器中以半字的方式读取若干字节数据
11	参数：
12	offset:读出数据的首地址，该地址为 FLASH 存储器的页内偏移地址
13	Buf:数据存放的地址
14	len:所读出数据的字节数
15	**/
16	void　ReadFlash(uint16_t offset,uint8_t *Buf,uint8_t len)
17	{
…	/*函数体的内容详见"读写 FLASH 存储器的方法"部分*/
25	}
26	/**
27	void　WriteFlash(uint16_t offset,uint8_t *Buf,uint8_t len)
28	功能：将若干字节数据按半字的方式写入 FLASH 存储器中
29	参数：
30	offset:数据写入的首地址，该地址为 FLASH 存储器的页内偏移地址
31	Buf:待写入数据存放的地址
32	len:写入数据的字节数
33	**/
34	void　WriteFlash(uint16_t offset,uint8_t *Buf,uint8_t len)
35	{
…	/*函数体的内容详见"读写 FLASH 存储器的方法"部分*/
54	}

第 3 步：新建 UserFlash.h 文件，并将 UserFlash.h 文件保存到 D:\ex\User 文件夹中。其中 UserFlash.h 文件的内容如下：

1	/**
2	文件名：UserFlash.h
3	功　能：UserFlash.c 的接口文件
4	**/
5	#ifndef　__USERFLASH_H__
6	#define　__USERFLASH_H__
7	//#include　"main.h"
8	/**
9	void　ReadFlash(uint16_t offset,uint8_t *Buf,uint8_t len)
10	功能：从 FLASH 存储器中以半字的方式读取若干字节数据
11	参数：
12	offset:读出数据的首地址，该地址为 FLASH 存储器的页内偏移地址
13	Buf:数据存放的地址

```
14      len:所读出数据的字节数
15      *********************************************************/
16      void  ReadFlash(uint16_t offset,uint8_t *Buf,uint8_t len);
17      /*********************************************************
18      void  WriteFlash(uint16_t offset,uint8_t *Buf,uint8_t len)
19      功能：将若干字节数据按半字的方式写入 FLASH 存储器中
20      参数：
21      offset:数据写入的首地址，该地址为 FLASH 存储器的页内偏移地址
22      Buf:待写入数据存放的地址
23      len:写入数据的字节数
24      *********************************************************/
25      void  WriteFlash(uint16_t offset,uint8_t *Buf,uint8_t len);
26
27      #endif
```

第 4 步：在 Keil 工程中新建 User 组，将 D:\ex\User 文件夹中的 Serial.c 文件和 UserFlash.c 文件添加至 User 组中。

第 5 步：在 Keil 工程的 include 路径中添加 "D:\ex\User" 文件夹，该文件夹是 Serial.h 和 UserFlash.h 文件所在的文件夹。

第 6 步：在 main.c 文件中编写读写 FLASH 存储器的应用程序。其程序代码如下：

```
1       …
2       #include    "Serial.h"
3       #include    "UserFlash.h"
4       #include    "stdio.h"
5       …
6       int main(void)
7       {
8           …
9           uint8_t    i;
10          uint8_t RdBuf[20];          //读缓冲区
11          uint8_t WrBuf[20];          //写缓冲区
12          …
13          printf ("读写 FLASH 测试\r\n");
14          printf ("写入前的数据如下： \r\n");
15          ReadFlash (0,RdBuf ,5);
16          for(i=0;i<5;i++)
17              printf ("第%d 个数据为：%d\r\n",i,RdBuf[i]);
18          printf ("\r\n");
19          //写 FLASH
20          for(i=0;i<5;i++)    //写缓冲区赋值
21              WrBuf[i]=i;
22          WriteFlash (0,WrBuf ,5);//将写缓冲区中的 5 个数写入 FLASH 存储器中
23          //读 FLASH
24          ReadFlash (0,RdBuf ,5);
25          printf ("写入后的数据如下： \r\n");
26          for(i=0;i<5;i++)
27              printf ("第%d 个数据为：%d\r\n",i,RdBuf[i]);
```

28	printf("\r\n");
29	while (1)
30	{
31	…
32	}
33	}
34	…

将上述代码按照程序编写的规范要求添加至 main.c 文件的对应位置处，就得到任务 19 的应用程序。

4．调试与下载程序

步骤如下：

（1）按照前面任务中介绍的方法连接好仿真器和串口的 USB 线，并给开发板上电。

（2）对程序进行编译、调试直至程序正确无误。

（3）在计算机上打开串口调试助手，并设置好串口号、串口的波特率、数据位等参数，然后打开串口。

（4）将程序下载至开发板中，并运行程序。串口调试助手中就会显示读写 FLASH 存储器的结果，如图 7-27 所示。

图 7-27　读写 FLASH 的结果

实践总结与拓展

FLASH 存储器主要用来存放程序和用户数据，也可以用作用户 E^2PROM。FLASH 存储器的主存储块是按照每页 2KB 的方式组织的。

HAL 库中只提供了解锁、上锁、擦除、编程等几个 FLASH 存储器的操作函数，并没有提供直接读写 FLASH 存储器的函数。读 FLASH 存储器的方法是，以绝对地址的方式直接从 FLASH 存储器的地址单元中读取存储单元的内容，读取的方式可以是字节、半字或者字。

写 FLASH 存储器的方法主要分 4 步。先用 HAL_FLASH_Unlock()函数解锁 FLASH 存储器；再用 HAL_FLASHEx_Erase()函数擦除指定地址所在的页；然后用 HAL_FLASH_Program()函数将数据写入 FLASH 存储器中；最后用 HAL_FLASH_Lock()函数锁住 FLASH 存储器。

在读写 FLASH 存储器时，需要特别注意的是，数据写入的方式只能是半字、字或者双字，不能是字节。数据读出的方式可以是字节、半字、字，但无双字方式。实际使用中常用的是半字方式，以便节约软件资源、方便程序处理，在嵌入式应用系统设计中我们要养成勤俭节约的好习惯。

采用半字方式读写时，页内偏移地址应该采用半字对齐，即偏移地址为 2 的倍数；采用字方式读写时，页内偏移地址应该采用字对齐，即偏移地址为 4 的倍数。

习题 19

1．在 STM32F103 中，小容量产品有_____KB 的 FLASH 存储器，大容量产品有_____KB

的 FLASH 存储器。

2. 在 STM32F103VET6 的 FLASH 存储器中，其主存储块有_____页，每页的大小为___B。

3. 指出下列函数的功能

（1）HAL_FLASH_Unlock()。

（2）HAL_FLASH_Lock()。

（3）HAL_FLASH_Program()。

（4）HAL_FLASHEx_Erase()。

4. 简述 HAL_FLASHEx_Erase()函数的使用方法。

5. 将 fp 所指向的缓冲器中的 len 字节数据以半字的方式写入 FLASH 存储器第 250 页中偏移地址为 offset 的存储单元中，请编写实现上述功能的程序。

6. 假定存储区中字节数据是以半字方式存储的，从 FLASH 存储器的 200 页的 offset 偏移地址处以半字的方式读取 len 个字节数据，并存放至 fp 所指向的缓冲区中。请编写程序实现上述功能。

7. STM32 的串口 1 作异步通信口使用，BR=9600bps，用来接收从计算机发送来的串口命令，STM32 收到命令后就将 FLASH 存储器中的数据读出，或者将命令中的数据写入 FLASH 存储器中，并向计算机发送相关的提示信息。计算机发送命令及 STM32 发送的提示信息如表 7-20 所示。

表 7-20　控制命令及回显数据

命　令	含　义	提 示 信 息
FC 5A 01 adh adl lenh lenl AA	从 FLASH 存储器的第 255 页中读数。数据在页内的偏移地址为（adh,adl），数据个数为（lenh,lenl）	从 FLASH 存储器中 addr 地址处读取 n 个数据。 读取的数据如下： 第 1 个数据为：dat1 … 第 n 个数据为：datn
FC 5A 02 adh adl lenh lenl v1 v2 … vn AA	将数据写入 FLASH 存储器的第 255 页中。数据在页内的偏移地址为（adh,adl），数据个数为（lenh,lenl），数据值依次为 v1、v2、… 、vn	在 FLASH 存储器中从 addr 地址处开始写入 n 个数据。 写入的数据如下： 第 1 个数据为：v1 … 第 n 个数据为：vn

表中的命令为十六进制数，FC5A 为命令头，AA 为命令尾；adh、adl 为偏移地址值，数据形式为 BCD 码，adh 为地址的高字节，adl 为地址的低字节；lenh、lenl 为读写数据的长度，数据形式为 BCD 码，lenh 为长度的高字节，lenl 为长度的低字节。例如，命令 FC 5A 01 02 34 01 56 AA 的含义就是，在 FLASH 存储器的第 255 页中从偏移地址为 234 处开始读取 156 个数。

（1）在 STM32CubeMX 中完成相关配置，将工程命名为 Task19_ex7，并保存至"D:\练习"文件夹中，然后将串口 1 的配置和 NVIC 的配置截图，并保存到"学号_姓名_Task19_ex7.doc"文件中，题注分别为"串口 1 的配置""NVIC 的配置"，将此文件保存至文件夹"D:\练习"中。

（2）编写实现任务要求的程序，将串口接收数据处理程序的代码截图并存放在"学号_姓名_Task19_ex7.doc"文件中，题注为"串口接收数据处理程序"。

（3）编译连接程序，将输出窗口截图后保存到"学号_姓名_Task19_ex7.doc"文件中，题注为"编译连接程序"。

（4）用仿真器下载程序，将下载程序的结果截图并保存至"学号_姓名_Task19_ex7.doc"文件中，题注为"程序下载"。

（5）运行程序，按照表7-20中的命令格式用串口调试助手向STM32发送读写FLASH存储器命令，从第255页偏移6半字地址处开始向FLASH存储器写入8～12共5个半字数据，从第255页偏移4半字地址处开始从FLASH存储器中读取10个半字数据，将串口调试助手显示的信息截图后保存至"学号_姓名_Task19_ex7.doc"文件中，题注为"程序运行结果"。

习题解答

习题解答

扫一扫下载习题工程　　　扫一扫查看习题答案

任务 20　用 RTC 制作数字钟

任务要求

课件

扫一扫下载课件

STM32用RTC记录当前日期（年、月、日、星期）和时间（时、分、秒），用串口1与计算机进行串行通信。计算机通过串口调试助手向STM32发送控制命令，用来设置或者显示当前的日期与时间。串口的波特率 BR=115200bps，数据位为8位，停止位为1位。要求用RTC和串口1制作一个带有闹钟功能的数字钟。具体要求如下：

（1）RTC的初始日期为2023年1月1日星期日，时间为17:02:04。

（2）可通过串口发送命令来显示当前的日期和时间。

（3）可设置当前的日期和时间、设置闹钟的时间、设置数据的格式为BCD码。

（4）闹钟时间到后，每隔10s自动输出当前时间，输出格式为"定时时间到，当前时间为：hh:mm:ss"。

（5）计算机发送的控制命令以及串口调试助手中显示的数据如表7-21所示。

表 7-21　控制命令及回显数据

命　　令	功　　能	串口调试助手显示的数据
55 AA 01 5A	显示当前的日期和时间	按格式要求输出当前日期与时间
55 AA 02 yy mm dd 5A	设置日期	设置日期是：20yy/mm/dd
55 AA 03 hh mm ss 5A	设置时间	设置时间是：hh:mm:ss
55 AA 04 ah am as 5A	设置闹时	设置的闹钟时间是：ah:am:as
其他	非法	输入非法

表中，命令数据为十六进制数，55 AA 为数据头，5A 为数据尾，yy mm dd、hh mm ss、ah am as 为设置值，数据格式为BCD码，例如，STM32的串口接收到0x55AA022211145A，就是要将日期设置为2022/11/14，此时需要用串口向计算机发送"设置日期是：2022/11/14"。

串口接收到0x55AA015A命令后，STM32需要输出当前的日期和时间，输出格式如下：

当前日期：2023/01/01，星期日

当前时间：17:02:04

1. STM32 中 RTC 的应用特性

RTC 是 Real Time Clock 的缩写，其含义是实时时钟。STM32 中集成有一个 RTC，其实质是一个独立的定时器，用来记录时间（时、分、秒）和日期（年、月、日、星期），STM32 中的 RTC 具有以下特性：

（1）RTC 主要由 APB1 总线接口和 RTC 核心部分组成。APB1 总线接口负责 RTC 核心部分与 APB1 总线连接，这一部分由 STM32 的主电源供电。

（2）RTC 核心部分由预分器、计数器、闹钟等几部分组成，分别产生最长周期为 1s 的计数脉冲并对脉冲计数和产生定时闹钟。RTC 核心部分由后备电源供电，因此，STM32 的主电源断电后，只要后备电源不断电，RTC 仍会正常走时。RTC 的实质是一个掉电后仍能继续运行的特殊定时器。

（3）RTC 的核心部分工作在备份域中，STM32 复位或者从待机模式唤醒等状态都不影响 RTC 的设置和时间的走时。

（4）RTC 的核心部分需通过备份域复位信号复位。

（5）RTC 具有日期（年、月、日、星期）和时间（时、分、秒）计时功能，还可以提供亚秒，小时具有 12 或 24 小时 2 种制式。

（6）RTC 具有闰年处理功能，能自动将月份的天数调整为 28、29（闰年的 2 月）、30 和 31 天。

（7）RTC 的时钟源有 3 种选择，一是外部高速时钟源（HSE）的 128 分频时钟，二是外部低速时钟源（LSE），三是内部低速时钟源（LSI），如图 7-28 所示。

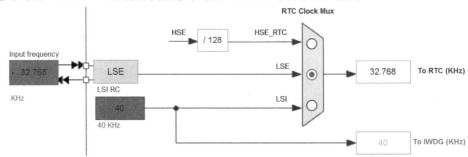

图 7-28　RTC 的时钟源选择

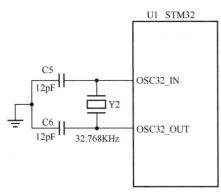

图 7-29　LSE 电路

LSI 为内部的 RC 振荡器，其频率约为 40kHz，存在较大的误差。在实际应用中，RTC 的时钟源一般选择频率为 32.768kHz 的外部低速晶体振荡器，其电路如图 7-29 所示。

（8）RTC 有秒中断、闹钟中断和溢出中断共 3 个可屏蔽中断。

2. HAL 库中有关 RTC 的操作函数

（1）HAL_RTC_GetTime()函数

HAL_RTC_GetTime()函数的用法说明如表 7-22 所示。

表 7-22　HAL_RTC_GotTime()函数的用法说明

原型	HAL_StatusTypeDef HAL_RTC_GetTime(RTC_HandleTypeDef *hrtc, RTC_TimeTypeDef *sTime, uint32_t Format);
功能	获取当前时间，并存入指定的时间型结构体变量中
参数 1	hrtc：指向时实钟结构体变量的指针。在 HAL 库中，时实钟结构体变量为 hrtc，用来保存 RTC 的配置信息
参数 2	sTime：获取的时间所存放的地址。该参数是一个指向 RTC_TimeTypeDef（时间结构体）型变量的指针。 RTC_TimeTypeDef 类型的定义如下： typedef struct { 　uint8_t Hours;　　　　/* 小时，取值为 0～23 */ 　uint8_t Minutes;　　　/* 分钟，取值为 0～59 */ 　uint8_t Seconds;　　　/* 秒，　取值为 0～59 */ } RTC_TimeTypeDef;
参数 3	Format：输出数据的格式。 取值如下： RTC_FORMAT_BIN：二进制数 RTC_FORMAT_BCD：BCD 码
返回值	HAL 状态

用 HAL_RTC_GetTime()函数获取当前时间的方法是，先定义一个 RTC_TimeTypeDef 类型的结构体变量 tim，然后用 HAL_RTC_GetTime()函数获取当前时间，并存入结构体变量 tim 中，最后从 tim 的各成员中读取小时、分钟和秒值。

例如，获取当前时间，并存入时间变量 tim 中的程序如下：

RTC_TimeTypeDef　　 tim;
HAL_RTC_GetTime (&hrtc ,&tim ,RTC_FORMAT_BIN);

上述程序执行后，则 time.Hours 中存放的是小时值，time.Minutes 中存放的是分钟值，time.Seconds 中存放的是秒值。

（2）HAL_RTC_GetDate()函数

HAL_RTC_GetDate()函数的用法说明如表 7-23 所示。

表 7-23　HAL_RTC_GetDate()函数的用法说明

原型	HAL_StatusTypeDef HAL_RTC_GetDate(RTC_HandleTypeDef *hrtc, RTC_DateTypeDef *sDate, uint32_t Format);
功能	获取当前日期，并存入指定的日期型结构体变量中
参数 1	hrtc：指向时实钟结构体变量的指针。在 HAL 库中，时实钟结构体变量为 hrtc，用来保存 RTC 的配置信息
参数 2	sDate：获取的日期所存放的地址。该参数是一个指向 RTC_DateTypeDef（日期结构体）型变量的指针。 RTC_DateTypeDef 类型的定义如下： typedef struct { 　uint8_t WeekDay; /*星期，取值为 1（星期一）～6（星期六）、0（星期日）*/ 　uint8_t Month;　 /*月，取值为 1～12*/ 　uint8_t Date;　　 /*日，取值为 1～31 */ 　uint8_t Year;　　 /*年，取值为 0～99 */ } RTC_DateTypeDef;

续表

参数 3	Format：输出数据的格式。 取值如下： RTC_FORMAT_BIN：二进制数 RTC_FORMAT_BCD：BCD 码
返回值	HAL 状态

用 HAL_RTC_GetDate()函数获取当前日期的方法是，先定义一个 RTC_DateTypeDef 类型的结构体变量 dat，然后用 HAL_RTC_GetDate ()函数获取当前日期，并存入结构体变量 dat 中，最后从 dat 的各成员中读取星期、年、月、日的值。

例如，获取当前日期，并存入日期变量 date 中的程序如下：

```
RTC_DateTypeDef     dat;
HAL_RTC_GetDate (&hrtc ,&dat ,RTC_FORMAT_BIN );
```

上述程序执行后，则 dat.WeekDay 中存放的是星期值，dat.Month 中存放的是月值，dat.Date 中存放的是日值，dat.Year 中存放的是年值。

（3）HAL_RTC_SetTime()函数

HAL_RTC_SetTime()函数的用法说明如表 7-24 所示。

表 7-24　HAL_RTC_SetTime()函数的用法说明

原型	HAL_StatusTypeDef HAL_RTC_SetTime(RTC_HandleTypeDef *hrtc, RTC_TimeTypeDef *sTime, uint32_t Format);
功能	设置当前时间
参数 1	hrtc：指向时实钟结构体变量的指针。在 HAL 库中，时实钟结构体变量为 hrtc，用来保存 RTC 的配置信息
参数 2	sTime：时间变量的指针。该时间变量是一个 RTC_TimeTypeDef（时间结构体）型变量，用来保存所要设置的时间值
参数 3	Format：输入数据的格式。 取值如下： RTC_FORMAT_BIN：二进制数 RTC_FORMAT_BCD：BCD 码
返回值	HAL 状态

用 HAL_RTC_SetTime()函数设置当前时间的方法是，先定义一个 RTC_TimeTypeDef 类型的结构体变量 tim，然后对 tim 变量的各成员赋值，最后用 HAL_RTC_SetTime ()函数设置当前时间。

例如，将当前时间设为 18:23:48 的程序如下：

```
RTC_TimeTypeDef tim;
tim.Hours = 18;
tim.Minutes = 23;
tim.Seconds =48;
HAL_RTC_SetTime (&hrtc ,&tim ,RTC_FORMAT_BIN );
```

（4）HAL_RTC_SetDate()函数

HAL_RTC_SetDate()函数的用法说明如表 7-25 所示。

表 7-25　HAL_RTC_SetDate()函数的用法说明

原型	HAL_StatusTypeDef HAL_RTC_SetDate(RTC_HandleTypeDef *hrtc, RTC_DateTypeDef *sDate, uint32_t Format);
功能	设置当前日期
参数 1	hrtc：指向时实钟结构体变量的指针。在 HAL 库中，时实钟结构体变量为 hrtc，用来保存 RTC 的配置信息
参数 2	sDate：日期变量的指针。该日期变量是一个 RTC_DateTypeDef（日期结构体）型变量，用来保存所要设置的日期值
参数 3	Format：输入数据的格式。 取值如下： RTC_FORMAT_BIN：二进制数 RTC_FORMAT_BCD：BCD 码
返回值	HAL 状态

用 HAL_RTC_SetDate()函数设置当前日期的方法是，先定义一个 RTC_DateTypeDef 类型的结构体变量 dat，然后对 dat 变量的各成员赋值，最用 HAL_RTC_SetDate()函数设置当前日期。

例如，将当前日期设为 21-11-16 的程序如下：

```
RTC_DateTypeDef dat;
dat.Year =21;
dat.Month =11;
dat.Date =16;
HAL_RTC_SetDate (&hrtc,&dat,RTC_FORMAT_BIN );
```

（5）HAL_RTC_SetAlarm()函数

HAL_RTC_SetAlarm()函数的用法说明如表 7-26 所示。

表 7-26　HAL_RTC_SetAlarm()函数的用法说明

原型	HAL_StatusTypeDef HAL_RTC_SetAlarm(RTC_HandleTypeDef *hrtc, RTC_AlarmTypeDef *sAlarm, uint32_t Format);
功能	设置闹钟时间
参数 1	hrtc：指向时实钟结构体变量的指针。在 HAL 库中，时实钟结构体变量为 hrtc，用来保存 RTC 的配置信息
参数 2	sAlarm：指向闹钟结构体变量的指针。该变量是一个 RTC_AlarmTypeDef（闹钟结构体）型的结构变量，用来保存所要设置的闹钟时间。 RTC_AlarmTypeDef 类型的定义如下： typedef struct { 　RTC_TimeTypeDef AlarmTime;　　　/*闹钟时间*/ 　uint32_t Alarm;　　　　　　　　/*闹钟 ID 号，对于 STM32F1x 其 ID 号为 0 */ }RTC_AlarmTypeDef;
参数 3	Format：输入数据的格式。 取值如下： RTC_FORMAT_BIN：二进制数 RTC_FORMAT_BCD：BCD 码
返回值	HAL 状态

用 HAL_RTC_SetAlarm()函数设置闹钟时间的方法是，先定义一个 RTC_AlarmTypeDef 类型的结构体变量 alarm，然后对 alarm 变量的各成员赋值，最后用 HAL_RTC_SetAlarm()函数设置闹钟时间。

例如，将闹钟时间设为 18:23:48 的程序如下：

```
RTC_AlarmTypeDef alarm;              //定义闹钟变量
alarm.Alarm=0;                       //设置闹钟 ID 号
alarm .AlarmTime .Hours =18;         //设置闹钟的小时：18 时
alarm.AlarmTime .Minutes =23;        //设置闹钟的分：23 分
alarm.AlarmTime .Seconds =48;        //设置闹钟的秒：48 秒
HAL_RTC_SetAlarm(&hrtc,&alarm ,RTC_FORMAT_BIN );//设置闹钟
```

（6）HAL_RTC_SetAlarm_IT()函数

HAL_RTC_SetAlarm_IT()函数的用法说明如表 7-27 所示。

表 7-27 HAL_RTC_SetAlarm_IT()函数的用法说明

原型	HAL_StatusTypeDef HAL_RTC_SetAlarm_IT(RTC_HandleTypeDef *hrtc, RTC_AlarmTypeDef *sAlarm, uint32_t Format);
功能	设置闹钟时间并开启闹钟中断
参数 1	hrtc：指向时实钟结构体变量的指针。在 HAL 库中，时实钟结构体变量为 hrtc，用来保存 RTC 的配置信息
参数 2	sAlarm：指向闹钟结构体变量的指针。该变量是一个 RTC_AlarmTypeDef（闹钟结构体）型的结构变量，用来保存所要设置的闹钟时间
参数 3	Format：输入数据的格式。 取值如下： RTC_FORMAT_BIN：二进制数 RTC_FORMAT_BCD：BCD 码
返回值	HAL 状态

用 HAL_RTC_SetAlarm_IT()函数设置闹钟时间的方法是，先定义一个 RTC_AlarmTypeDef 类型的结构体变量 alarm，然后对 alarm 变量的各成员赋值，最后用 HAL_RTC_SetAlarm_IT()函数设置闹钟时间并开启闹钟中断。

例如，将闹钟时间设为 18:23:48，并开启闹钟中断，其程序如下：

```
RTC_AlarmTypeDef alarm;              //定义闹钟变量
alarm.Alarm=0;                       //设置闹钟 ID 号
alarm .AlarmTime .Hours =0x18;       //设置闹钟的小时：18 时
alarm.AlarmTime .Minutes =0x23;      //设置闹钟的分：23 分
alarm.AlarmTime .Seconds =0x48;      //设置闹钟的秒：48 秒
HAL_RTC_SetAlarm_IT(&hrtc,&alarm ,RTC_FORMAT_BCD );/*设置闹钟，并开启闹钟中断，数据为
BCD 码*/
```

【说明】

上述程序中，时分秒的值为 BCD 码，设置闹钟时，其数据格式应选 RTC_FORMAL_BCD。

（7）HAL_RTC_AlarmAEventCallback()函数

HAL_RTC_AlarmAEventCallback()函数的用法说明如表 7-28 所示。

表 7-28　HAL_RTC_AlarmAEventCallback()函数的用法说明

原型	__weak void HAL_RTC_AlarmAEventCallback(RTC_HandleTypeDef *hrtc);
功能	闹钟中断的回调函数。若使能了闹钟中断，则当闹钟时间到，STM32 就会执行此函数
参数	hrtc：指向时实钟结构体变量的指针
返回值	无

在 HAL 中，该函数为弱函数，内部无操作，需要用户重新定义。重新定义的内容为闹钟时间到后 STM32 所要处理的工作，重定义函数的框架结构如下：

```
1   void HAL_RTC_AlarmAEventCallback(RTC_HandleTypeDef *hrtc)
2   {
3       /*闹钟时间到时的处理*/
4       HAL_RTC_SetAlarm_IT(hrtc,&alarm ,RTC_FORMAT_BIN );/*再次设置闹钟，并开启闹钟中断，数据为二进制数，如果不需要再设开闹钟，则去掉此句*/
5   }
```

【说明】

当用 HAL 库函数编程时，STM32 进入闹钟中断服务函数中后会关闭闹钟中断，所以，在用户自定义的闹钟中断回调函数中，如果想要再打开闹钟中断，则需要在函数最后面用 HAL_RTC_SetAlarm_IT ()函数重新开启闹钟中断（详见框架结构中的第 4 行代码），否则闹钟中断服务函数执行后，STM32 将不再开启闹钟。

回调函数的形参是一个指针，参数名是 hrtc。在回调函数中 hrtc 为局部变量，它虽与全局量 hrtc 同名，但两者并不是同一个变量，在函数体中若局部变量与全局变量同名，则所用的变量为局部变量，而不是全局变量。在第 4 行中，HAL_RTC_SetAlarm_IT()函数的第 1 个形参也是一个指针，它与回调函数的参数为同一参数。因此，第 4 行中 HAL_RTC_SetAlarm_IT()函数的第 1 个实参为 hrtc。

如果回调函数的形参为 RTC_HandleTypeDef *shrtc（参数名与 hrtc 不同），则第 4 行代码应为：

HAL_RTC_SetAlarm_IT(&hrtc,&alarm ,RTC_FORMAT_BIN);//全局变量 hrtc 的地址

或者：

HAL_RTC_SetAlarm_IT(shrtc,&alarm ,RTC_FORMAT_BIN);//回调函数中的形参

例如，STM32 每隔 1 分钟就用串口 1 输出当前时间，如果用闹钟中断编程，则用户重定义的闹钟中断的回调函数如下：

```
void HAL_RTC_AlarmAEventCallback(RTC_HandleTypeDef *shrtc)
{
    RTC_AlarmTypeDef iAlarm;
    RTC_TimeTypeDef    iTime;
    HAL_RTC_GetTime (shrtc,&iTime,RTC_FORMAT_BIN );
    printf ("当前时间为：%2d:%2d:%2d\r\n" ,iTime.Hours ,iTime.Minutes,iTime.Seconds);
    iTime .Minutes +=1;
    if(iTime .Minutes >59)
    {
        iTime.Minutes =0;
```

```
                iTime.Hours +=1;
                if(iTime.Hours >23)
                        iTime.Hours =0;
        }
        iAlarm.Alarm=0;
        iAlarm.AlarmTime =iTime ;
        HAL_RTC_SetAlarm_IT(shrtc,&iAlarm ,RTC_FORMAT_BIN );/*再次设置闹钟，并开启闹钟中断，
数据为二进制数*/
    }
```

实现方法与步骤

任务程序

扫一扫下载任务 20
的工程文件

1．搭建电路

任务 20 的电路如图 7-30 所示。

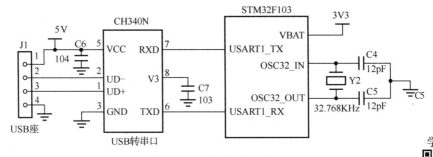

图 7-30　任务 20 的电路图

2．生成 RTC 的初始化代码

学习视频

扫一扫观看配置
RTC 视频

实现方法和步骤如下：

（1）按照前面介绍的方法启动 STM32CubeMX，新建 STM32CubeMX 工程，配置 SYS、RCC 和时钟，配置的结果与任务 10 相同。

（2）配置通用串口 1（USART1）。按照前面任务中介绍的方法将串口 1 配置成异步通信口，波特率为 115200bps，8 位数据位，1 位停止位，接收中断的优先级为 1 级。

（3）配置 RTC。

第 1 步：将 RCC 的 LSE 设置为外部晶体振荡器，如图 7-31 所示。

第 2 步：在 STM32CubeMX 窗口中单击"Pinout ＆ Configuration"标签，然后在窗口左边的小窗口中单击"Categories"标签，再在配置列表中单击"Timers"→"RTC"列表项，窗口的中间会显示如图 7-32 所示的 RTC 模式与配置窗口。

第 3 步：在 RTC 模式与配置窗口中勾选"Activate Clock Source"和"Activate Calendar"复选框（参考图 7-32 中的标号 5 处），也就是激活 RTC 的时钟源和日历功能。在"RTC OUT"下拉列表框中选择"No RTC Output"列表项，Configuration 栏中会出现 RTC 的一列参数设置项，如图 7-32 所示。

第 4 步：单击 Configuration 栏中的"Parameter Settings"标签，在窗口下面的列表项中将日期数据设为 23 年 1 月 1 日，星期日，将时间数据的格式设为"Binary data format"（二进制

数格式），将时间设为 17:2:4，其他参数选择默认值，如图 7-31 中的第 7 处所示。

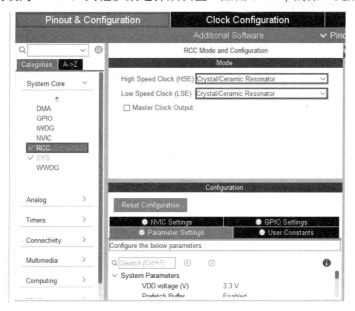

图 7-31　配置 RCC

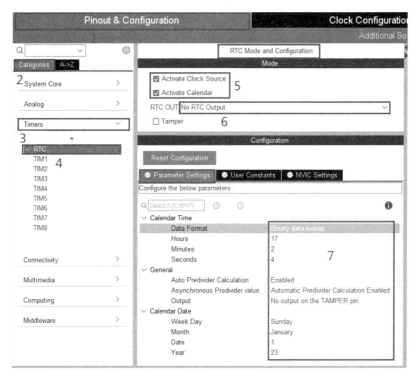

图 7-32　RTC 模式与配置窗口

第 5 步：设置 RTC 闹钟中断。

按照前面任务中介绍的方法打开 NVIC 的模式和配置窗口，在窗口中选中 "RTC alarm interrupt through EXTI line 17" 项，使能 RTC 闹钟中断并将其主优先级设为 2 级，如图 7-33 所示。

图 7-33　配置 RTC 的闹钟中断

第 6 步：在 Clock Configuration 标签中将 RTC 的时钟源设置为 LSE，如图 7-34 所示。

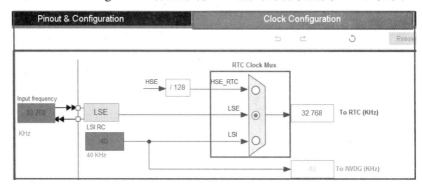

图 7-34　选择 RTC 的时钟源

（4）配置工程。将工程名设置成 Task20，并设置保存工程的位置、所用的 IDE 以及代码生器的相关选项，将工程保存至"D:\ex"文件夹中，生成 Keil 工程代码。

3．编写数字钟的应用程序

实现的方法和步骤如下：

（1）将任务 10 中的 User 子文件夹复制至"D:\ex\Task20"文件夹中。User 子文件夹中保存的是串行通信文件 Serial.c 和 Serial.h。

（2）打开任务 20 的 Keil 工程，并按前面介绍的方法在 Keil 工程中新建 User 组，将"D:\ex\Task20\User"文件夹中的 Serial.c 文件添加至 User 组中。

（3）在 Keil 工程的 include 路径中添加"D:\ex\Task20\User"文件夹，该文件夹是 Serial.h 头文件所在的文件夹。

（4）在 main.c 文件中编写用户应用程序，程序代码如下：

1	...
2	#include "stdio.h"

```
3    #include    "string h"
4    #include    "Serial.h"
5    …
6    const uint8_t ComStr[3]={0x55,0xaa};              //命令头
7    const uint8_t     ComStr1[5]={0x55,0xaa,0x01,0x5a};//命令 1：显示日期和时间
8    …
9    void  RxDataProc(void);      //接收数据处理函数说明
10   …
11   int main(void)
12   {
13     …
14     HAL_UART_Receive_IT(&huart1, &aRxBuf,1); /*使能串口 1 接收中断，并指定接收缓冲区和接收
     数据长度*/
15     while (1)
16     {
17       if(__HAL_UART_GET_FLAG(&huart1 ,UART_FLAG_IDLE )!= RESET)        /*判断是否是空闲
     中断(IDLE)发生*/
18       {
19 /**********************************************************************/
20       RxDataProc();       //接收数据处理
21 /**********************************************************************/
22       memset(UserRxBuf,0,UserRxCnt);//串口接收缓冲区清 0
23       UserRxCnt=0; //串口接收计数值清 0
24       __HAL_UART_CLEAR_IDLEFLAG(&huart1); /*清除 IDLE 中断请求标志*/
25       }
26     }
27   }
28   …
29 /**********************************************************************
30                             RxDataProc()
31 功能：串口接收数据处理
32 参数：无
33 返回值：无
34 **********************************************************************/
35   void  RxDataProc(void)
36   {
37       char *      fp;
38       RTC_TimeTypeDef     iTime;      //定义时间变量
39       RTC_DateTypeDef     iDate;      //定义日期变量
40       RTC_AlarmTypeDef   iAlarm;      //定义闹钟变量
41       if((strstr((const char *)UserRxBuf,(const char *)ComStr1)) != NULL)
42       {    //收到 0x55 aa 01 5a   显示日期和时间
43           HAL_RTC_GetTime (&hrtc ,&iTime ,RTC_FORMAT_BIN ); //获取当前时间
44           HAL_RTC_GetDate (&hrtc ,&iDate ,RTC_FORMAT_BIN );   //获取当前日期
45           printf("当前日期：%d/%02d/%02d, ",2000+iDate.Year,
46                               iDate.Month,iDate.Date);
47           switch(iDate.WeekDay)        //输出星期
48               {
```

```
49              case  0:
50                      printf("星期日\r\n");
51                      break;
52              case  1:
53                      printf("星期一\r\n");
54                      break;
55              case  2:
56                      printf("星期二\r\n");
57                      break;
58              case  3:
59                      printf("星期三\r\n");
60                      break;
61              case  4:
62                      printf("星期四\r\n");
63                      break;
64              case  5:
65                      printf("星期五\r\n");
66                      break;
67              case  6:
68                      printf("星期六\r\n");
69                      break;
70          }
71          printf("当前时间：%02d:%02d:%02d\r\n",iTime.Hours,
72                              iTime.Minutes,iTime.Seconds);
73          return ;
74      }
75      if((fp=strstr((const char *)UserRxBuf,(const char *)ComStr)) != NULL)
76      {    //收到 0x55 aa
77          if(*(fp+6)==0x5a)        //检查是否收到了帧尾 0x5a
78          {    //收到了帧尾 0x5a
79              switch(*(fp+2)) //判断命令的类型    即命令的第 3 字节
80              {
81                  case  2:                //55 AA 02 yy mm dd 5A 设置日期
82                      iDate.Year=*(fp+3);
83                      iDate.Month=*(fp+4);
84                      iDate.Date=*(fp+5);
85                      HAL_RTC_SetDate(&hrtc,&iDate,RTC_FORMAT_BCD );
86                      printf("设置日期是：%x/%02x/%02x\r\n",
87                              0x2000+iDate.Year,iDate.Month,iDate.Date);
88                      break;
89                  case  3:                //55 AA 03 hh mm ss 5A 设置时间
90                      iTime.Hours=*(fp+3); //修改小时
91                      iTime.Minutes=*(fp+4);//修改分
92                      iTime.Seconds=*(fp+5);//修改秒
93                      HAL_RTC_SetTime(&hrtc,&iTime,RTC_FORMAT_BCD );
94                      printf("设置时间是：%02x:%02x:%02x\r\n",iTime.Hours,
95                              iTime.Minutes,iTime.Seconds);
96                      break;
```

```
 97                    case  4:              //55 AA 04 ah am as 5A 设置闹时
 98                        iAlarm.Alarm =0;        //设置闹钟 ID 号
 99                        iAlarm .AlarmTime .Hours =*(fp+3);   //设置闹钟的小时
100                        iAlarm.AlarmTime .Minutes =*(fp+4);   //设置闹钟的分
101                        iAlarm.AlarmTime .Seconds =*(fp+5);   //设置闹钟的秒
102                        /*设置闹钟，并开启闹钟中断，数据为 BCD 码*/
103                        HAL_RTC_SetAlarm_IT(&hrtc,&iAlarm ,RTC_FORMAT_BCD );
104                        printf(      "设置的闹钟时间是：%02x:%02x:%02x\r\n",
105                                             iAlarm .AlarmTime.Hours,
106                                             iAlarm.AlarmTime.Minutes,
107                                             iAlarm.AlarmTime.Seconds );
108                        break;
109                    default :
110                        printf("命令编号错误！\r\n");
111                    }
112            }
113            else
114            {/*没收到数据尾 0x5a*/
115                printf("数据的个数非法或者数据尾非法！\r\n");
116            }
117        }
118        else
119        {    /*没收到数据头*/
120            printf("数据头非法！\r\n");
121        }
122  }
123  /*****************************************************************
124                         HAL_RTC_AlarmAEventCallback()
125  功能：RTC 闹钟事件回调函数
126  参数：指向时实钟结构体变量的指针
127  返回值：无
128  *****************************************************************/
129  void HAL_RTC_AlarmAEventCallback(RTC_HandleTypeDef *hrtc)
130  {
131      RTC_AlarmTypeDef iAlarm;
132      RTC_TimeTypeDef    iTime;
133      HAL_RTC_GetTime (hrtc,&iTime,RTC_FORMAT_BIN );
134      printf ("定时时间到,当前时间为：%02d:%02d:%02d\r\n",
135                         iTime.Hours,iTime.Minutes,iTime.Seconds);
136      iTime.Seconds +=10;
137      if(iTime.Seconds>59)
138      {
139          iTime.Seconds %=60;
140          iTime.Minutes ++;
141          if(iTime.Minutes>59)
142          {
143              iTime.Minutes=0;
144              iTime.Hours ++;
```

145	if(iTime.Hours >23)
146	iTime .Hours =0;
147	}
148	}
149	iAlarm.Alarm=0;
150	iAlarm.AlarmTime =iTime ;
151	/*再次设置闹钟，并开启闹钟中断，数据为二进制数*/
152	HAL_RTC_SetAlarm_IT(hrtc,&iAlarm ,RTC_FORMAT_BIN);
153	}

将上述代码按照程序编写规范的要求添加至 main.c 文件的对应位置处，就得到任务 20
的应用程序。

4．调试与下载程序

步骤如下：

（1）连接仿真器和串口的 USB 线，并给开发板上电。

（2）对程序进行编译、调试直至程序正确无误后，将程序下载至开发板中，并运行程序。

（3）在计算机上打开串口调试助手，并设置好串口号、串口的波特率、数据位等参数，
打开串口。

（4）按照表 7-21 所规定的协议在串口调试助手中输入 RTC 控制命令数据，串口调式助手
中就会显示当前时间、日期或者输入的命令提示，如图 7-35 所示。

图 7-35　程序运行结果

实践总结与拓展

RTC 是 STM32 的一个断电后仍能继续运行的特殊定时器，用来记录当前的日期和时间，
具有自动处理闰年和按月份自动调整每月天数的功能，有秒中断、闹钟中断和溢出中断共 3
个可屏蔽中断，其时钟源有 3 个，但一般选用 LSE。

HAL 库中常用的 RTC 操作函数主要有获取/设置日期函数、获取/设置时间函数、设置闹
钟函数和闹钟中断回调函数等 7 个函数。

在 STM32CubeMX 中配置 RTC 的方法是，在 RTC 的 Mode and Configuration 窗口中先选择激活时钟源和激活日历，然后设置 RTC 的初始日期和时间等参数。如果要使用闹钟中断，还需要将 RTC OUT 设置为 No RTC Output，另外还需要使能 RTC 闹钟中断并设置闹钟中断的优先级。

编写闹钟中断程序的方法是，先用 HAL_RTC_SetAlarm_IT()函数设置闹钟时间并开启闹钟中断，然后重新定义闹钟中断回调函数 HAL_RTC_AlarmAEventCallback()，并在闹钟中断回调函数中添加闹钟时间到后 STM32 所要做的事务代码。需要注意的问题是，闹钟中断服务函数执行完毕后，STM32 会关闭闹钟中断。

习题 20

1．RTC 的时钟源有____种选择，一般是选择_____。

2．请指出下列函数的功能：

（1）HAL_RTC_GetTime()。

（2）HAL_RTC_GetDate()。

（3）HAL_RTC_SetTime()。

（4）HAL_RTC_SetDate()。

（5）HAL_RTC_SetAlarm()。

（6）HAL_RTC_SetAlarm_IT()。

3．请按下列要求编写程序。

（1）获取当前时间，并存入时间变量 uTime 中。

（2）获取当前日期，并存入日期变量 uDate 中。

（3）将当前时间设为 17:38:24。

（4）将当前日期设为 22/11/14。

（5）将闹钟时间设为 8:40:2，并开启闹钟中断。

（6）STM32 每隔 5s 就用串口 1 输出当前的日期和时间，如果用闹钟中断编程，请重定义闹钟中断的回调函数。

4．STM32 用 RTC 记录当前日期（年、月、日、星期）和时间（时、分、秒），用串口 1 与计算机进行串行通信。计算机通过串口调试助手向 STM32 发送控制命令，用来设置或者显示当前的日期与时间。要求用 RTC 的闹钟实现每隔 5s 输出一次当前的日期和时间。其中，计算机发送的控制命令以及调试助手中显示的数据如表 7-29 所示。

表 7-29　控制命令及回显数据

命　　令	功　　能	串口调试助手显示的数据
FC 01 FD 5A	显示当前的日期和时间	按格式要求输出当前日期与时间
FC 02 yy mm dd FD 5A	设置日期	设置日期是：20yy/mm/dd
FC 03 hh mm ss FD 5A	设置时间	设置时间是：hh:mm:ss
FC 04 ah am as FD 5A	设置闹时	设置的闹钟时间是：ah:am:as
其他	非法	输入非法

表中，命令数据为十六进制数，FC 为数据头，FD 5A 为数据尾，yy mm dd、hh mm ss、ah am as 为设置值，数据格式为 BCD 码，例如，STM32 的串口接收到 0xFC02221114FD5A，就是要将日期设置为 2022/11/14，此时需要用串口向计算机发送"设置日期是：2022/11/14"。

串口接收到 0xFC01FD5A 命令后，STM32 需要输出当前的日期和时间，输出格式如下：

当前日期：2023/01/01，星期日

当前时间：17:02:04

（1）请用 Visio 画出 STM32 的 RTC 电路，并保存至"学号_姓名_Task20_ex4.doc"文件中，其中题注为"硬件电路图"，将此文件保存至文件夹"D:\练习"中。

（2）RTC 的初始日期为 2023 年 1 月 1 日星期日，时间为 17:02:04，串口的波特率 BR=9600bps，数据位为 8 位，停止位为 1 位。请在 STM32CubeMX 中完成相关配置，将工程命名为 Task20_ex4，并保存至"D:\练习"文件夹中。将 RTC 的配置、NVIC 的配置、时钟配置截图，并保存到"学号_姓名_ Task18_ex10.doc"文件中，其中题注为"RTC 配置""NVIC 配置""时钟配置"。

（4）在 main.c 文件中编写数字钟程序，用 RTC 的闹钟实现每隔 5s 输出一次当前的日期和时间，输出格式自拟。请将其代码截图后保存至"学号_姓名_Task20_ex4.doc"文件中，题注为"数字钟程序"。

（5）编译连接程序，将输出窗口截图保存至"学号_姓名_Task20_ex4.doc"文件中，题注为"编译连接程序"。

（6）运行程序，按照表 7-29 中的命令格式用串口调试助手设置当前日期、时间和闹钟时间。将串口调试助手显示的信息截图后保存至"学号_姓名_Task20_ex4.doc"文件中，题注为"程序运行结果"。设置值如下：

当前日期：2022/12/13

当前时间：9:12:34

闹钟时间：9:13:42

习题解答　　　　　习题解答

扫一扫下载习题工程　　扫一扫查看习题答案

STM32 开发板电路图

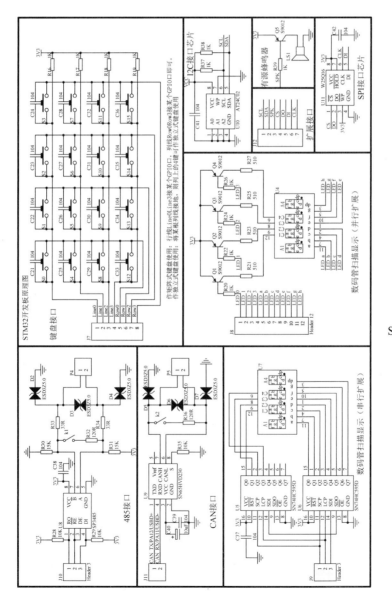

STM32 开发板
原理图之一

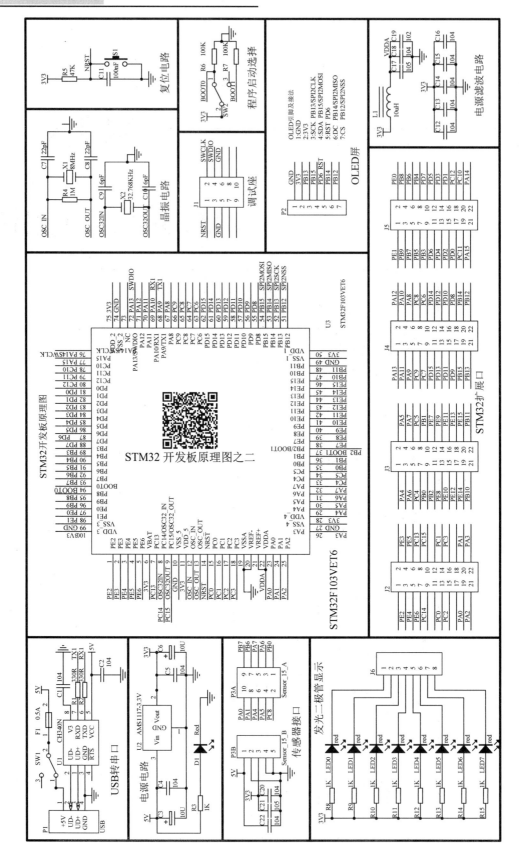

STM32 开发板原理图之二

附录 B

全国职业院校"物联网应用开发"大赛试题（STM32 部分）

扫一扫下载技能大赛试题

2023 年 GZ038 物联网应用开发赛题第 1 套

子任务 2-3

找到 1 块 NB-IOT 节点盒模块，要求在液晶屏上实现以下效果，考核选手对 NB-IOT 模块液晶屏的输出开发知识的掌握。

任务要求：

当前日期： 2021 年 10 月 11 日	年： 2021 ◀ 月： 10 日： 11	年： 2021 ◀ * 月： 10 日： 11
运行图	设置图	修改图

- ➤ 初始运行图显示当前日期（年、月、日）。
- ➤ 按压 KEY4 键，显示设置图，黑色三角表示当前设置项。按压 KEY2 键上移黑色三角设置项，按压 KEY3 键下移黑色三角设置项。
- ➤ 在设置图页面按压 KEY4 键，在当前设置项开启*符号，板上的 LED2 灯点亮，表示当前设置项可修改，按压 KEY2 键设置项加 1，按压 KEY3 键设置项减 1。
- ➤ 修改设置项后，按压 KEY4 键，关闭*符号，板上的 LED2 灯熄灭，保存当前值，返回设置图。
- ➤ 通过 USB 数据线，将 NB-IOT 智慧盒连接到开发机串口上，从开发机串口上发送以下十六进制命令帧，NB-IOT 接收后自动修改年、月、日参数，并统一返回成功：0xFB 0x00 0xFE 或失败：0xFB 0x01 0xFE。

数据头	数据类型	年 1	年 2	数据尾
0xFB	0x01	0x14	0x15	0xFE

注：2021 年拆分为 20(年 1),21（年 2）两部分。

数据头	数据类型	月	数据尾
0xFB	0x02	0x0A	0xFE

数据头	数据类型	日	数据尾
0xFB	0x03	0x0C	0xFE

- ➤ 在设置图状态下，按压 KEY1 键返回初始运行图，此时显示新设置的日期。

当前日期： 2021 年 10 月 12 日

完成以上任务后请做以下步骤：

◆ 开发完成后将可以运行此要求的 NB-IOT 模块放在工作站计算机旁，通上电，等待裁判验证评分。

◆ 把工程源码打包成压缩文件，另存为"NBIOT 日期.rar"。

2023 年 GZ038 物联网应用开发赛题第 2 套

子任务 2-3　LoRa 环境监控系统

找到 1 块 LoRa 模块，一个温湿度光照传感器模块，编码实现以下功能：

```
┌─────────────────────────┐
│      环境监控            │
│  温度  27 ℃             │
│  湿度  36 %             │
│  光照  1210 lux         │
└─────────────────────────┘
```

任务要求：

➢ LoRa 模块采集温湿度和光照度后显示如图，显示值不带小数。

➢ 光照度 LightLux = pow(10, ((1.78-log10(33/voltage-10))/0.6))，voltage 表示电压。

➢ 光照度小于 100 lux,LoRa 板 LED2 灯亮，反之熄灭。

➢ LoRa 模块通过 USB 数据线连接工作站计算机，通信波特率为 115200。

➢ 工作站计算机开启网络调试工具，默认 HEX 方式传输数据。

➢ ASCII 方式数据格式：temperature:27|humidity:36|light:1210。

➢ HEX 方式数据格式：

74 65 6D 70 65 72 61 74 75 72 65 3A 32 37 7C 68 75 6D 69 64 69 74 79 3A 33 36 7C 6C 69 67 68 74 3A 31 32 31 30

➢ 按压 SW2 键，以 ASCII 码方式传输数据。

➢ 松开 SW2 键，恢复 HEX 码方式传输数据。

完成以上任务后请做以下步骤：

◆ 在这块 LoRa 模块板上贴上标签纸，注明：C-3。

◆ 开发完成后将 LoRa 模块安装到工作站旁，通过 USB 转 USB 数据线连接工作站计算机，工作站计算机打开网络调试工具，接收信息并显示，等待裁判验证评分。

◆ 把工程源码打包成压缩文件，另存为"LoRa 环境监控系统.rar"。

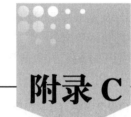

附录 C

1+X 传感网应用开发（中级）试题（STM32 部分）

扫一扫阅读 1+X 考证试题

🎯 试题 1　综合实训题（共 70 分）

（一）注意事项

1. 登录云平台账号要求

考试中用到的登录云平台账号为考生准考证号，密码为身份证后 8 位，第一次登录需申请 ApiKey。（训练时准考证号自定）

2. 工位号要求

考试中用到的工位号为准考证号后 3 位。（训练时工位号自定）

3. 考试资源目录

考试中用到的资源均在 "..\考试资源\" 下。

4．工程源码目录要求

考生在考试中编写的工程源码存放到"..\work\"下。

5．截图目录要求

考试中的截图均存放到"..\work\图集.docx"文件中。

6．考试结束前 5 分钟，请务必确认所有文件已经保存

（二）任务描述与功能要求

任务描述：

实现基于 CAN 通信技术和 WiFi 通信技术的火灾监控系统。

1．系统说明

系统硬件主要由 2 块 M3 主控模块、1 块 WiFi 通信模块、1 个火焰传感器组成。

（1）取 2 个 M3 主控模块、1 个火焰传感器组成 CAN 监测系统。

（2）1 个 M3 主控模块接火焰传感器组成采集端（CAN 节点），另一个 M3 模块成为监控端（CAN 网关）。

（3）将监控端通过串口连接至 WiFi 通信模块。

（4）监测系统采集的火焰信号通过串口发送给 WiFi 通信模块，WiFi 通信模块连接热点（可用手机热点），通过无线将火焰数据实时上报云平台，实现远程环境监测。

2．接线说明

（1）将监控端的 M3 主控模块的串口 4（板上 J8 接口）与 WiFi 通信模块的串口（WiFi_RX\WiFi_TX）用杜邦线正确连接。

（2）将监控端的 M3 主控模块与采集端的 M3 主控模块的 J7 的 CANH、CANL 按照 CAN 通信协议分别连接好。

设备列表：

1．PC 机 1 台

2．实验平台 1 套

3．物联网网关 1 个（可选，用手机热点时可不用物联网网关）

4．ST-Link 仿真器 1 个

5．M3 主控模块 2 个

6．WiFi 通信模块 1 个

7．火焰传感器 1 个

8．USB-CAN 调试器 1 个

9．工具包 1 套、网线、导线若干

接线如下图：

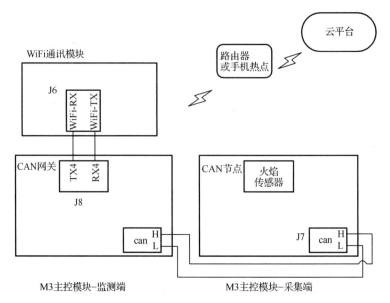

任务要求：

1. 将考试资源目录中的 "CAN 采集端程序.hex" 文件下载到采集端 M3 主控板（CAN 节点），下载时要注意将 M3 主控板的 JP1 拨到 BOOT 端，下载后将它拨回 NC 端。将下载完成的界面进行截图保存至 "图集.docx" 中的 1.png 处。

……

6. 完善 "..\work\" 中的 "monitor" 监控端工程源码，实现以下要求：

（1）在 uart.c 中合适位置，编写重定向 printf()函数将数据发到 USART4。

（2）对 main.c 中的 SensorHandler(void)函数进行补充，对采集端发来的火焰传感器数据值进行判断，当火焰值超过预设定的值（假设是 20）时，通过串口 4 向 WiFi 通信模块发送数字 "2" 代表 "有火" 信息，否则发送 "1" 代表 "无火" 信息。

（3）在 WiFiToClould.C 中进行代码补充：

① 发送 AT 指令 "At+CIPSTART" 使 WiFi 通信模块接入新大陆云平台，IP（120.77.58.34）和端口号（8600）。（注意：云平台 IP 也可以使用：117.78.1.201）

② 发送 AT 指令 "AT+CIPSEND" 使 WiFi 通信模块进入发送模式，设置发送数据长度，写入云平台上对应项目的设备标识符和传输密钥。

③ 编写代码，把火焰数据发送至云平台。

④ 上述代码编写完成后，对程序进行编译和下载，云平台可以显示实时上报的火焰传感器实时数据，改变火焰传感器的值，将云平台上有火和无火的实时信息数据截图保存至 "图集.docx" 中的 10.png 处。

参考文献

[1] 苏李果，宋丽．STM32 嵌入式技术应用开发全案例实践[M]．北京：人民邮电出版社，2020．

[2] 钟佩思．基于 STM32 的嵌入式系统设计与实践[M]．北京：电子工业出版社，2021．

[3] 李文华．单片机应用技术（C 语言版）[M]．3 版．大连：大连理工大学出版社，2021．

[4] 王维波，鄢志丹，王钊．STM32Cube 高效开发教程（基础篇）[M]．北京：人民邮电出版社，2021．

[5] ST．STM32F10xxx Reference manual（RM0008，Revision 10 and Revision 20）．

[6] ST．STM32Cube firmware examples for STM32F1 Series（AN4724）．

[7] ST．Description of STM32F1xx HAL drivers（UM1850，Revision 2）．

[8] ST．Getting started with STM32CubeF1 firmware package for STM32F1 Series（UM1847，Revision 3）．

[9] 姜忠爱，蔡卫国，牛春亮．单片机原理与应用教学模式与课程思政改革研究[J]．高教学刊，2020（9）：129-131．

[10] 曹一鹏，潘琢金，吴昊，等．课程思政视角下的"单片微型计算机原理及应用"课程教学探索与实践研究[J]．工业和信息化教育，2022（05）：47-51．

反侵权盗版声明

电子工业出版社依法对本作品享有专有出版权。任何未经权利人书面许可，复制、销售或通过信息网络传播本作品的行为，歪曲、篡改、剽窃本作品的行为，均违反《中华人民共和国著作权法》，其行为人应承担相应的民事责任和行政责任，构成犯罪的，将被依法追究刑事责任。

为了维护市场秩序，保护权利人的合法权益，我社将依法查处和打击侵权盗版的单位和个人。欢迎社会各界人士积极举报侵权盗版行为，本社将奖励举报有功人员，并保证举报人的信息不被泄露。

举报电话：（010）88254396；（010）88258888
传　　真：（010）88254397
E-mail：　　dbqq@phei.com.cn
通信地址：北京市海淀区万寿路 173 信箱
　　　　　电子工业出版社总编办公室
邮　　编：100036